Wissenschaftliche Taschenbücher

WTB

TEXTE

G. Ludwig

Wellenmechanik

Einführung und Originaltexte

Akademie-Verlag · Berlin
Pergamon Press · Oxford
Vieweg & Sohn · Braunschweig

WTB

BAND 55

G. Ludwig

Wellenmechanik

Einführung und Originaltexte

Mit 1 Abbildung

AKADEMIE-VERLAG · BERLIN

PERGAMON PRESS · OXFORD

VIEWEG & SOHN · BRAUNSCHWEIG

WTB TEXTE

Verfasser:
Prof. Dr. Günther Ludwig
Institut für Theoretische Physik,
Philipps-Universität, Marburg

Übersetzung des Bandes „Wave Mechanics"
aus der Reihe „Selected Readings in Physics"
(herausgegeben von D. ter Haar)

1969

Lizenznummer: 202 · 100/521/69
Herstellung: VEB Druckhaus „Maxim Gorki", 74 Altenburg
Bestellnummer: Akademie-Verlag 7055 · ES 18 B 1
Pergamon Press 08 006838 3
Vieweg & Sohn 6055
Printed in German Democratic Republic

Inhaltsverzeichnis

Teil I

KAPITEL I

Historische Entwicklung und deduktiver Aufbau einer Theorie

Entsprechend dem Sinn dieser Reihe soll dieses Buch keine systematische und lehrbuchhafte Darstellung der Quantentheorie geben. Es will vielmehr an Hand der abgedruckten Originalarbeiten skizzieren, wie man zur Entdeckung der Quantentheorie kam. Man könnte fragen, wieso das für uns heute noch von Interesse sein kann.

Wenn eine fertige Theorie in Vorlesungen, Lehrbüchern oder Monographien dargestellt wird, so wird oft nur der Inhalt dieser Theorie möglichst übersichtlich vermittelt. Aber gerade dann bleibt meist die Frage offen, wie man auf diese Theorie gekommen ist. Ohne über die historische Entwicklung nachzudenken, erscheint die Existenz einer Theorie oft fast wie „vom Himmel gefallen". Aber nicht nur um unsere Neugier zu befriedigen, ist die Frage nach der Entwicklung einer Theorie wichtig, sondern auch für die Zukunft läßt sich manches daraus lernen; denn während man den Inhalt einer Theorie systematisch lernen kann, so gibt es keine Methode für das Finden neuer Theorien zu erlernen. Da es (wahrscheinlich prinzipiell) keine Methode für das Auffinden neuer Theorien geben kann, so ist man auf das Studium der Entwicklung bekannter Theorien angewiesen, um unseren Spürsinn für physikalische Zusammenhänge zu wecken und, was oft entscheidend sein kann, Hemmungen und Vorurteile in bezug auf den Weg und das zu erreichende Ziel einer neuen Theorie zu beseitigen.

Bevor wir uns nun mit dieser Absicht der Entdeckung der Quantenmechanik in den Arbeiten von HEISENBERG, BORN, JORDAN einerseits und von DE BROGLIE, SCHRÖ-

DINGER andererseits zuwenden, müssen wir kurz darstellen, was wir unter einer Theorie für einen gewissen physikalischen Bereich verstehen. In einem Satz zusammengefaßt können wir sagen: eine physikalische Theorie ist ein mathematisches Bild eines Ausschnittes der Wirklichkeit.

Daraus ergibt sich, daß zu einer Theorie drei wesentliche Teile gehören:

1. Ein mathematisches System, d. h. ein Bereich von mathematischen Objekten mit abstrakt definierten Relationen und Strukturen. Man denke beispielsweise an die MAXWELLschen Gleichungen für die Größen $\mathfrak{E}$, $\mathfrak{B}$, ϱ, $\boldsymbol{j}$, ohne dabei die physikalische Bedeutung in Betracht zu ziehen.
2. Ein Bereich der feststellbaren Tatsachen; dieser Bereich gehört gerade für die modernen Gebiete der Physik kaum (noch nicht einmal teilweise) mehr der Alltagserfahrung an, weil nur sehr komplizierte Experimente die gewünschten, objektiv feststellbaren Effekte liefern. Wir wollen diesen Bereich kurz den physikalischen Bereich der Theorie nennen.
3. Ein System von Abbildungsvorschriften zwischen mathematischen Größen und physikalischen Tatsachen, d. h. experimentell gewonnenen Ergebnissen.

Zwischen 1. und 2. besteht ein bemerkenswerter Unterschied, der dann auch in 3. zum Ausdruck kommen muß: Während ein mathematisches System immer ein exakt und wohldefiniertes System ist (sonst wäre es eben kein mathematisches System), haben alle Begriffe über Tatsachen eine nicht ganz scharf begrenzte Bedeutung, einen (sehr oft von der jeweiligen experimentellen Situation abhängigen) Unbestimmtheitsbereich an sich. Mit diesem Unbestimmtheitsbereich meinen wir hier nicht irgendwelche Meßungenauigkeiten (denn um sinnvoll von diesen Meßungenauigkeiten sprechen zu können, muß die zu messende Größe genauer „definiert" sein, als sie der gerade vorliegende Apparat mißt) noch irgendeine statistische Häufigkeit, die nicht vom Meßapparat, sondern von der durchzumessenden Gesamtheit von Objekten herrührt. Wir meinen hier vielmehr mit dem Unbestimmtheitsbereich gerade den Unbestimmtheitsbereich der Definition einer physikalischen Größe selber. Man denke beispielsweise an die Definition einer Länge. Physikalisch ist die Länge durch Meßvorschriften definiert und damit gerade so weit definiert, wie sich diese Meßvorschriften als durchführbar, d. h. als mit der Struktur der Welt vereinbar erweisen. Es würde hier zu weit führen, diese Meßvorschriften im Falle einer Längenmessung durchzudiskutieren. Es mag hier nur genügen, die Frage nach einer Länge von 10^{-100} cm aufzuwerfen, um zu zeigen, daß die physikalische Länge *kein scharf definierter* Begriff ist.

An diesem Beispiel zeigt sich noch etwas anderes, nämlich, daß die meisten „physikalischen Tatsachen" mit Begriffen (z. B. Länge) beschrieben werden, die schon „Theorie" voraussetzen; zwar nicht die Theorie des zu untersuchenden Objektbereiches (in der Quantentheorie also des Bereiches der Atome und Moleküle), aber doch die Theorie anderer schon vorher untersuchter Bereiche. So muß man gerade zur Aufdeckung von Atomstrukturen Apparate bauen, deren Konstruktion ohne die Kenntnisse der physikalischen Vorgänge in diesen Apparaten, beispielsweise ohne Kenntnis der MAXWELLschen Elektrodynamik, unmöglich wäre.

Es würde den Rahmen dieses Buches bei weitem sprengen, wenn wir alle diese Probleme der Definition physikalischer Begriffe hier behandeln wollten. Es sollte hier nur zweierlei gezeigt werden, daß erstens physikalische Begriffe nicht exakt definierbar sind, und daß wir zweitens in dieser vorliegenden Darstellung nicht das Problem aufgreifen können, jeden benutzten physikalischen Begriff in seiner Struktur klarzustellen. Daher sei es erlaubt, auf die Bedeutung mancher benutzter physikalischer Begriffe gar nicht einzugehen (falls es erwartet werden kann, daß der Leser diesen Begriff kennt) oder nur mit ein paar kurzen Worten hinzuweisen.

Wenn der mathematische Bereich 1. nur exakt definierte Begriffe, der physikalische Bereich 2. aber immer mit Unbestimmtheiten behaftete Begriffe benutzt, so kann auch die Abbildungsvorschrift 3. keine absolut scharfe sein, sie muß also immer mindestens die in 2. liegende Unbestimmtheit enthalten. Zwischen 1. und 2. stellt also 3. niemals eine (mathematisch sogenannte) isomorphe Abbildung her, da eine solche zwischen zwei so verschiedenen Bereichen wie 1. und 2. niemals gelten kann. Dies bedeutet aber durchaus keine Unbrauchbarkeit von 1. zur Beschreibung von 2., im Gegenteil „vereinfacht" 1. immer die Verhältnisse in 2. und macht sie so unserem Verständnis zugänglich.

Diese kurze Skizze mag genügen, um im Folgenden die Entwicklung der Quantentheorie zu diskutieren. Bevor wir aber in die Einzelheiten dieser Entwicklung einsteigen, wollen wir einige prinzipielle Bemerkungen zu dem Verhältnis einer systematischen und deduktiven Darstellung zur historischen, mehr induktiven Entwicklung einer Theorie machen. Daß wir diese vorher und nicht nachher als Konsequenz der dargestellten Entwicklung anführen, soll das Verständnis eben dieser historischen Entwicklung erleichtern.

Das Ziel eines deduktiven Aufbaues einer Theorie ist es, die Theorie selber in ihrer Struktur genauer zu verstehen, in dem man die Grundstrukturen, — oft auch im physikalischen Bereich 2. als Axiome bezeichnet — aufdeckt, aus denen sich die ganze Theorie aufbauen läßt. Man kann dann eventuell auch genauer feststellen, welche von diesen Grundstrukturen in anderen Bereichen der Wirklichkeit nicht mehr gelten. Ein einfaches Beispiel eines deduktiven Aufbaues stellt die Thermodynamik dar, wenn man diese auf den ersten und zweiten Hauptsatz als Grundstrukturen zurückführt.

Die historische Entwicklung dagegen geht aus dem primären Wunsche hervor, überhaupt erst einmal eine Theorie für einen noch nicht theoretisch gedeuteten Erfahrungsbereich zu finden, gleichviel, wie man auch zu diesem Ziel gelangen mag: der Erfolg allein rechtfertigt hier den Weg.

Während man bei dem deduktiven Aufbau genauestens zwischen den Axiomen und den daraus deduzierten Strukturen unterscheidet, stellt die historische Entwicklung oft ein Erraten der Theorie aus Teilstrukturen dar, die aus der Erfahrung abgelesen werden. Weit verbreitet ist der schwerwiegende Irrtum, daß die historische Entwicklung die gesuchte Theorie aus den experimentellen Ergebnissen deduziere; oder oft in Umkehrung dieser Meinung: Man weist der historischen Entwicklung nach, daß aus den vorgelegenen experimentellen Ergebnissen die Theorie nicht deduziert werden kann, d. h. nicht zwangsläufig folgt, und zieht daraus den Schluß, daß die Theorie deshalb falsch sein kann oder muß („kann" oder „muß" je nach Temperament des „Kritikers"). Beispielsweise kann man die spezielle Relativitätstheorie nicht aus dem MICHELSON-Versuch *deduzieren*, also wäre diese Theorie falsch oder könnte wenigstens falsch sein. Der MICHELSON-Versuch gab historisch eben nur den Anstoß zur Entdeckung der speziellen Relativitätstheorie. Ohne das gewissenhafte Auseinanderhalten von historischer Entwicklung und deduktivem Aufbau ist ein *Verständnis* für das Aufspüren physikalischer Theorien unmöglich, ja wird das Auffinden neuer Theorien meist ganz unmöglich gemacht: Denn eine neue Theorie hat vor sich experimentelle noch nicht deutbare Ergebnisse, die fast immer gerade nicht die in den *Axiomen* formulierbaren Grundstrukturen eines deduktiven Aufbaues darstellen. Diese Grundstrukturen sind vielmehr vom experimentellen Standpunkt aus fast immer so allgemein und umfassend in ihren Aussagen (z. B. in der Thermodynamik: Es gibt keine experimentelle Möglichkeit, ein Perpetum mobile zweiter Art zu konstruieren), daß sie als solche experimentell so gut wie nicht unmittelbar verifizierbar (höchstens unmittelbar in bestimmten physikalischen Bereichen falsifizierbar) sind.

Die historische Entwicklung der Quantentheorie zeigt

uns einen, nein besser zwei Wege auf, die beide nicht den des deduktiven Aufbaues gingen, aber zum selben Endergebnis führten. Darum kann diese Entwicklung für uns sehr lehrreich sein.

KAPITEL II

Die beiden Wege zur Quantenmechanik

In diesem Buch sind (auszugsweise) erstens die Arbeiten abgedruckt, die die entscheidenden letzten Schritte auf dem Weg über die Punktmechanik zur Quantenmechanik vollzogen, und zweitens diejenigen, die über ein Wellenfeld zur mit der Quantenmechanik äquivalenten „Wellenmechanik" gelangten. Wir wollen beide Wege rückblickend kurz skizzieren, um so die angegebenen Originalarbeiten besser in einem größeren Zusammenhang sehen zu können.

§ 1. Partikelbild der klassischen Mechanik

Die Entdeckung der Elektronen, die Ablenkungsversuche und die Bestimmung von Ladung und Masse der Elektronen ließen die klassische Punktmechanik als geeignetes Hilfsmittel erscheinen, alle diese Vorgänge zu beschreiben; eine neue Theorie erschien hierfür nicht notwendig. Da auch der zweite Weg zur Wellenmechanik diesen selben Ausgangspunkt benutzt, sei dieses klassische Modell der Elektronen als Massenpunkte kurz skizziert.

Die „Bahnen" der Elektronen ergeben sich hiernach aus dem LAGRANGEschen Extremalprinzip:

$$W = \int_{t_1}^{t_2} L\,dt \qquad \text{(II.1)}$$

ist zu einem Extremwert (stationär) zu machen, wobei in

$$L = \sum_{k=1}^{n} \sum_{v=1}^{3} \left[\frac{m}{2} \dot{x}_\nu^{(k)} \dot{x}_\nu^{(k)} + \frac{e}{c} \dot{x}_\nu^{(k)} A_\nu(x^{(k)}, t) - e\varphi(x^{(k)}, t) \right] - \frac{1}{2} \sum_{\substack{k,l \\ (k \neq l)}} \frac{e^2}{r_{(k,l)}} \qquad \text{(II.2)}$$

die Koordinaten $x_\nu^{(k)}(t)$ $(\nu = 1, 2, 3)$ $(k = 1, 2, \ldots, n)$ der n-Elektronen in der Form $x_\nu^{(k)}(t) + \varepsilon \xi_\nu^{(k)}(t)$ mit der Nebenbedingung $\xi_\nu^{(k)}(t_1) = \xi_\nu^{(k)}(t_2) = 0$ zu variieren sind, d. h. es ist $\left(\frac{dW}{d\varepsilon}\right)_{\varepsilon=0} = 0$ zu setzen für sonst beliebige $\xi_\nu^{(k)}(t)$.

In (II.2) sind m die Masse und e die Ladung der Elektronen, $r_{(k,l)}$ ist der Abstand des l-ten und k-ten Elektrons, φ das skalare, A_ν das Vektorpotential des äußeren elektromagnetischen Feldes, in dem sich die Elektronen bewegen.

In (II.2) haben wir das Magnetfeld der bewegten Elektronen vernachlässigt ebenso wie alle relativistischen Effekte, was bei langsamer Bewegung der Elektronen im Vergleich zur Lichtgeschwindigkeit eine gute Näherung ist. Aus (II.2) folgen dann die Eulerschen Gleichungen

$$m\ddot{x}_\nu^{(k)} = eE_\nu(x^{(k)}, t) + \sum_{\mu=1}^{3} \frac{e}{c} B_{\nu\mu}(x^{(k)}, t)\, \dot{x}_\mu^{(k)} \qquad \text{(II.3)}$$

mit

$$E_\nu(x, t) = \varphi_{|\nu}(x, t) - \frac{1}{c} \dot{A}_\nu(x, t) - \left(\sum_k \frac{e}{r_{(k)}} \right)_{|\nu}$$

$$\text{mit } r_{(k)}{}^2 = \sum_{\nu=1}^{3} (x_\nu - x_\nu^{(k)})^2,$$

$$B_{\nu\mu}(x, t) = A_{\mu|\nu}(x, t) - A_{\nu|\mu}(x, t). \qquad \text{(II.4)}$$

E_ν sind die Komponenten des elektrischen Feldes, $B_{\nu\mu}$ die des Magnetfeldes, wobei die Komponenten des Magnetfeldvektors B_ν^* durch $B_1^* = B_{23}$ (und zyklisch) gegeben sind. Diese Gleichungen (relativistisch verallgemeinert) sind auch heute noch die Grundlage für die Konstruktion moderner Beschleunigungsapparaturen, da quantenmechanische Effekte bei der Bewegung der Teilchen in diesen Apparaturen keine Rolle spielen.

Diese Punktmechanik der Elektronen schien die Erfahrungen richtig wiederzugeben, bis man auf Grund des RUTHERFORDschen Atommodells diese Gleichungen auch auf die Bewegung der Elektronen um den Atomkern anwandte. Bevor wir darauf eingehen sei kurz diese *klassische* Mechanik in ihrer HAMILTON-JACOBIschen Form skizziert, weil sie gerade in dieser Form der Ausgangspunkt beider Wege zur Quantentheorie wurde.

Die $x_\nu^{(k)}$ wollen wir laufend durchnumeriert mit q_i bezeichnen oder die q_i als eindeutig umkehrbare und differenzierbare Funktionen $q_i = f_i(x_1^{(1)} \cdots x_3^{(n)})$ der $x_\nu^{(k)}$ gegeben denken. Dann ist also $L = L(q_1, q_2, \cdots, \dot{q}_1, \cdots, t) = L(q, \dot{q}, t)$.
Die EULERschen Gleichungen des Variationsproblems (II.2) haben dann die bekannte LAGRANGEsche Form

$$\frac{\partial L}{\partial q_i} - \frac{d}{dt}\frac{\partial L}{\partial \dot{q}_i} = 0. \tag{II.5}$$

Führt man neben den q_i die y_i als neue unabhängige Variablen ein und fordert $\dot{q}_i = y_i$, so kann man statt (II.1) auch

$$\left.\begin{array}{l} \int\limits_{t_1}^{t_2} L(q, y, t)\, dt = \text{Extremwert unter} \\ \text{der Nebenbedingung } \quad y_i - \dot{q}_i = 0 \end{array}\right\} \tag{II.6}$$

fordern. Mit Hilfe LAGRANGEscher Parameter $\lambda_i(t)$ geht (II.6) in

$$\int\limits_{t_1}^{t_2} \left[L(q, y, t) - \sum_i \lambda_i (y_i - \dot{q}_i)\right] dt = \text{Extremwert} \tag{II.7}$$

über, wobei die q_i, y_i, λ_i zu variieren sind. Durch Variation der y_i erhält man speziell

$$\frac{\partial L}{\partial y_i} - \lambda_i = 0. \tag{II.8}$$

Setzt man (II.8) in (II.7) ein, so gewinnt man das zu (II.7) äquivalente Problem

$$\int_{t_1}^{t_2} \left[L - \sum_i \frac{\partial L}{\partial y_i} (y_i - \dot{q}_i) \right] dt = \text{Extremwert.} \tag{II.9}$$

Wichtig ist der Übergang von den y_i zu den zu den q_i kanonisch konjugierten Variablen p_i durch

$$p_i = \frac{\partial L(q, y, t)}{\partial y_i}, \tag{II.10}$$

wobei man annimmt, daß die Determinante

$$\left| \frac{\partial^2 L}{\partial y_i \partial y_k} \right| \neq 0$$

ist. Aus (II.9) ergibt sich mit der HAMILTON-Funktion

$$H(p, q, t) = \sum_i p_i y_i - L \tag{II.11}$$

die kanonische Form des Variationsproblems:

$$\int_{t_1}^{t_2} \left[-H + \sum_i p_i q_i \right] dt = \text{Extremwert,} \tag{II.12}$$

und hieraus als EULERsche Gleichungen die HAMILTONschen Bewegungsgleichungen:

$$\dot{p}_i = -\frac{\partial H}{\partial q_i}, \quad \dot{q}_i = \frac{\partial H}{\partial p_i}. \tag{II.13}$$

Setzt man in (II.2) die q_i speziell gleich den $x_\nu^{(k)}$ und bezeichnet man die p_i entsprechend mit $p_\nu^{(k)}$, so erhält man

$$\begin{aligned} & H(p_1^{(1)} \cdots p_3^{(n)}, x_1^{(1)} \cdots x_3^{(n)}, t) \\ & = \sum_{k=1}^{n} \left[\sum_{\nu=1}^{3} \frac{1}{2m} \left(p_\nu^{(k)} - \frac{e}{c} A_\nu (x^{(k)}, t) \right)^2 + e\varphi (x^{(k)}, t) \right] \\ & \quad + \frac{1}{2} \sum_{\substack{k,l \\ (k \neq l)}} \frac{e^2}{r_{(k,l)}}. \end{aligned} \tag{II.14}$$

Die folgenden Überlegungen, die ursprünglich als Methode zur Lösung der HAMILTONschen Gleichungen (II.13) entwickelt wurden, waren nicht nur entscheidend für den Übergang zur „Matrizenmechanik", sondern ebenso zur „Wellenmechanik". Diese Überlegungen haben die kanonischen Transformationen als Ausgangspunkt. Man stellt sich das Problem, statt der p_i, q_i andere Variablen p_i' und q_i' so einzuführen, daß die Form der HAMILTONschen Gleichungen erhalten bleibt; d. h. aber, daß das Variationsproblem

$$\int_{t_1}^{t_2} \left[- H' + \sum_i p_i' \dot{q}_i' \right] dt = \text{Extremwert} \tag{II.15}$$

zu (II.12) äquivalent sein muß. Dies ist wenigstens dann der Fall, wenn sich die Integranden von (II.12) und (II.10) nur um ein totales Differential unterscheiden, da am Rande für $t = t_1$ und $t = t_2$ nicht variiert wird. Diese Bedingung lautet:

$$- H\,dt + \sum_i p_i dq_i + H' dt - \sum_i p_i' dq_i' = dR. \tag{II.16}$$

Aus Konvention addieren wir auf beiden Seiten $d\left(\sum_i p_i' q_i'\right)$ und erhalten so als äquivalent zu (II.16):

$$(H' - H)\,dt + \sum_i p_i dq_i + \sum_i q_i' dp_i' = dS. \tag{II.17}$$

Wegen der Gestalt der linken Seite wählen wir für S eine Funktion von p_i', q_i, t. Damit folgt aus (II.17):

$$p_i = \frac{\partial S}{\partial q_i}, \quad q_i' = \frac{\partial S}{\partial p_i'}, \quad \mathrm{H}' = H + \frac{\partial S}{\partial t}. \qquad \text{(II.18)}$$

Diese Gleichungen (II.18) stellen bei beliebiger Funktion S eine kanonische Transformation dar, sobald sich die p_i', q_i' aus den p_i, q_i und umgekehrt nach (II.18) berechnen lassen. Es gelten also die HAMILTONschen Gleichungen:

$$\dot{p}_i' = -\frac{\partial H'}{\partial q_i'}, \quad \dot{q}_i' = \frac{\partial H'}{\partial p_i'}.$$

Diese Gleichungen lassen sich z. B. sofort lösen, wenn man $H' \equiv 0$ erreichen kann, d. h. wenn S der Gleichung

$$H\left(\frac{\partial S}{\partial q_1} \ldots, q_1 \cdots, t\right) + \frac{\partial S}{\partial t} = 0 \qquad \text{(II.19)}$$

genügt. Hat man nämlich eine Lösung der HAMILTON-JAKOBIschen partiellen Differentialgleichung (II.19) derart gefunden, daß sie noch von $N = 3n$ unabhängigen Parametern p_i' abhängt, so kann man mit diesem S nach (II.18) eine kanonische Transformation durchführen und erhält die p_i, q_i als Funktionen der zeitlich konstanten p_i', q_i', womit (II.13) vollständig gelöst ist.

Es gilt aber auch das Umgekehrte. Sei z. B. (II.13) für alle möglichen Anfangswerte gelöst, so kann man sogar die allgemeine Lösung von (II.19) konstruieren:

Wir wollen dazu die q_i und p_i als Funktionen der *Anfangs*werte $\overset{1}{q}_i$ der q_i zur Zeit t_1 und der *End*werte $\overset{2}{q}_i$ der q_i zur Zeit t_2 betrachten:

$$\begin{aligned} q_i &= q_i\left(t;\, t_1, \overset{1}{q}, t_2, \overset{2}{q}\right), \\ p_i &= p_i\left(t;\, t_1, \overset{1}{q}, t_2, \overset{2}{q}\right). \end{aligned} \qquad \text{(II.20)}$$

Für eine Funktion $f(t)$ schreiben wir im Folgenden statt $f(t_1)$ kurz $[f]_1$ und $f(t_2) = [f]_2$. Es ist also

$$[q_i]_1 = \overset{1}{q}_i, \ [q_i]_2 = \overset{2}{q}_i .$$

Berechnet man W nach (II.1) oder (II.12) für den Fall, daß man die q_i. p_i durch die Extremalen (II.20) ersetzt, so wird

$$W = W\left(t_1, \overset{1}{q}, t_2, \overset{2}{q}\right).$$

Bildet man nun nach (II.12) das totale Differential von W, so erhält man wegen (II.13):

$$d W = -\left[-H + \sum_i p_i \dot{q}_i\right]_1 dt_1 + \left[-\mathrm{H} + \sum_i p_i \dot{q}_i\right]_2 dt_2 - \left[\sum_i p_i \, dq_i\right]_1 + \left[\sum_i p_i \, dq_i\right]_2 .$$

Nach (II.20) ist

$$dq_i = \frac{\partial q_i}{\partial t_1} dt_1 + \sum_k \frac{\partial q_i}{\partial \overset{1}{q}_k} d\overset{1}{q}_k + \frac{\partial q_i}{\partial t_2} dt_2 + \sum_k \frac{\partial q_i}{\partial \overset{2}{q}_k} d\overset{2}{q}_k .$$

Da aber

$$\overset{1}{q}_i = [q_i]_1 = q_i\left(t_1; t_1, \overset{1}{q}, t_2, \overset{2}{q}\right)$$

ist, folgt

$$d\overset{1}{q}_i = \left[\frac{\partial q_i}{\partial t}\right]_1 dt_1 + \left[\frac{\partial q_i}{\partial t_1}\right]_1 dt_1 + \left[\sum_k \frac{\partial q_i}{\partial \overset{1}{q}_k}\right]_1 d\overset{1}{q}_k + \left[\frac{\partial q_i}{\partial t_2}\right] dt_2 + \left[\sum_k \frac{\partial q_i}{\partial \overset{2}{q}_k}\right]_1 d\overset{2}{q}_k$$

und folglich

$$[dq_i]_1 = d\overset{1}{q}_i - [\dot{q}_i]_1 \, dt_1 .$$

Benutzt man die entsprechende Formel für $[dq_i]_2$, so erhält man also

$$d W = \mathrm{H}_1 dt_1 - H_2 dt_2 - \sum_i [p_i]_1 d\overset{1}{q}_i + \sum_i [p_i]_2 d\overset{2}{q}_i . \quad \text{(II.21)}$$

Gehen wir von einer beliebigen Fläche $F(q) = 0$ im q-Raum aus und konstruieren in jedem Punkt $\overset{1}{q}_i$ dieser Fläche eine Bahnkurve mit den Anfangswerten $[q_i]_1 = \overset{1}{q}_i$ und

$$[p_i]_1 = \lambda\left(\overset{1}{q}_k\right) \frac{\partial F\left(\overset{1}{q}\right)}{\partial \overset{1}{q}_i},$$

so wird wegen

$$\overset{1}{q}_i = q_i\left(t_1;\, t_1, \overset{1}{q}, t_2, \overset{2}{q}\right)$$

$\overset{1}{q}_i = \overset{1}{q}_i\left(\overset{2}{q}, t_2\right)$ eine Funktion der $\overset{2}{q}_k, t_2$, weil wir t_1 für alle Punkte der Fläche $F(q) = 0$ gleich wählen.
Für die Funktion

$$S\left(t_2;\, \overset{2}{q}\right) = W\left(t_1;\, \overset{1}{q}\left(\overset{2}{q}, t_2\right);\, t_2, \overset{2}{q}\right)$$

folgt dann, da t_1 konstant und $\sum_i \frac{\partial F}{\partial \overset{1}{q}_i} d\overset{1}{q}_i = 0$ sind:

$$dS = -[H]_2\, dt_2 + \sum_i [p_i]_2\, d\overset{2}{q}_i. \tag{II.22}$$

Lassen wir den Index 2 fort, so genügt also $S(t; q)$ den Gleichungen

$$\frac{\partial S}{\partial t} = -H(p, q); \qquad \frac{\partial S}{\partial q_i} = p_i.$$

Damit ist eine von der willkürlichen „Anfangsfläche“ $F(q_i) = 0$ abhängige Lösung S von (II.19) gewonnen. Dieser zuletzt dargestellte Zusammenhang zwischen Teilchenbahnen und Hamilton-Jakobi-Funktion S ist für den Weg zur „Wellenmechanik“ wichtig geworden.

Zum Abschluß des Teilchenbildes sei die Beschreibung des eindimensionalen anharmonischen Oszillators skizziert, der als erstes Testbeispiel für die Entwicklung der

Matrizenmechanik diente. Mit $V(q)$ als potentieller Energie ist

$$H(p, q) = \frac{1}{2m} p^2 + V(q). \tag{II.23}$$

(II.19) lösen wir mit dem Ansatz $S(q, t) = -Et + R(q)$, so daß also für R

$$\frac{1}{2m}\left(\frac{dR}{dq}\right)^2 + V(q) = E \tag{II.24}$$

folgt. Schreiben wir statt E den Buchstaben p', so wird also

$$R(p', q) = \int \sqrt{2m}\,\sqrt{p' - V(q)}\,dq. \tag{II.25}$$

Wir wollen annehmen, daß $V(q)$ für $q \leftrightarrow +\infty$ und für $q \to -\infty$ gegen $+\infty$ geht. (II.25) hat dann nur soweit einen Sinn, solange R reell, d. h. solange $p' \geqq V(q)$ ist. Das stellt aber gerade den Energiesatz dar, der als Umkehrpunkte q_1, q_2 der periodischen Bewegung die Lösungen von $E = p' = V(q_1) = V(q_2)$ liefert. Die mit R nach

$$p = \frac{\partial R}{\partial q}, \qquad q' = \frac{\partial R}{\partial p'} \tag{II.25}$$

durchzuführende kanonische Transformation liefert wegen $H' = p'$ die Gleichungen $\dot{p}' = 0$ und $\dot{q}' = 1$. Das noch unbestimmte Vorzeichen der Wurzel kann mit Hilfe von (II.25)

$$p = \frac{\partial W}{\partial q} = \sqrt{2m}\,\sqrt{p' - V(q)}$$

so definiert werden, daß $p = m\dot{q}$ ist. Statt $p' = E$ führen wir aber noch die wichtige Wirkungsvariable I

nach

$$I(p') = \frac{1}{2\pi} \oint \sqrt{2m} \sqrt{p' - V(q)}\, dq$$
$$= \frac{1}{2\pi} \oint \frac{\partial W}{\partial q}\, dq = \frac{1}{2\pi} \oint p\, dq = \frac{1}{2\pi} \oint dW \tag{II.26}$$

ein, wobei über eine volle Periode der Bewegung zu integrieren ist, d. h. es ist

$$I(p') = \frac{1}{2\pi} \int_{q_1}^{q_2} \sqrt{2m} \sqrt{p' - V(q)}\, dq$$
$$+ \frac{1}{2\pi} \int_{q_2}^{q_1} \sqrt{2m}\, (-1) \sqrt{p' - V(q)}\, dq$$
$$= \frac{2}{2\pi} \int_{q_1}^{q_2} \sqrt{2m} \sqrt{p' - V(q)}\, dq. \tag{II.27}$$

Mit $R^*(I,q) = R(p', q)$ kann man die kanonische Transformation zu den Variablen I, w durchführen:

$$p = \frac{\partial R^*}{\partial q}, \quad w = \frac{\partial R^*}{\partial I}, \quad H^*(I) = p'(I) = E(I). \tag{II.28}$$

Zu der „Wirkungsvariablen“ I haben wir so die kanonisch konjugierte „Winkelvariable“ w eingeführt. Die kanonischen Gleichungen lauten jetzt:

$$\dot{I} = 0, \quad \dot{w} = \frac{dE}{dI}$$

mit den Lösungen $I = \text{const}$ und

$$w = \frac{dE}{dI}(t - \tau). \tag{II.29}$$

Aus (II.27) folgt durch Differentiation nach I:

$$2\pi = \frac{d}{dI}\, 2\int_{q_1}^{q_2} \sqrt{2m}\,\sqrt{p' - V(q)}\, dq$$

$$= 2\sqrt{2m}\left[\sqrt{p' - V(q_2)}\,\frac{dq_2}{dI} - \sqrt{p' - V(q_1)}\,\frac{dq_1}{dI}\right]$$

$$+ 2\int_{q_1}^{q_2} \frac{\partial R^*}{\partial q \partial I}\, dq.$$

Wegen $p' = V(q_1) = V(q_2)$ ist also

$$2\pi = \oint \frac{\partial R^*}{\partial q\, \partial I}\, dq = \oint \frac{\partial w}{\partial q}\, dq = \oint dw$$

$$= \oint \dot{w}\, dt = \frac{dE}{dI}\, T$$

mit T als Schwingungsdauer. $2\pi/T$ ist die Kreisfrequenz ω der Bewegung, d. h,

$$\omega = \frac{dE}{dI}. \tag{II.30}$$

Speziell für den harmonischen Oszillator mit $V(q) = \frac{a}{2}\, q^2$ ist

$$E(I) = \sqrt{\frac{a}{m}}\, I = \omega I,$$

$$w = \arcsin \sqrt{\frac{a}{2\omega I}}\, q, \tag{II.31}$$

$$p = \sqrt{2m\omega I - m^2\omega^2 q^2}.$$

§ 2. *Von der Punktmechanik zur Matrizenmechanik*

Der Übergang von der Punktmechanik zur Matrizenmechanik vollzog sich über das RUTHERFORDsche Atommodell und die BOHRsche Atomtheorie. Da der Entwicklung der BOHRschen Atomtheorie ein eigener Band dieser Sammlung gewidmet ist, brauchen wir hier nicht näher darauf einzugehen. Wir wollen nur kurz das wesentliche des BOHRschen Atommodells skizzieren:

Um den Z-fach positiv geladenen Atomkern kreisen Z Elektronen. Die Bewegung der Elektronen ist nach den oben angegebenen Gesetzen der Punktmechanik zu berechnen. Für den Fall der mehrfach periodischen Bewegungen gelingt es, eine „Quantenbedingung" einzuführen. Mehrfach periodische Bewegungen liegen dann vor, wenn es gelingt, solche kanonische Variablen p_i, q_i einzuführen, daß die HAMILTON-JAKOBIsche Differentialgleichung (II.19) durch den Ansatz $S = -Et + \sum_i S_i(q_i)$ gelöst werden kann, wobei jedes S_i nur von *einer* Koordinate q_i abhängt und jedes q_i eine periodische Bewegung durchführt, ähnlich der des oben geschilderten anharmonischen Oszillators. Deshalb ist dieser anharmonische Oszillator zum Musterbeispiel der Quantentheorie geworden. Die Quantenbedingungen lauten dann

$$I_i = \frac{1}{2\pi} \oint p_i dq_i = n_i \hbar, \qquad \text{(II.32)}$$

wobei $h = 2\pi\hbar$ die PLANCKsche Konstante, n_i ganze Zahlen und I_i die Wirkungsvariablen sind. Die Energie, d. h. die HAMILTON-Funktion nach Übergang zu den Wirkungs- und Winkelvariablen I_i, w_i wird dann eine Funktion $E(I_1, I_2, \cdots)$. Durch die Quantenbedingungen (II.32) erhält man eine Reihe diskreter Energiewerte $E(n_1\hbar, n_2\hbar, \cdots)$. Die Frequenzen ω der emittierten

Spektrallinien sind dann nach der BOHRschen Frequenzbedingung

$$\hbar\,\omega_{n_1 n_2 \ldots, n_1' n_2', \ldots} = E(n_1\hbar, n_2\hbar, \cdots) - E(n_1'\hbar, n_2'\hbar, \cdots) \tag{II.33}$$

zu berechnen. Für den anharmonischen Oszillator erhält man also speziell:

$$I = \frac{1}{2\pi}\oint \sqrt{2m}\,\sqrt{E - V(q)}\,dq = n\hbar \tag{II.34}$$

und hieraus die diskreten Werte der Energie

$$E_n = E(I)_{I=n\hbar} = E(n\hbar). \tag{II.35}$$

Die emittierten Frequenzen wären dann

$$\hbar\,\omega_{n,m} = E_n - E_m. \tag{II.36}$$

Das nächste Problem, das sich stellte, war die Berechnung der Intensitäten der nach (II.33) bzw. (II.36) emittierten Linien. Da die folgenden Betrachtungen nicht von der Zahl der Freiheitsgrade abhängen, können wir bei dem Fall des anharmonischen Oszillators verbleiben. Da die Bewegung von q und p und aller eindeutigen Funktionen von q und p periodisch mit der Frequenz ω erfolgt, können wir diese in eine FOURIER-Reihe entwickeln:

$$\begin{aligned} q &= \sum_{\nu=-\infty}^{+\infty} q_\nu(I)\,e^{i\nu\omega(t-\tau)} = \sum_{\nu=-\infty}^{+\infty} q_\nu(I)\,e^{i\nu w}, \\ p &= \sum_{\nu=-\infty}^{+\infty} p_\nu(I)\,e^{i\nu w}, \\ F(p,q) &= \sum_{\nu=-\infty}^{+\infty} F_\nu(I)\,e^{i\nu w}. \end{aligned} \tag{II.37}$$

Für reelle F ist also $F_{-\nu} = F_\nu^*$.

Die pro Zeiteinheit emittierte Energie ergibt sich klassisch nach der HERTZschen Dipolstrahlung bekanntlich zu

$$\varepsilon = \frac{2e^2}{3c^3}\,\overline{|\ddot{q}|^2} = \frac{4e^2}{3c^3}\sum_{\nu=1}^{\infty} |q_\nu(I)|^2(\nu\omega)^4, \qquad \text{(II.38)}$$

d. h., sie setzt sich additiv zusammen aus den Beiträgen für die einzelnen Frequenzen $\nu\omega$:

$$\varepsilon_\nu = \frac{4e^2}{3c^3}\,|q_\nu(I)|^2\,(\nu\omega)^4. \qquad \text{(II.39)}$$

Diese klassischen Ergebnisse übersetzte BOHR in quantentheoretische mit Hilfe des nach ihm benannten Korrespondenzprinzips, indem er in (II.39) folgende Ersetzungen durchführte:

$$\begin{aligned} \nu\omega &\to \omega_{nm} \\ \nu &\to n - m \\ I &\to n'\hbar \quad \text{mit einem } n' \text{ zwischen } n \text{ und } m. \end{aligned} \qquad \text{(II.40)}$$

Schon wegen des nicht genau festgelegten Wertes von n' kann (II.40) nicht die exakte Quantentheorie darstellen. Aber gerade diese Überlegungen, die auch durch KRAMERS und BORN auf andere Probleme ausgedehnt waren, wurden zum Ausgangspunkt des HEISENBERGschen Ansatzes der Matrizenmechanik.

Der entscheidende Gedanke, der gleich in der Einleitung der HEISENBERGschen Arbeit ausgedrückt wird, ist das Abgehen von jeder klassisch — „punktmechanischen" — Beschreibung und damit der Übergang zu korrespondierenden quantenmechanischen Größen, das Abgehen von den prinzipiell „unbeobachtbaren" Bahnen und damit der Übergang zu den die Beobachtungen beschreibenden quantenmechanischen Übergangsamplituden. Die Überlegungen von HEISENBERG führen auch direkt auf die Bedingungen (II.32) bzw. (II.34) der BOHRschen Theorie. Wir wollen an Hand seiner Arbeit diese Überlegung kurz nachvollziehen:

Entscheidender Ausgangspunkt ist die BOHRsche Frequenzbedingung $\nu(n, n-\alpha) = \frac{1}{h}\{w(n) - w(n-\alpha)\}$, in unserer Bezeichnungsweise (II.36). Diese Frequenzbedingung hatte sich sehr bewährt, da sie die auf der PLANCKschen Beziehung der Energiequanten $\hbar\omega$ eines harmonischen Oszillators aufbauende EINSTEINsche Lichtquantenhypothese mit Hilfe des Energiesatzes mit den durch die FRANK-HERTZschen Stoßversuche geprüften Tatsachen der diskreten Energiewerte eines atomaren Systems zu verknüpfen gestattete.

Der sicherlich richtigen quantenmechanischen Formel (II.36) stellt HEISENBERG (II.30) gegenüber und zwar einem ω_{nm} die klassischen Oberfrequenzen $(n-m)\omega$:

klassisch: $(n-m)\omega = (n-m)\frac{dE}{dI}$,

quantenmechanisch: $\omega_{nm} = \frac{1}{\hbar}(E_n - E_m)$.

Die Gegenüberstellung $\omega_{nm} \leftrightarrow (n-m)\omega$ scheint gerade in dieser Weise vernünftig, da dann die quantentheoretischen und klassischen Kombinationsrelationen einander entsprechen (Seite 197).

Für $n - m = 1$ würden wir dann erhalten:

$$\omega(I) \leftrightarrow \omega_{r,r-1} = \frac{1}{\hbar}(E_r - E_{r-1}) = \frac{1}{\hbar}\big(E(I_r) - E(I_{r-1})\big)$$

$$= \frac{1}{\hbar}\left(\frac{dE}{dI}\right)_{I=I'}(I_r - I_{r-1}) = \omega(I')\,\frac{I_r - I_{r-1}}{\hbar}$$

mit einem Zwischenwert I' von I_r und I_{r-1} und I aus der Umgebung von I'. Dies legt nahe,

$$I_r - I_{r-1} = \hbar$$

zu postulieren, was allgemein zu

$$I_r = r\hbar + I_0 \tag{II.41}$$

führt. (II.41) ist aber bis auf die unbestimmte Konstante I_0 gerade (II.34). Die Unsicherheit in bezug auf I_0 war aber eine schon früher bemerkte Unbestimmtheit der BOHRschen Theorie. Für HEISENBERGS Überlegungen ist es aber gerade entscheidend, nicht mehr die aus dem klassischen Bild nach (II.34) zu bezeichnende Größe I zu gebrauchen, sondern ernst zu machen mit dem Übergang zu rein quantentheoretischen Größen. Dies geschieht dadurch, daß die Formel (II.39) in ihrer rein quantentheoretischen Form

$$\varepsilon_{nm} = \frac{4e^2}{3c^3} \, |q_{\nu m}|^2 \, \omega_{nm}{}^4 \tag{II.42}$$

benutzt wird, und die klassischen FOURIER-Amplituden $q_\nu(I)$ konsequent durch die quantentheoretischen Amplituden q_{nm} ersetzt werden, wobei nicht nur nicht in Kauf genommen wird, daß sich mit den q_{nm} keine FOURIER-Reihe mehr herstellen läßt, sondern dies geradezu als Charakteristikum für die Unbeobachtbarkeit eines $q(t)$ angesehen wird.

Alles weitere vollzieht sich fast zwangsläufig: Die klassischen $q_\nu(I)e^{i\nu\omega(t-\tau)}$ werden durch die

$$Q_{nm}(t) = q_{nm}\, e^{i\omega_{nm}(t-\tau)} \tag{II.43}$$

ersetzt, die Realitätsbeziehung $q_\nu = q^*_{-\nu}$ durch

$$q_{nm} = q^*_{nm} \text{ und } Q_{nm} = Q^*_{nm}\,; \tag{II.44}$$

die sich aus $p = m\dot{q}$ ergebende Beziehung $p_\nu = im\nu\omega q_\nu$ durch

$$p_{rs} = im\,\omega_{rs} q_{rs}$$

d. h. mit

$$P_{rs} = p_{rs}\, e^{i\omega_{rs}(t-\tau)}:$$

$$P_{rs} = im\,\omega_{rs} Q_{rs} = m\dot{Q}_{rs}. \tag{II.45}$$

Aus dem Produkt zweier FOURIER-Reihen

$$q(t)^2 = \sum_{\nu,\mu} q_\nu q_\mu e^{i(\nu+\mu)\omega(t-\tau)} = \sum_\lambda \Big(\sum_{\substack{\nu,\mu \\ (\nu+\mu=\lambda)}} q_\nu q_\mu \Big) e^{i\lambda\omega(t-\tau)}$$

wird mit der Zuordnung $\lambda\omega = (\nu+\mu)\omega = \nu\omega + \mu\omega \to \omega_{rs} + \omega_{sv} = \omega_{rv}$ abgelesen, daß

$$(q^2)_{rv} = \sum_s q_{rs} q_{sv} \tag{II.46}$$

zu setzen ist. Dies wird für $\dot{q}^2$ benutzt und damit aus (II.41) die dortige Gleichung (16)

$$m \sum_s \{|q_{rs}|^2\, \omega_{sr} - \omega_{rs}\, |q_{sr}|^2\} = \hbar$$

gefolgert, die dann in der darauffolgenden Arbeit von BORN und JORDAN die entgültige Gestalt

$$\sum_s (p_{rs} q_{st} - q_{rs} p_{st}) = \frac{\hbar}{i}\, \delta_{rt} \tag{II.43}$$

erhält und als HEISENBERGsche Vertauschungsrelation eine der Grundlagen der Quantenmechanik bildet.

Die neuen Methoden prüft dann HEISENBERG an der Theorie des anharmonischen Oszillators. Die quantentheoretischen Größen q_{rs}, p_{rs} usw. lassen sich für den harmonischen Oszillator praktisch aus der klassischen Beschreibung erraten: Aus (II.31) und (II.41) errät man

$$E_n = E_0 + n\hbar\omega.$$

Aus der „FOURIER-Reihe"

$$q = q_1 e^{i\omega t} + q_1^* e^{-i\omega t}$$

und $E = 2m\omega^2 q_1^2$ errät man, daß alle $q_{rs} = 0$ bis auf

$$q_{r,r-1} = \sqrt{\frac{(r+\sigma)\hbar}{2m\omega}},$$

und wegen $q_{rs} = q_{sr}^*$:

$$q_{r,r+1} = \sqrt{\frac{(r+1+\sigma)\hbar}{2m\omega}}$$

mit einem noch unbekannten σ. Bezeichnet man den tiefsten Energiewert mit dem Index 0, so folgt mit $p_{rs} = i\omega_{rs} m q_{rs}$, d. h. mit

$$p_{r,r-1} = i\omega m q_{r,r-1} = i\sqrt{\frac{(r+\sigma)\hbar m\omega}{2}},$$

daß (II.43) nur dann erfüllt ist, wenn man $\sigma = 0$ setzt. Die quantentheoretischen Elemente H_{rs} der Energie $H = \frac{1}{2m} p^2 + \frac{\omega^2 m}{2} q^2$ werden dann

$$H_{rs} = \delta_{rs} \hbar\omega\left(r + \frac{1}{2}\right),$$

d. h. die Energiewerte sind

$$E_n = \hbar\omega\left(n + \frac{1}{2}\right) \tag{II.44}$$

zu setzen. Die Lösungen für die quantentheoretischen Größen im Fall des harmonischen Oszillators sind erraten.

Was sind das für quantentheoretische Größen, durch die die klassischen wie p, q usw. ersetzt werden? Diese Frage wird von BORN und JORDAN in der anschließend auszugsweise abgedruckten Arbeit beantwortet: Die p_{rs}, q_{rs}, F_{rs} bilden die Elemente von Matrizen, und die Rechenregeln sind die der Matrizen.

Da die Rechenregeln der Matrizen als bekannt vorausgesetzt werden können, lassen sich die entscheidenden Ergebnisse der BORN-JORDANschen Arbeit schnell zusammenfassen:
Die Matrizen $\boldsymbol{p}, \boldsymbol{q}$ müssen der Vertauschungsrelation (II.43) genügen:

$$\boldsymbol{p}\boldsymbol{q} - \boldsymbol{q}\boldsymbol{p} = \frac{\hbar}{i}\,\mathbf{1}. \tag{II.45}$$

Die zeitliche Veränderung irgendeiner Matrix $\boldsymbol{g}$, die aus den $\boldsymbol{p}$, $\boldsymbol{q}$ gebildet ist, wird durch die dynamische Grundgleichung

$$\dot{\boldsymbol{g}} = \frac{i}{\hbar}\,(\boldsymbol{H}\boldsymbol{g} - \boldsymbol{g}\boldsymbol{H}) \tag{II.46}$$

gegeben, wobei $\boldsymbol{H}$ die HAMILTON-Matrix ist, sich also speziell für den anharmonischen Oszillator aus den $\boldsymbol{p}$, $\boldsymbol{q}$ in Form

$$\boldsymbol{H} = \frac{1}{2m}\,\boldsymbol{p}^2 + V(\boldsymbol{q}) \tag{II.47}$$

zusammensetzt. Eine Lösung der dynamischen Grundgleichung (II.46) gelingt, wenn man $\boldsymbol{H}$ als Diagonalmatrix darstellt, weil dann (II.46) die Form

$$\dot{g}_{rs} = \frac{i}{\hbar}\,(E_r\, g_{rs} - E_s\, g_{rs})$$

mit der Lösung

$$g_{rs}(t) = g_{rs}(0)\, e^{\frac{i}{\hbar}(E_r - E_s)t}$$

annimmt. Am harmonischen Oszillator wird aufgezeigt, daß die Matrizen für $\boldsymbol{p}$ und $\boldsymbol{q}$ im wesentlichen durch die Vertauschungsrelation und die Diagonalform von $\boldsymbol{H}$ festgelegt sind. So zeigt sich, daß (II.45) und (II.46) die Grundlage der Matrizenmechanik bilden und eine solche wohl definieren.

Somit ist das mathematische System erraten worden, das als Bild der atomaren Strukturen benutzt werden kann und sich als solches in geradezu unvorhersehbarer Weise bewährt hat. Natürlich bedurfte dieses mathematische System noch der Durcharbeitung und einer übersichtlichen mathematischen Form. Dies ist aber ein Problem der mathematischen Technik. Als geeignete Sprechweise hat sich die des HILBERT-Raumes und statt der Matrizen die der Operatoren im HILBERT-Raum erwiesen. Es kann nicht die Aufgabe dieses Büchleins sein, eine Einführung in die Mathematik des HILBERT-Raumes und der Operatoren zu geben. Da es heute genügend Lehrbücher hierüber gibt, soll die Kenntnis der wichtigsten dieser mathematischen Strukturen vorausgesetzt werden.

Wie wir noch genauer in Kapitel III sehen werden, können wir in der Sprache des HILBERT-Raumes (II.45) und (II.46) als Operatorgleichungen ansehen und die Frage nach den Energiewerten (als den Diagonalelementen von $\boldsymbol{H}$ als Diagonalmatrix) als Frage nach den Eigenwerten des Energieoperators auffassen. Bevor wir aber diese Darstellung weiter verfolgen, wollen wir den zweiten Weg von der Punktmechanik zur Wellenmechanik betrachten. Dieser zweite Weg ist auch wegen der Frage nach der physikalischen Interpretation, d. h. wegen der Frage nach der in 3. (Seite 10) anzugebenden Abbildungsvorschrift wichtig. Denn so gut auch schon durch (II.45) und (II.46) das mathematische System charakterisiert sein mag, so ist doch die physikalische Interpretation nicht in systematischer Weise, sondern nur bruchstückartig bekannt, obwohl gerade HEISENBERG von dem wesentlichen Gedanken ausging, nur

„beobachtbare“ Größen zu benutzen. Zwar weiß man, daß die Diagonalelemente von $\boldsymbol{H}$ (oder in der Sprechweise des HILBERT-Raumes: die Eigenwerte von $\boldsymbol{H}$) die möglichen Energiewerte des atomaren Systems darstellen, und daß man mit Hilfe der Matrixelemente von $\boldsymbol{q}$ und $\boldsymbol{p}$ (mit denen $\boldsymbol{H}$ Diagonalmatrix wird) die Intensitäten der Spektrallinien berechnen kann. Alles dies sind aber Einzelfälle der Interpretation; eine systematisch klar gegebene Abbildungsvorschrift zwischen mathematischem System und physikalischen Messungen atomarer Systeme liegt noch nicht vor.

§ 3. Von der Punktmechanik zur Wellenmechanik

Ein ganz anderer Weg ging von der Initiative von DE BROGLIE aus. Der Anstoß dafür war die Tatsache, daß die PLANCKsche Formel $E = h\nu = \hbar\,\omega$ (z. B. für Lichtquanten) in Verbindung mit der speziellen Relativitätstheorie auf eine Erweiterung drängt. Die Darstellung dieses Gedankenganges in der Arbeit von DE BROGLIE basiert noch auf der damaligen Art der Darstellung der Relativitätstheorie. Auf diese Weise erklärt sich auch die in Kapitel I, § 1 dieser Arbeit beschriebene Schwierigkeit zwischen der Frequenz ν_1 und ν. Man hat nämlich zwischen zwei Vorstellungen zu unterscheiden:

1. Die Frequenz ν_0 (nach $h\nu_0 = m_0c^2$) ist die Gangfrequenz einer „Eigenuhr“ des Teilchens, oder
2. die Frequenz ν_0 ist die Frequenz eines dem ruhenden Teilchen zugeordneten Schwingungsvorganges in Raum und Zeit, d. h. einer Welle.

Die Auffassung 1. ist angebracht für die Frequenzen einer „inneren“ Bewegung des Teilchens: Ist z. B. ν_0 eine Eigenfrequenz eines ruhenden Atoms (also $h\nu_0$ gleich der Energiedifferenz zweier Atomzustände), so ist $\nu_1 = \nu_0\sqrt{1-\beta^2}$ die Frequenz eines gegenüber dem Beobachter bewegten Atoms.

Die Auffassung 2. ist aber die richtige für die „äußere" Bewegung (z. B. auch für die Schwerpunktsbewegung des Atoms) des Teilchens. Diese letztere Auffassung, dem bewegten Teilchen eine Welle zuzuordnen, führt dann DE BROGLIE schließlich durch. In Kapitel II, § 5 gibt er die entscheidende Beziehung zwischen dem Vierer-Wellenvektor O_i und dem Energieimpulsvektor I_i in der Form $I_i = hO_i$ an. Für den Spezialfall des freien Teilchens würde also dem Teilchen mit dem Energieimpulsvektor I_i die Welle $e^{i\sum_j k_j x^j}$ mit $I_i = \hbar k_i$ zuzuordnen sein. DE BROGLIE zeigt, wie diese Vorstellung in der Lage ist, einige der bekannten Quantenphänomene zu deuten. Durch den Nachweis der Interferenz von Elektronen, durch die die DE BROGLIEsche Beziehung für den räumlichen Teil des Vektors

$$mv = \hbar k, \text{ d. h. } mv = \frac{h}{\lambda} \qquad \text{(II.48)}$$

(mit λ als Wellenlänge) bestätigt wurde, mußte die Ergänzung der PLANCKschen Formel $E = h\nu$ durch (II.48) als bestätigt angesehen werden. Von einer vollständigen Theorie dieser Wellenerscheinung konnte natürlich in der Arbeit von DE BROGLIE noch keine Rede sein, was insbesondere die Überlegungen dieser Arbeit zeigen, durch die die BOHR-SOMMERFELDschen Bedingungen (II.32) nur plausibel gemacht werden können. Trotzdem war aber ein sehr entscheidender Schritt getan, da die Diskrepanz zwischen Teilchen und Welle als mögliches Nebeneinander gewagt wurde.

Dieses Wellenbild mathematisch zu vervollständigen, gelang dann SCHRÖDINGER. Der Weg zu seiner berühmten Wellengleichung

$$\Delta\psi + \frac{2m}{K^2}\left(E + \frac{e^2}{r}\right)\psi = 0$$

(für ein Elektron im Feld des Wasserstoffatomkerns) war in seiner ersten Arbeit noch wenig durchsichtig, so daß er diesem Punkt den größten Teil seiner zweiten Arbeit widmet. Deshalb wollen wir auch gleich mit diesen letzteren Betrachtungen beginnen.

Sie knüpfen an die HAMILTON-JAKOBIsche Gleichung (II.19) an. Diese spezialisieren wir für den Fall, daß H nicht explizit von der Zeit abhängt durch den schon für den anharmonischen Oszillator auf Seite 22 benutzten Ansatz:

$$S = -Et + R(q) \tag{II.49}$$

und erhalten für R die zeitunabhängige Gleichung

$$H\left(\frac{\partial R}{\partial q_1}\cdots, q_1\cdots\right) = E. \tag{II.50}$$

Die Funktion $R(q)$ kann im q-Raum durch die Flächenschar $R(q) = \text{const}$ veranschaulicht werden. (II.49) kann dann so interpretiert werden, daß sich die Flächen $S = \text{const}$ mit der Zeit t über die verschiedenen Flächen $R = \text{const}$ hinwegbewegen. Dies hat große Ähnlichkeit mit der Bewegung von Flächen gleicher Phase einer Wellenbewegung.

Wählen wir in den zu (II.22) führenden Betrachtungen den Parameter $\lambda(\overset{1}{q})$ so, daß $H(\overset{1}{p}, \overset{1}{q}) = E$, d. h. daß die Energie H auf der ganzen Fläche $F(q) = 0$ konstant ist, so wird

$$S(t_2; \overset{2}{q}) = W(t_1; \overset{1}{q}(\overset{2}{q}, t_2), t_2, \overset{2}{q})$$

nach (II.22) wegen $[H]_2 = H(\overset{2}{p}, \overset{2}{q}) = H(\overset{1}{p}, \overset{1}{q}) = E$ von der Form (II.49), d. h. ausgehend von einer „Phasenfläche“ $F(q) = 0$ zur Zeit t_1 läßt sich nach Lösung der Bewegungsgleichungen durch $\int_{t_1}^{t_2} L\,dt$ leicht die Phasenfläche zur Zeit t_2 gewinnen. Wegen $p_i = \frac{\partial S}{\partial q_i}$ stehen die p_i gerade „senkrecht“ auf den Phasenflächen. Wandert man also von der Fläche $F(q) = 0$ von jedem Punkt $\overset{1}{q}_k$ auf der Bahn $q_k(t)$ um ein festes Stück $\int_{t_1}^{t_2} L\,dt = C$ weiter, so kommt man gerade zu der neuen Phasenfläche. Bezeichnet man $\int_{t_1}^{t_2} L\,dt$ als „Abstand" zwischen $\overset{1}{q}$ und $\overset{2}{q}$, so kann man also die „Phasenflächen" als Flächen gleichen Abstandes interpretieren.

Diese Analogie der Flächen $S = \text{const}$ zur Phasenfläche einer wirklichen Wellenbewegung geht aber mathematisch viel tiefer, als eben geschildert:

Betrachten wir eine „fast ebene" Welle der Form

$$\psi = e^{\frac{i}{\alpha} S(q,t)} \tag{II.51}$$

mit $S(q,t) = -\alpha\omega t + R(q)$, wobei α eine noch frei wählbare Konstante ist und $R(q)$ (wobei die q_i gleich den $x_j^{(k)}$ seien) „fast linear" von den q_i abhängt; bei einer ebenen Welle wäre $R(q)$ genau linear von den q_i abhängig. „Fast linear" soll heißen, daß wir im Folgenden zweite und höhere Ableitungen von $R(q)$ nach den q_i vernachlässigen können. Der „Wellenvektor"

$$k_j = \frac{\partial R}{\partial q_j} \tag{II.52}$$

hängt also nur schwach von den q_i ab.

Eine lineare Wellengleichung kann man immer in der Form

$$W\left(\frac{\alpha}{i}\frac{\partial}{\partial q}, q, -\frac{\alpha}{i}\frac{\partial}{\partial t}\right)\psi = 0 \tag{II.53}$$

schreiben. Setzt man unter den gemachten Annahmen (II.51) ein, so erhält man

$$W\left(\alpha\frac{\partial R}{\partial q_1}, \cdots, q_1, \cdots, \alpha\omega\right) = 0 \tag{II.54}$$

und mit (II.52):

$$W(\alpha k, q, \alpha\omega) = 0. \tag{II.55}$$

Löst man (II.54) und (II.55) nach $\alpha\omega$ auf, so erhält man

$$\alpha\omega = \overline{H}\left(\alpha\frac{\partial R}{\partial q_1}\cdots, q_1\cdots\right) \tag{II.56}$$

bzw.

$$\alpha\omega = \overline{H}(\alpha k, q). \tag{II.57}$$

(II.56) ist für $H = \overline{H}$ mit der Gleichung (II.50) identisch, wenn man nach PLANCK und DE BROGLIE (II.48) mit $\alpha = \hbar : \hbar\omega = E$ und $\hbar k_i = p_i = \frac{\partial R}{\partial q_i}$ setzt. Die Formel für die Gruppengeschwindigkeit v_i eines Wellenpaketes (ebenfalls von DE BROGLIE und SCHRÖDINGER in ihren Arbeiten benutzt)

$$v_i = \frac{\partial\omega}{\partial k_i}$$

wird dann

$$v_i = \frac{1}{\alpha}\frac{\partial\overline{H}}{\partial k_i} = \frac{\partial\overline{H}}{\partial(\alpha k_i)} = \frac{\partial\overline{H}}{\partial p_i} = \dot{q}_i. \tag{II.58}$$

Ebenso folgt dann weiter:

$$\alpha\dot{k}_i = \alpha\frac{d}{dt}\frac{\partial R}{\partial q_i} = \alpha\sum_j\frac{\partial^2 R}{\partial q_i\,\partial q_j}\dot{q}_j = \alpha\sum_j\frac{\partial^2 R}{\partial q_i\,\partial q_j}\frac{\partial\overline{H}}{\partial(\alpha k_j)}.$$

Aus (II.56) ergibt sich durch Differentiation nach q_i:

$$0 = \frac{\partial\overline{H}}{\partial q_i} + \sum_j\frac{\partial\overline{H}}{\partial(\alpha k_j)}\alpha\frac{\partial^2 R}{\partial q_j\,\partial q_i},$$

so daß also

$$\alpha\dot{k}_i = -\frac{\partial\overline{H}}{\partial q_i}$$

wird, was wegen $\alpha k_i = \hbar k_i = p_i$ mit der zweiten HAMILTONschen Gleichung identisch wird.

Der Rückweg von (II.56) zur Wellengleichung (II.53) ist natürlich nicht eindeutig. Macht man nämlich statt (II.51) den Ansatz

$$\psi = e^{-i\omega t}\,\varphi(q), \tag{II.59}$$

wobei $\varphi(q)$ keine „fast ebene“ Welle mehr zu sein braucht, so muß $\varphi(q)$ nach (II.53) der zeitunabhängigen Wellengleichung (mit $\alpha = \hbar$ und $\hbar\omega = E$)

$$W\left(\frac{\hbar}{i}\,\frac{\partial}{\partial q_1}\cdots, q_1\cdots, E\right)\varphi(q) = 0 \tag{II.60}$$

genügen. Die einfachste Möglichkeit für (II.60) ist

$$H\left(\frac{\hbar}{i}\,\frac{\partial}{\partial q_1}\cdots, q_1\cdots\right)\varphi(q) = E\varphi(q), \tag{II.61}$$

wobei man in dem klassischen Ausdruck für H die Impulse p_i, durch $\frac{\hbar}{i}\,\frac{\partial}{\partial q_i}$ in „geeigneter“ Weise zu ersetzen hat. Als die geeignete Weise hat sich mit Hilfe von (II.14) die Form (mit $q_i = x_i$)

$$H\left(\frac{\hbar}{i}\,\frac{\partial}{\partial q_1}\cdots, q_1\cdots\right) = \sum_{j=1}^{3}\frac{1}{2m}\left(\frac{\hbar}{i}\,\frac{\partial}{\partial x_j} - \frac{e}{c}\,A_\nu(x)\right)^2 + e\varphi(x) \tag{II.62}$$

herausgestellt, wobei erst einmal die Felder A_ν und φ als zeitlich konstant anzunehmen sind.

In seiner vierten Mitteilung versuchte SCHRÖDINGER dann auch den Schritt zur zeitabhängigen Wellengleichung, die man genau parallel mit den obigen Überlegungen mit dem Ansatz (II.51) plausibel machen kann, wenn man nur nicht $S(q, t) = -\alpha\omega t + R(q)$ ansetzt, sondern bei zeitabhängigen äußeren Feldern $\partial S/\partial t$ schwach von den q_i und t abhängig ansetzt. Man erhält dann auf demselben Weg wie oben statt (II.61) als „einfachste" Möglichkeit

$$H\left(\frac{\hbar}{i}\frac{\partial}{\partial q_1}\cdots, q_1\cdots, t\right)\psi = -\frac{\hbar}{i}\frac{\partial\psi}{\partial t} \qquad \text{(II.63)}$$

mit demselben H nach (II.62), wobei die A_ν und φ auch zeitabhängig sein können.

Erstaunlich war nun die Übereinstimmung der Lösungen für die Energiewerte nach der Matrizenmechanik einerseits und der Wellenmechanik andererseits. Die wichtigsten Probleme (harmonischer Oszillator, Wasserstoffatom) konnte SCHRÖDINGER sofort lösen. Die Darstellung bei SCHRÖDINGER ist — auch vom heutigen Standpunkt rückblickend betrachtet — so durchsichtig, daß es sich erübrigt, auch nur noch ein Wort darüber hinzuzufügen.

Die Matrizenmechanik und die Wellenmechanik erscheinen irgendwie wenigstens teilweise äquivalent; die physikalische Bedeutung der Wellenmechanik und der Matrizenmechanik wird nur in Teilaspekten und manchmal sehr unsicher angegeben, so daß sowohl das Problem der Äquivalenz wie der physikalischen Deutung einer systematischen Durchdringung bedurften. Für das erste der beiden Probleme gab SCHRÖDINGER die Auflösung. Wir wollen uns deshalb diesem ersten auch zuerst zuwenden und SCHRÖDINGERS Ergebnisse in der modernen Sprechweise des HILBERT-Raumes zusammenfassen.

KAPITEL III

Matrizenmechanik und Wellenmechanik als Darstellungen mathematischer Strukturen im Hilbert-Raum

Die berühmte Arbeit von SCHRÖDINGER „über das Verhältnis der HEISENBERG-BORN-JORDANschen Quantenmechanik zu der meinen" zeigt die mathematische

Isomorphie beider Theorien. Es ist heute üblich, die beiden Formen der Theorie als konkrete Darstellungen einer abstrakten HILBERT-Raum-Struktur zu betrachten. Bezeichnen wir die Matrizenmechanik mit M, die Wellenmechanik mit W und die abstrakte HILBERT-Raum-Struktur mit H, so zeigt also SCHRÖDINGER, daß $M \leftrightarrow W$, wobei $\leftrightarrow$ eine isomorphe Abbildung bezeichnen möge. Heute ist es üblich, $H \leftrightarrow W$ und $H \leftrightarrow M$ und noch viele weitere Darstellungen $H \leftrightarrow R$ zu betrachten, so daß W und M nur Spezialfälle vieler möglicher R sind. Natürlich ist in dieser Betrachtungsweise die Isomorphie $W \leftrightarrow M$ enthalten.

Wenn man von Isomorphie spricht, so muß man sagen, in bezug auf welche Strukturen Isomorphie besteht. Eine solche Isomorphie ist am geläufigsten in der analytischen Geometrie, in der eine isomorphe Zuordnung gewisser analytischer Ausdrücke zu geometrischen Gebilden untersucht wird. Ähnlich ist es auch hier. Der HILBERT-Raum ist ein abstrakter komplexer Vektorraum mit einem inneren Produkt. Die Rechenregeln für diesen Vektorraum setzen wir als bekannt voraus.

Wir wollen sie deshalb hier nur kurz zusammenfassen. Die Elemente eines HILBERT-Raumes u, v, ... lassen sich addieren wie Vektoren und mit komplexen Zahlen α, β, ... multiplizieren, wobei z. B. gilt:

$$\alpha(u + v) = \alpha u + \alpha v,$$
$$(\alpha + \beta)u = \alpha u + \beta u.$$

Außerdem ist ein inneres Produkt (u, v) = komplexe Zahl definiert mit

$$(u_1 + u_2, v) = (u_1, v) + (u_2, v),$$
$$(u, v) = (v, u)^*,$$
$$(u, \alpha v) = \alpha(u, v).$$

$(u,u) \geq 0$ und $(u, u) = 0$ hat $u = 0$ zur Folge. Zwei Vektoren u und v mit $(u, v) = 0$ heißen orthogonal.

Ein vollständiges normiertes Orthogonalsystem (im Folgenden kurz mit $v.n.O.$ bezeichnet) nennt man eine Menge u_i von Vektoren mit $(u_i, u_k) = \delta_{ik}$ ($\delta_{ik} = 0$ für $i \neq k$ und $\delta_{ii} = 1$) und mit $\sum_{i=1}^{n} \alpha_i u_i$ überall dicht im HILBERT-Raum; d. h. zu jedem Vektor v und vorgegebenem $\varepsilon > 0$ gibt es Zahlen α_i und n mit

$$\| v - \sum_{i=1}^{n} \alpha_i u_i \| < \varepsilon,$$

wobei die Norm $\|u\|$ durch $\|u\|^2 = (u, u)$ definiert ist. Als Dimension eines HILBERT-Raumes kann man die Mächtigkeit eines solchen vollständigen, normierten Orthogonalsystems bezeichnen, da alle $v.n.O.$ eines HILBERT-Raumes gleiche Mächtigkeit haben. $\| v - \sum_{i=1}^{n} \alpha_i u_i \|$ wird bei festem n am kleinsten[1]), wenn man

$$\alpha_i = (u_i, v)$$

wählt; daher gilt

$$\| v - \sum_{i=1}^{n} u_i (u_i, v) \| \underset{n}{\rightarrow} 0,$$

was man auch

$$v = \sum_{i=1}^{\infty} u_i (u_i, v)$$

schreibt. Als Dimension des HILBERT-Raumes nehmen wir im Folgenden immer abzählbar unendlich an. Betrachtet man nur die eben angegebenen Strukturen, so

---

[1]) Aus $v - \sum_{i=1}^{n} \lambda_i u_i = \left[v - \sum_{i=1}^{n} u_i(u_i, v) \right] + \left[\sum_{i=1}^{n} u_i((u_i, v) - \lambda_i) \right]$ folgt wegen der Orthogonalität der beiden Summanden der rechten Seite

$$\| v - \sum_{i=1}^{n} \lambda_i u_i \|^2 = \| v - \sum_{i=1}^{n} u_i(u_i, v) \|^2 + \sum_{i=1}^{n} | (u_i, v) - \lambda_i |^2.$$

sind alle HILBERT-Räume gleicher Dimension isomorph, d. h. die Dimension ist ein eindeutiges Kennzeichen einer Isomorphieklasse.

Eine solche isomorphe Abbildung zweier HILBERT-Räume abzählbarer Dimension erhält man sehr einfach dadurch, daß man in jedem ein vollständiges, normiertes Orthogonalsystem betrachtet. Sei also u_i das eine *v.n.O.* in dem einen, v_i im anderen HILBERT-Raum, so ordne man $\sum_i u_i \alpha_i \leftrightarrow \sum_i v_i \alpha_i$ zu und erhält einen Isomorphismus der beiden Räume.

Ein HILBERT-Raum abzählbarer Dimension wird aber z. B. auch durch die quadratisch integrierbaren Funktionen einer reellen Variablen auf folgende Art und Weise geliefert: Zwei komplexwertige Funktionen $f_1(x)$ und $f_2(x)$ für $-\infty < x < +\infty$ werden als äquivalent bezeichnet, wenn sie bis auf eine Menge vom (LEBESGUE-schen) Maße Null übereinstimmen. Das Integral $\int_{-\infty}^{+\infty} |f(x)|^2 dx$ ist für äquivalente Funktionen gleich groß. Die Äquivalenzklassen solcher Funktionen, für die $\int_{-\infty}^{+\infty} |f(x)|^2 dx < +\infty$ ist, bilden dann mit dem inneren Produkt

$$(f, g) = \int_{-\infty}^{+\infty} f^*(x) g(x)\, dx$$

einen abzählbar-dimensionalen HILBERT-Raum.

Ein anderes Beispiel sind komplexe Zahlenfolgen

$$\{a_i\}\ (i = 1, 2, \cdots, \infty) \text{ mit } \sum_{i=1}^{\infty} |a_i|^2 < +\infty.$$

Wenn man $\alpha\{a_i\} + \beta\{b_i\} = \{\alpha a_i + \beta b_i\}$ und als inneres Produkt

$$(\{a_i\}, \{b_i\}) = \sum_{i=1}^{\infty} a_i^* b_i$$

definiert, so bilden diese Zahlenfolgen ebenfalls einen abzählbar-dimensionalen HILBERT-Raum.

Ein Isomorphismus zwischen beiden Räumen ist nach obigem Verfahren leicht herzustellen: als *v.n.O.* $u_i(x)$ wähle man irgendeines, z. B. die von SCHRÖDINGER angegebenen Lösungen für den eindimensionalen harmonischen Oszillator. Als *v.n.O.* im Raum der Folgen $\{a_i\}$ wähle man die Folgen v_k mit $v_k = \{\delta_{ik}\}$, d. h. in der Folge v_k stehen lauter Nullen außer an der k-ten Stelle, wo eine 1 steht. Mit

$$f(x) = \sum_{i=1}^{\infty} \alpha_i u_i(x),$$

wobei

$$\alpha_i = (u_i, f) = \int_{-\infty}^{+\infty} u_i^*(x)\, f(x)\, dx$$

wird, ist die isomorphe Zuordnung durch

$$f(x) \leftrightarrow \left\{a_i = \int_{-\infty}^{+\infty} u_i^*(x)\, f(x)\, dx\right\}$$

gegeben. Dieser Isomorphismus ist die Grundlage des SCHRÖDINGERschen Beweises.

Die Quantenmechanik enthält aber noch weitere mathematische Strukturen: die hermiteschen Operatoren, die in noch nicht ganz systematisch gedeuteter Art und Weise die physikalischen Strukturen bestimmen. Ein hermitescher Operator A ist eine lineare Abbildung des HILBERT-Raumes in sich (wobei als Bild nicht der ganze HILBERT-Raum vorzukommen braucht; auch der Definitionsbereich ist bei unbeschränkten Operatoren nicht der ganze HILBERT-Raum, ein mathematisches Problem, das hier nicht näher behandelt werden kann; der Leser sei auf die mathematische Literatur verwiesen), für den $(u, A v) = (A u, v)$ gilt.

Hat man ein *v.n.O.* u_i, so kann man die Au_i nach den u_i selbst entwickeln:

$$Au_i = \sum_{k=1}^{\infty} u_k(u_k, Au_i) = \sum_{k=1}^{\infty} u_k a_{ki}.$$

Wegen $(u_k, Au_i) = (Au_k, u_i) = (u_i, Au_k)^*$ ist $a_{ki} = a_{ik}^*$.

Die Matrix a_{ki} bestimmt A vollkommen und umgekehrt; denn wenn die a_{ki} gegeben sind, so hat man für beliebiges

$$v = \sum_{i=1}^{\infty} u_i \alpha_i$$

$$Av = \sum_{i,k=1}^{\infty} Au_i\alpha_i = \sum_{i,k} u_k a_{ki} \alpha_i$$

$$= \sum_k u_k \left(\sum_i a_{ki}\alpha_i\right).$$

Ist $a_{ik} = a_{ki}^*$, so ist auch A hermitesch, da dann allgemein $(u, Av) = (Au, v)$ gilt.

Im Folgenraum $\{\alpha_i\}$ ist also A durch die Matrix a_{ki} mit $a_{ki} = a_{ik}^*$ gegeben:

$$A\{\alpha_i\} = \left\{\sum_i a_{ki}\alpha_i\right\}.$$

Im Funktionenraum der $f(x)$ kann aber A durch andersartige Vorschriften gegeben seien, z. B.:

$$Af(x) = \frac{1}{i}\frac{d}{dx} f(x).$$

Man zeigt leicht durch partielle Integration, daß $\frac{1}{i}\frac{d}{dx}$ ein hermitescher Operator ist, denn die Randglieder der partiellen Integration fallen weg, da $\int_{-\infty}^{+\infty} |f(x)|^2 dx$ endlich ist (da $\frac{1}{i}\frac{d}{dx}$ nicht beschränkt ist, müssen eigentlich genauere Betrachtungen über den Definitionsbereich von $\frac{1}{i}\frac{d}{dx}$ durchgeführt werden, worauf hier ebenfalls nicht näher eingegangen weren kann). Auch der Operator „Multiplizieren mit x“:

$$A f(x) = x f(x)$$

ist ein hermitescher Operator, wie sofort ersichtlich.

Das Eigenwertproblem eines hermiteschen Operators

$$A u = \alpha u \tag{III.1}$$

ist nur für reelle α lösbar, da mit (III.1)

$$\alpha (u,u) = (u, A u) = (A u, u) = (u, A u)^*$$

ist. „Eigenvektoren“ u_i zu verschiedenen „Eigenwerten“ α_i sind orthogonal; denn aus

$$A u_i = \alpha_i u_i$$

folgt

$$(u_k, A u_i) = \alpha_i (u_k, u_i) \quad \text{und} \quad (A u_k, u_i) = \alpha_k (u_k, u_i)$$

und wegen $(u_k, A u_i) = (A u_k, u_i)$ schließlich

$$(\alpha_i - \alpha_k)(u_k, u_i) = 0$$

und für $\alpha_i \neq \alpha_k$ also $(u_k, u_i) = 0$.

Nehmen wir den einfachsten Fall an, daß A nur diskrete Eigenwerte α_i hat und zu jedem α_i nur ein Eigenvektor u_i gehört (d. h. genauer, jeder Eigenvektor zu einem festen α_i ist Vielfaches von u_i), so bilden die u_i, wenn man sie noch (was ja möglich ist) normiert (d. h. $\| u_i \| = 1$) wählt, ein $v.n.O.$ Den Beweis können wir hier ebenfalls nicht bringen. Für das $v.n.O.$ der u_i erhält man als Matrix für A die Diagonalmatrix $a_{ik} = \alpha_i \delta_{ik}$. Die Aufstellung einer Matrix in Diagonalform und die Lösung des Eigenwertproblems sind also äquivalente Probleme, wobei das erste nur im Folgenraum, das zweite im abstrakten HILBERT-Raum oder auch z. B. im Funktionenraum definiert sind.

Eine Fortsetzung des allgemeinen Isomorphismus zwischen dem Folgenraum und dem Funktionenraum auf die weiteren Strukturen in der Matrizenmechanik bzw. Wellenmechanik erhalten wir also, wenn wir den Matrizen $\boldsymbol{p}_i$, $\boldsymbol{q}_i$ die Operatoren $\frac{\hbar}{i} \frac{\partial}{\partial q_i}$ und q_i zuordnen und auf beiden Seiten weitere Operatoren in derselben algebraischen Form aus den $\boldsymbol{p}_i$, $\boldsymbol{q}_i$ bzw. $\frac{\hbar}{i} \frac{\partial}{\partial q_i}$, q_i konstruieren. Die in der Matrizenmechanik postulierte Vertauschungsrelation

$$\boldsymbol{p}_i \boldsymbol{q}_k - \boldsymbol{q}_k \boldsymbol{p}_i = \frac{\hbar}{i} \delta_{ik} \tag{III.2}$$

ist auf der Seite der Wellenmechanik wegen

$$\frac{\hbar}{i} \frac{\partial}{\partial q_i} q_k - q_k \frac{\hbar}{i} \frac{\partial}{\partial q_i} = \frac{\hbar}{i} \delta_{ik} \tag{III.3}$$

unmittelbar erfüllt. Wenn es auf Seiten der Matrizenmechanik keine anderen, nicht zu (III.3) isomorphen Lösungen von (III.2) gibt, so muß die Matrizenmechanik der Wellenmechanik isomorph sein; denn aus (III.3) erhält man mit Hilfe eines *v.n.O.* unmittelbar Matrizen, die (III.2) erfüllen, was nach der oben angegebenen allgemeinen Zuordnung von Operatoren zu Matrizen sofort ersichtlich ist. Die beiden Aufgaben, $\boldsymbol{H}(\boldsymbol{p}, \boldsymbol{q})$ als Matrix in Diagonalform aufzustellen und die Eigenwerte von $H\left(\frac{\hbar}{i} \frac{\partial}{\partial q_1} \cdots,\ q_1 \cdots\right)$ zu finden, sind auf Grund der obigen Diskussion des Eigenwertproblems eines Operators A, und durch den, durch die „Eigenfunktionen" von H in der Wellenmechanik definierten Isomorphismus identisch.

Diese hier noch einmal kurz skizzierten Überlegungen von SCHRÖDINGER bedürfen eigentlich noch einiger mathematischer Ergänzungen, auf die wir schon laufend hingewiesen haben, die aber das Wesentliche des Gedankens nicht ändern.

Es ist hier nicht der Raum, die notwendigen mathematischen Hilfsmittel zu entwickeln. Es seien nur (meist ohne Beweise) die Ergebnisse kurz skizziert. Dazu benutzen wir wieder die Sprechweise des abstrakten HILBERT-Raumes.

Betrachten wir zunächst den Fall, daß das sogenannte Eigenwertspektrum des hermiteschen Operators A nicht nur diskret ist. Die Gleichung (III.1) hat nur Lösungen für die diskreten Eigenwerte von A. Statt (III.1) können wir auch

$$||Au - \alpha u|| = 0 \qquad \text{(III.4)}$$

schreiben. Da ein Faktor in u beliebig ist, wollen wir immer $||u|| = 1$ als Nebenbedingung stellen. Die Werte α, für die (III.4) möglich ist, heißen die diskreten Werte des Spektrums oder kurz das diskrete Spektrum von A. Ist (unter der Nebenbedingung $||u|| = 1$) zwar *nicht* III.4) aber (Ug = untere Grenze)

$$Ug||Au - \alpha u|| = 0 \qquad \text{(III.5)}$$

erreichbar, so heißt α ein kontinuierlicher Eigenwert und die Gesamtheit dieser α das kontinuierliche Spektrum von A. Alle Werte α, für die $Ug\ ||Au - \alpha u|| > 0$ ist, gehören nicht zum Spektrum von A.

Betrachten wir zunächst wieder den Fall eines nur diskreten Spektrums α_i mit nur je „einem" Eigenvektor u_i. Irgend ein Vektor v kann dann nach dem $v.n.O.$ der u_i entwickelt werden:

$$v = \sum_i u_i(u_i, v).$$

Die „Komponenten“ $u_i(u_i, v)$ lassen sich aber auch noch anders gewinnen: Man zerlege v in zwei orthogonale Teile

$$v = w + r$$

(also $(w, r) = 0$). Man wähle die Zerlegung so, daß $||Aw - \alpha_i w|| = 0$ wird. Also ist $w = \beta_i u_i$ und damit $v = \beta_i u_i + r$ mit $(r, u_i) = 0$ und daher $\beta_i = (u_i, v)$. Es gibt Vektoren v, für die alle Komponenten $w_i = u_i \times \times (u_i, v) \neq 0$ sind. Wählt man ein solches v, so läßt sich jeder andere Vektor z in folgender Form zerlegen:

$$z = \sum_i w_i \alpha_i = \sum_i \frac{w_i}{||w_i||} \beta_i \tag{III.6}$$

mit $\alpha_i = \dfrac{(w_i, z)}{||w_i||^2}$ und $\beta_i = \dfrac{(w_i, z)}{||w_i||}$.

Für $z = v$ ist also speziell $\alpha_i = 1$ und $\beta_i = ||w_i||$.

(III.6) läßt sich in einer gewissen Weise auf den Fall eines kontinuierlichen Spektrums übertragen: Man nehme einen Vektor v, gebe eine Zahl ε vor und zerlege v in orthogonale Komponenten

$$v = \sum_i w_i \quad \text{mit} \quad (w_i, w_k) = 0 \quad \text{für} \quad i \neq k \tag{III.7}$$

so, daß

$$||A w_i - \alpha_i w_i|| \leq \varepsilon \, ||w_i||$$

für geeignete Werte α_i. Diese Zerlegung von v hängt natürlich von der Wahl von ε ab. Für jeden anderen Vektor betrachte man

$$\left\| z - \sum_i w_i \frac{(w_i, z)}{||w_i||^2} \right\| = \delta_z(\varepsilon). \tag{III.8}$$

Gibt es ein v so, daß $\delta_z(\varepsilon) \to 0$ für $\varepsilon \to 0$, so heißt das Spektrum von A nicht entartet. Für den Fall eines diskreten Spektrums werden für $\varepsilon \to 0$ die w_i zu Eigenvektoren von A; für den Fall des kontinuierlichen Spektrums sind für $\varepsilon \neq 0$ die w_i „fast“ Eigenvektoren, gehen aber für $\varepsilon \to 0$ gegen Null. Wegen (III.8) können wir aber

$$\sum_i w_i \frac{(w_i, z)}{||w_i||^2}$$

als Entwicklung nach den „fast“ — Eigenvektoren ansehen. Nun gilt allgemein, daß für $\varepsilon \to 0$ aus

$$\frac{(w_i, z)}{||w_i||^2} \to f(\alpha) \qquad \text{(III.9)}$$

eine Funktion $f(\alpha)$ auf dem Spektrum wird. Man kann also jedem Vektor z eine Funktion $f(\alpha)$ zuordnen. Wir wollen noch folgende Größe einführen:

$$\mu(\alpha) = \lim_{\varepsilon \to 0} ||\sum_{\substack{i \\ (\alpha_i \leq \alpha)}} w_i||^2 = \lim_{\varepsilon \to 0} \sum_{\substack{i \\ (\alpha_i \leq \alpha)}} ||w_i||^2. \qquad \text{(III.10)}$$

Dann ist für zwei Vektoren

$$(z, y) = \lim_{\varepsilon \to 0} \sum_i \frac{(w_i, z)^*}{||w_i||^2} \frac{(w_i, y)}{||w_i||^2} ||w_i||^2$$
$$= \int f^*(\alpha)\, g(\alpha)\, d\mu(\alpha) \qquad \text{(III.11)}$$

mit $f(\alpha)$ nach (III.9) und einer entsprechenden Formel für y und $g(\alpha)$. Damit ist aber die Abbildung

$$z \leftrightarrow f(\alpha) \qquad \text{(III.12)}$$

zu einem Isomorphismus zwischen dem abstrakten HILBERT-Raum und dem Funktionenraum geworden. $\mu(\alpha)$ nach (III.10) springt an den Stellen des diskreten Spektrums und wächst stetig an den Stellen des kontinuierlichen Spektrums. (III.11) ist daher exakt als ein

LEBESGUE-STIELTJES-Integral zu definieren. Man kann die Sprungstellen als Summe herausziehen:

$$\int f^*(\alpha)\, g(\alpha)\, d\mu(\alpha) = \sum_i f^*(\alpha_i)\, g(\alpha_i)\, \mu_s(\alpha_i) + \int f^*(\alpha)\, g(\alpha)\, d\,\nu(\alpha), \qquad \text{(III.13)}$$

wobei die Summe über die diskreten Eigenwerte α_i (mit $\mu_s(\alpha_i)$ = dem Sprung von $\mu(\alpha)$ an der Stelle α_i) zu erstrecken ist; außerdem ist im Integral

$$\nu(\alpha) = \mu(\alpha) - \sum_{\substack{i \\ (\alpha_i \leq \alpha)}} \mu_s(\alpha_i)$$

zu setzen. Man kann, wenn $d\nu(\alpha)/d\alpha$ existiert (was in physikalischen Fällen immer vorliegt), die Zuordnung (III.12) durch eine „normierte" ersetzen:

$$z \leftrightarrow F(\alpha) \qquad \text{(III.14)}$$

mit

$$F(\alpha_i) = f(\alpha_i)\, \mu_s(\alpha_i)^{1/2}$$

für die diskreten Eigenwerte α_i,

und

$$F(\alpha) = f(\alpha) \left(\frac{d\nu}{d\alpha}\right)^{1/2}$$

für das kontinuierliche Spektrum. Dann erhält man statt (III.11), (III.13):

$$(z, y) = \sum_i F^*(\alpha_i)\, G(\alpha_i) + \int F^*(\alpha)\, G(\alpha)\, d\alpha. \qquad \text{(III.15)}$$

Die Zuordnung (III.14) stellt eine isomorphe Abbildung $H \leftrightarrow R$ von H auf den Raum R der Funktionen $F(\alpha)$ dar, eine Abbildung, die dem Operator A angepaßt ist; denn für den Operator A ist

$$A z \leftrightarrow \alpha F(\alpha), \qquad \text{(III.16)}$$

wie leicht aus (III.8) wegen $||Aw_i - \alpha_i w_i|| \leq \varepsilon \, ||w_i||$ folgt. R bezeichnen wir deshalb als eine A-Darstellung.

Die SCHRÖDINGER-Funktionen $\varphi(x)$ bilden daher wegen (III.16) nichts anderes als die dem Ortsoperator angepaßte Darstellung des HILBERT-Raumes und die Matrizenmechanik nichts anderes als die dem HAMILTON-Operator (falls dieser ein diskretes, nicht entartetes Spektrum wie beim harmonischen Oszillator hat) angepaßte Darstellung; die SCHRÖDINGERsche Abbildung der Wellenmechanik auf die Matrizenmechanik ist die isomorphe Zuordnung beider Darstellungen.

Eine der wichtigsten Techniken des Rechnens im HILBERT-Raum besteht darin, daß man je nach Problemstellung eine geeignete Darstellung wählt und auch von einer zur anderen übergeht, so wie es SCHRÖDINGER für den Übergang von der Orts- zur Energie-Darstellung gezeigt hat. Eine ausführliche Schilderung dieser Technik muß der Leser der speziellen Lehrbuchliteratur entnehmen.

Hier werde nur noch kurz auf den noch übrig gebliebenen Fall eingegangen, daß das Spektrum von A entartet ist:

In diesem Falle ist es am bequemsten, ein System vertauschbarer Operatoren so zu wählen, daß ihr gemeinsames Spektrum nicht mehr entartet ist. Sind z. B. A und B zwei vertauschbare hermitesche Operatoren, d. h. ist $AB = BA$, so folgt aus

$$Aw - \alpha w = 0,$$

daß

$$ABw - \alpha Bw = B(Aw - \alpha w) = 0$$

ist, d. h. auch Bw Eigenvektor zum Eigenwert α ist. Alle Eigenvektoren zum Eigenwert α von A bilden einen Teilraum, der im Falle eines entarteten Eigenwertes eben mehr als eindimensional ist. In diesem sogenannten

Eigenraum von A zum Eigenwert α kann man dann die Vektoren noch so wählen, daß sie auch Eigenvektoren von B sind. Ein System von vertauschbaren Operatoren hat dann ein nichtentartetes Spektrum, wenn durch die Angabe aller Eigenwerte der Operatoren eindimensionale Eigenräume festgelegt sind. Seien z. B. A und B ein solches System, so kann man das gemeinsame Spektrum α, β von A, B als zweidimensionale Punktmenge auffassen und die Vektoren des HILBERT-Raumes durch Funktionen $f(\alpha, \beta)$ über diesem gemeinsamen Spektrum darstellen.

Die drei Ortsoperatoren $\boldsymbol{q}_1, \boldsymbol{q}_2, \boldsymbol{q}_3$ eines Elektrons bilden z. B. ein solches System vertauschbarer Operatoren, deren Spektrum durch die x_1, x_2, x_3 gegeben ist, so daß man die Vektoren des HILBERT-Raumes durch die SCHRÖDINGERschen Wellenfunktionen $\varphi(x_1\, x_2\, x_3)$ darstellen kann.

Aber auch die drei Impulsoperatoren $\boldsymbol{p}_1, \boldsymbol{p}_2, \boldsymbol{p}_3$ bilden ein solches System. Wie kommt man von der Ortsdarstellung zur „Impulsdarstellung"? Dazu müssen wir nach dem Vorhergehenden die (Fast-)Eigenfunktionen der Impulsoperatoren suchen. Wir tun dies in der Ortsdarstellung, wo die Impulsoperatoren durch $\frac{\hbar}{i} \frac{\partial}{\partial x_1}$, $\frac{\hbar}{i} \frac{\partial}{\partial x_2}$ und $\frac{\hbar}{i} \frac{\partial}{\partial x_3}$ gegeben sind. Die drei Gleichungen

$$\frac{\hbar}{i} \frac{\partial}{\partial x_k} \varphi(x_1\, x_2\, x_3) = p_k \varphi(x_1\, x_2\, x_3)$$

haben als gemeinsame Lösung

$$\varphi = e^{\frac{i}{\hbar} \sum\limits_{k=1}^{3} p_k x_k}.$$

Diese Funktionen sind aber keine Vektoren im HILBERT-Raum, da $\int |\varphi|^2\, dx_1\, dx_2\, dx_3$ nicht existiert. Aber Wellenpakete mit noch so schmalem Bereich im p_1, p_2, p_3-Raum

$$\chi_{p_1p_2p_3}(x_1\,x_2\,x_3)=\int\limits_{p_1-\varepsilon}^{p_1+\varepsilon}d\,p_1'\int\limits_{p_2-\varepsilon}^{p_2+\varepsilon}d\,p_2'\int\limits_{p_3-\varepsilon}^{p_3+\varepsilon}d\,p_3'\,e^{\frac{i}{\hbar}\sum\limits_{k=1}^{3}p_k'x_k}$$

sind Vektoren im HILBERT-Raum mit

$$\left\|\frac{\hbar}{i}\frac{\partial}{\partial x_k}\chi_{p_1p_2p_3}-p_k\,\chi_{p_1p_2p_3}\right\|^2$$
$$=\int\left|\frac{\hbar}{i}\frac{\partial}{\partial x_k}\chi_{p_1p_2p_3}-p_k\chi\,(p_1p_2p_3)\right|^2 d\,x_1\,d\,x_2\,d\,x_3\leq 8\,\varepsilon^5.$$

Die $\chi_{p_1p_2p_3}$ sind also „Fast“-Eigenvektoren. Mit

$$\eta\,(p_1\,p_2\,p_3)=\frac{1}{h^3}\int e^{\frac{i}{\hbar}\sum\limits_{k=1}^{3}p_kx_k}\psi(x_1x_2x_3)\,d\,x_1d\,x_2d\,x_3$$

gewinnt man dann den Darsteller $\eta\,(p_1\,p_2\,p_3)$ im Impulsraum des Vektors mit dem Darsteller $\psi\,(x_1\,x_2\,x_3)$ im Ortsraum. Die Normierung ist so eingerichtet, daß aus

$$\int|\psi|^2\,d\,x_1\,d\,x_2\,d\,x_3=1 \quad \text{sich} \quad \int|\eta|^2\,d\,p_1\,d\,p_2\,d\,p_3=1$$

ergibt. Die Impulsoperatoren nehmen wegen

$$\frac{1}{h^3}\int e^{\frac{i}{\hbar}\sum\limits_{e=1}^{3}p_ex_e}\frac{\hbar}{i}\frac{\partial}{\partial x_n}\psi(x_1x_2x_3)\,d\,x_1d\,x_2d\,x_3=p_k\eta\,(p_1p_2p_3)$$

die erwartete Gestalt „Multiplikation mit p_k“ an, die Ortsoperatoren wegen

$$\frac{1}{h^3}\int e^{\frac{i}{\hbar}\sum\limits_{e=1}^{3}p_ex_e}x_k\,\psi(x_1x_2x_3)\,d\,x_1d\,x_2d\,x_3$$
$$=-\frac{\hbar}{i}\frac{\partial}{\partial p_k}\eta\,(p_1p_2p_3)$$

die Gestalt

$$-\frac{\hbar}{i}\frac{\partial}{\partial p_k}.$$

Nachdem wir uns so an Hand der Idee von SCHRÖDINGER einen Einblick in die verschiedenen „Darstellungsmöglichkeiten" der Quantenmechanik verschafft haben, bleibt allerdings die Frage nach der Verbindung der Zeitveränderlichkeit in der Matrizen- und Wellenmechanik noch etwas ungeklärt. Die beiden Formen (II.46) und (II.63) sind zumindest nicht unmittelbar identisch. Bevor wir diese Frage klären, wollen wir auf das Problem der physikalischen Interpretation eingehen.

KAPITEL IV

Die physikalische Interpretation der Quantenmechanik

Nachdem das mathematische System der Quantenmechanik Gestalt angenommen hatte, fehlte noch eine systematische Abbildungsvorschrift zwischen mathematischen Objekten und physikalischen Vorgängen, so wie wir sie in Kapitel I unter 3. postulierten. Zwar sind schon hier und dort in den Arbeiten von HEISENBERG und SCHRÖDINGER diese oder jene Verbindungen zwischen mathematisch berechneten Größen und physikalisch gemessenen Größen hergestellt worden, sonst hätte man ja gar nicht eine Theorie erraten können; aber über das Raten der physikalischen Interpretation für Einzelfälle hinaus kommen die bisher geschilderten Arbeiten nicht. Wir wollen noch einmal an Hand dieser Arbeiten diese einzelnen Verbindungen zwischen Physik und Mathematik zusammenfassen:

In der HEISENBERGschen Arbeit sind es die Spektralfrequenzen $\omega_{nm} = \frac{1}{\hbar}(E_n - E_m)$, die Energiestufen E_n

und die Übergangswahrscheinlichkeiten von E_n nach E_m bei Emission eines Lichtquants (aus den „Matrixelementen" q_{nm} zu berechnen), die mit der Erfahrung verglichen werden.

Auch SCHRÖDINGER will als erstes die Übergangsfrequenzen und Energiestufen erklären. Dazu versucht SCHRÖDINGER zunächst, einen „Massenpunkt" als Wellenpaket zu interpretieren, d. h. er faßt den ungefähren Ort und die ungefähre Geschwindigkeit eines Wellenpaketes als Repräsentanten des Ortes und der Geschwindigkeit eines Teilchens auf. Real aber wäre die Welle und nicht das Teilchen; aber Welle von was?

In § 5 seiner Arbeit über das Verhältnis der Matrizen- zur Wellenmechanik versucht SCHRÖDINGER, über die Welle etwas näheres auszusagen. Er sucht nach einem Ausdruck für eine kontinuierliche Ladungs- und Stromdichte, die ein rein klassisches elektromagnetisches Feld erzeugen würden. Er findet in dieser Arbeit noch nicht die „richtigen" Ausdrücke, sondern setzt erst einmal $\psi \frac{\partial \psi^*}{\partial t}$ als Ladungsdichte an. An diese Überlegungen anknüpfend, versucht er dann in der vierten Mitteilung schließlich, der Wellenfunktion eine physikalische Bedeutung zu geben: $\psi\psi^*$ wird jetzt als der Ausdruck für die Ladungsdichte interpretiert. Aber schon tritt, um den Fall „mehrerer" Teilchen behandeln zu können, der Ausdruck „Gewichtsfunktion" für $\psi\psi^*$ auf, aus der erst durch Integration über $n - 1$ Teilchen die „Ladungsdichte" eines der n Teilchen gewonnen wird. Mit diesem richtigen Ausdruck für die Ladungsdichte wird dann auch ein Ausdruck für die Stromdichte gewonnen. Aber es bleibt erst einmal trotz der Benutzung des Ausdrucks „Gewichtsfunktion" dabei, daß die gewonnenen Ausdrücke als richtige kontinuierliche Ladungs- und Stromdichten angesehen werden. Daß in einer Eigenschwingung die Ladungsdichte zeitlich konstant und die Stromdichte Null ist, wird als Vorteil angesehen, weil damit die „Strahlungslosigkeit" dieser Eigenschwingungszustände mit den diskreten Energien E_n erklärt würde. Gerade aber das steht im Widerspruch zur Erfahrung, da alle höheren Energiezustände außer dem Grundzustand „spontan", d. h. von selbst Energie abstrahlen und in tiefere Zustände übergehen und zwar *im Mittel genauso schnell* wie klassische Bahnen Energie abstrahlen würden. Dieser Umstand kann als erster schon die Skepsis gegenüber der vorgeschlagenen Interpretation wecken, obwohl natürlich auf Grund des Erfolges in bezug auf die von ihm dargestellte Dispersionstheorie „etwas Richtiges" dran sein muß. Den entscheidenden Schritt zur endgültigen Klärung der physikalischen Interpretation tat dann BORN in seiner Arbeit über die Quantenmechanik der Stoßvorgänge.

Es würde ebenfalls den Rahmen dieses Büchleins sprengen, wollten wir hier auf die moderne Streutheorie und die Bedeutung der BORNschen Arbeit für diese eingehen. Diese Arbeit selbst möge daher als Einführung in dieses Gebiet dienen.

Wir wollen uns hier vielmehr nur der in dieser Arbeit von BORN vorgeschlagenen und sich als die „richtige" Deutung erwiesenen Interpretation des mathematischen Systems der Quantenmechanik zuwenden und die Probleme diskutieren, die diese Deutung aufgeworfen hat und auch heute noch aufwirft.

Die Unzulänglichkeiten der bisherigen (eben geschilderten) Interpretationen erkennend, schlägt BORN vor: Die ψ-Funktion bestimmt die „Wahrscheinlichkeit" für die Bewegung der Korpuskeln, d. h. z. B. für die Orte und Impulse. Nicht ein Wellenpaket ist als eine Approximation eines Korpuskels anzusehen, so daß die Korpuskeln *tatsächlich* mehr oder weniger ausgedehnte *Wellen sind*, sondern die ψ-Welle bestimmt nur die Wahrscheinlichkeit z. B. für den Ort der an sich (praktisch so gut wie) nicht ausgedehnten Korpuskeln.

Die entscheidende Wendung in der Interpretation besteht in der Benutzung des Begriffes der Wahrscheinlichkeit. Ohne gleich auf die sofort auftretende Frage einzugehen, was eigentlich diese Wahrscheinlichkeit ist, wollen wir vielmehr die mathematischen Ausdrücke betrachten, die diese Wahrscheinlichkeit angeben; sie muß sich irgendwie aus der ψ-Welle berechnen lassen.

Als erstes betrachtet BORN die Entwicklung des HILBERT-Raumvektors ψ mit der Normierung $||\psi|| = 1$ nach den Eigenvektoren des Energieoperators H:

$$H\psi_n = E_n\psi_n, \quad ||\psi_n|| = 1$$

und

$$\psi = \sum_n c_n\psi_n .$$

Wegen

$$||\psi||^2 = 1 \text{ und } (\psi_n, \psi_m) = \delta_{nm}$$

ist dann

$$1 = ||\psi||^2 = \sum_n |c_n|^2. \tag{IV.1}$$

Die Deutung ist folgende: $|c_n|^2$ ist die Wahrscheinlichkeit für den Energiewert E_n. (IV.1) drückt dann nichts anderes aus, als daß die Summe aller Wahrscheinlichkeiten gleich 1 ist.

Berechnet man nun $(\psi, H\psi)$, so erhält man

$$\begin{aligned}(\psi, H\psi) &= \Big(\sum_n c_n\psi_n, H\sum_m c_m\psi_m\Big)\\ &= \Big(\sum_n c_n\psi_n, \sum_m c_m E_m\psi_m\Big) = \sum_n E_n|c_n|^2. \end{aligned} \tag{IV.2}$$

Der Ausdruck $\sum_n E_n|c_n|^2$ ist aber dann die mit den Wahrscheinlichkeiten $|c_n|^2$ gemittelte Energie, der sogenannte „Erwartungswert" der Energie.

Dieselbe Überlegung wird für den Fall des „Impulsoperators" durchgeführt. Betrachten wir der Einfachheit halber den eindimensionalen Fall:

$$p\varphi_k(x) = \frac{\hbar}{i}\frac{d}{dx}\varphi_k(x) = \hbar k\varphi_k(x)$$

hat als Lösungen die „uneigentlichen“ Eigenfunktionen

$$\varphi_k(x) = \frac{1}{(2\pi)^{1/2}}\, e^{ikx},$$

aus denen man für beliebig kleines ε durch

$$\int\limits_{k-\varepsilon}^{k+\varepsilon} \varphi_{k'}(x)\, d k'$$

„Fast-Eigenfunktionen“ zum Wert $\hbar k$ des Spektrums des Impulsoperators erhält. Jeder Vektor $\psi(x)$ läßt sich nach den $\varphi_k(x)$ entwickeln:

$$\varphi(x) = \frac{1}{(2\pi)^{1/2}} \int\limits_{-\infty}^{+\infty} c(k) e^{ikx} d k. \qquad \text{(IV.3)}$$

Aus $\|\psi\|^2 = 1$ folgt dann

$$\|\psi\|^2 = \int |\psi|^2\, dx = \int |c(k)|^2\, dk = 1. \qquad \text{(IV.4)}$$

Die physikalische Deutung ist: $|c(k)|^2\, dk$ ist die Wahrscheinlichkeit, daß der Impuls (in Einheiten $\hbar$ gemessen) einen Wert zwischen k und $k + dk$ hat. (IV.4) ist wieder der Ausdruck dafür, daß die Summe aller Wahrscheinlichkeiten 1 ist. Weiterhin erhält man

$$\begin{aligned}(\psi, \boldsymbol{p}\psi) &= \int \psi^*(x)\, \frac{\hbar}{i}\, \frac{d}{dx}\, \psi(x)\, dx \\ &= \frac{1}{(2\pi)^{1/2}} \int \psi^*(x) \int \hbar k c(k) e^{ikx} d k\, dx \\ &= \int \hbar k\, |c(k)|^2\, dk,\end{aligned}$$

also für den Erwartungswert des Impulses den Ausdruck $(\psi, \boldsymbol{p}\psi)$.

Diese an Einzelbeispielen durchgeführte Deutung läßt sich aber sehr leicht auch allgemeiner formulieren. Bevor wir das tun, wollen wir erst noch einen Ansatz für die Ortswahrscheinlichkeit suchen. Es liegt hier nahe $|\psi(x)|^2\,dx$ selbst als Wahrscheinlichkeit dafür zu interpretieren, daß der Ort des Teilchens zwischen x und $x + dx$ liegt. Wegen

$$||\psi||^2 = \int |\psi|^2\,dx = 1$$

ist wieder die Summe der Wahrscheinlichkeiten gleich 1 und wegen

$$(\psi, \boldsymbol{q}\,\psi) = \int \psi^*(x)\,x\,\psi(x)\,dx = \int x\,|\psi|^2\,dx$$

der Erwartungswert für den Ort gleich $(\psi, \boldsymbol{q}\,\psi)$.

So kommen wir zu folgender Interpretation: Die Quantenmechanik ordnet den meßbaren Größen (den Observablen) hermitesche Operatoren zu. Ist A ein solcher Operator, so wollen wir auch die meßbare Größe mit A bezeichnen. Der Erwartungswert von A ist dann nach

$$M(A) = (\psi, A\,\psi) \tag{IV.5}$$

aus dem Vektor ψ zu berechnen. Die möglichen Meßwerte von A sind die des Spektrums von A. Die Wahrscheinlichkeit für diese Meßwerte läßt sich ebenfalls nach der Formel (IV.5) berechnen, wenn man dort nur für A einen geeigneten Operator einführt, der den „Meßwert" 1 gibt, wenn die Meßwerte von A in dem gewünschten Intervall liegen, und den „Meßwert" 0, wenn die Meßwerte von A außerhalb dieses Intervalls liegen. Wir wollen dies zunächst wieder an den obigen Beispielen erläutern:

Für den Fall eines nichtentarteten diskreten Spektrums von H führen wir mit

$$\psi = \sum_n c_n\,\psi_n$$

die Schar von Projektionsoperatoren P_E durch

$$P_E\psi = \sum_{\substack{n \\ (E_n \leq E)}} c_n \psi_n \tag{IV.6}$$

ein. Es ist dann $P_{-\infty} = 0$, $P_{+\infty} = 1$. P_E projiziert den Vektor ψ senkrecht auf den Teilraum, der von allen Eigenvektoren ψ_n aufgespannt wird, für die die Eigenwerte $E_n \leq E$ sind. Wegen

$$H\psi = \sum_n c_n E_n \psi_n$$

läßt sich

$$H\psi = \int E\, dP_E \psi \tag{IV.7}$$

schreiben, wobei das Integral als STIELTJES-Integral definiert ist. (IV.7) schreibt man auch kurz

$$H = \int E\, dP_E. \tag{IV.8}$$

Es ergibt sich nun sofort

$$(\psi, (P_E - P_{E'})\psi) = \sum_{\substack{n \\ (E' < E_n \leq E)}} |c_n|^2, \tag{IV.9}$$

d. h. die Wahrscheinlichkeit dafür, daß der Meßwert ε der Energie H in das Intervall $E' < \varepsilon \leq E$ fällt, ist gleich

$$M(P_E - P_{E'}) = (\psi, (P_E - P_{E'})\psi). \tag{IV.10}$$

$P_E - P_{E'}$ ist der Projektionsoperator auf den Teilraum, der von allen Eigenvektoren zu Eigenwerten E_n aus dem Intervall $E' < E_n \leq E$ aufgespannt wird. Dieser Projektionsoperator, der mit H vertauschbar ist, hat selbst die Eigenwerte 1 für alle Eigenvektoren ψ_n mit $E' < E_n \leq E$ und 0 für alle anderen ψ_n.

Dieselbe Darstellung läßt sich auch auf den Impulsoperator $\frac{\hbar}{i}\frac{d}{dx}$ übertragen. Der von allen „Fasteigenvektoren" zu Spektralwerten $p \leq \hbar k$ aufgespannte Teilraum ist durch alle die Vektoren $\chi(x)$ gegeben, deren FOURIER-Entwicklung die Form

$$\chi(x) = \frac{1}{(2\pi)^{1/2}} \int_{-\infty}^{k} \gamma(k')\, e^{ik'x}\, dk'$$

hat. Wir definieren deshalb den Projektionsoperator E_k, der auf $\psi(x)$ nach (IV.3) angewendet

$$E_k \psi(x) = \frac{1}{(2\pi)^{1/2}} \int_{-\infty}^{k} c(k')\, e^{ik'x}\, dk' \qquad \text{(IV.11)}$$

ergibt. Es gilt dann ähnlich (IV.7):

$$\frac{\hbar}{i}\frac{d}{dx} = \int \hbar k\, dE_k; \qquad \text{(IV.12)}$$

und die Wahrscheinlichkeit dafür, daß der Meßwert p des Impulses in das Intervall $\hbar k' < p \leq \hbar k$ fällt, ist gleich

$$M(E_k - E_{k'}) = (\psi, (E_k - E_{k'})\psi) = \int_{k'}^{k} |c(k'')|^2\, dk''. \qquad \text{(IV.13)}$$

Besonders einfach wird die Sache für den Ortsoperator. Mit

$$F_{x'}\psi(x) = \begin{cases} \psi(x) & \text{für} \quad x \leq x' \\ 0 & \text{für} \quad x > x' \end{cases} \qquad \text{(IV.13)}$$

ist $F_{x'}$ ein Projektionsoperator mit

$$\boldsymbol{q}\,\psi(x) = x\psi(x) = \int x'\, dF_{x'}\psi(x) \qquad \text{(IV.14)}$$

d. h.

$$\boldsymbol{q} = \int x'\, dF_{x'}.$$

Die Wahrscheinlichkeit, daß der Meßwert x des Ortes in das Intervall $x' < x \leq x''$ fällt, ist dann

$$M(F_{x''} - F_{x'}) = (\psi, (F_{x''} - F_{x'})\psi) = \int_{x'}^{x''} |\psi(x''')|^2 \, dx'''. \tag{IV.15}$$

Wir fassen zusammen: Zu jedem hermiteschen Operator A gibt es eine Schar von Projektionsoperatoren E_α (die sogenannte Spektralschar) mit

$$E_{+\infty} = 1, \; E_{-\infty} = 0,$$

wobei E_α auf den Teilraum projiziert, der von allen Eigen- (oder Fast-Eigen-)Vektoren von A zu Werten des Spektrums $\leq \alpha$ aufgespannt wird. Es gilt dann die Spektralzerlegung

$$A = \int_{-\infty}^{+\infty} \alpha \, d E_\alpha. \tag{IV.16}$$

Die Wahrscheinlichkeit dafür, daß der Meßwert α der Observablen A in das Intervall $\alpha' < \alpha \leq \alpha''$ fällt, ist

$$M(E_{\alpha''} - E_{\alpha'}) = (\psi, (E_{\alpha''} - E_{\alpha'})\psi). \tag{IV.17}$$

Nach der Definition des Begriffes Erwartungswert ist der Erwartungswert von A gleich dem Integral

$$\int_{-\infty}^{+\infty} \alpha \, d M(E_\alpha),$$

da $dM(E_\alpha)$ die Wahrscheinlichkeit für den Meßwert α aus dem Intervall α bis $\alpha + d\alpha$ ist. Wegen (IV.16) wird also der Erwartungswert von A gleich

$$M(A) = (\psi, A\psi). \tag{IV.18}$$

(IV.18) ist also eine Folge von (IV.17). (IV.17) ist also als die grundlegende Formel zur Berechnung der Wahrscheinlichkeiten anzusehen.

(IV.17) wird besonders einfach, wenn man in die zu dem Operator A zugeordnete Darstellung des HILBERT-Raumes geht. In dieser Darstellung sind die Vektoren des HILBERT-Raumes durch Funktionen $\psi(\alpha, \beta, \ldots)$ über dem Spektrum α von A und $\beta, \ldots$ von anderen mit A vertauschbaren Operatoren $B, \ldots$ (falls das Spektrum von A entartet ist) gegeben, wobei dann der Operator A selbst die einfache Form „Multiplikation α" annimmt, so daß $E_{\alpha'}$ die einfache Form

$$E_{\alpha'}\psi(\alpha, \beta, \ldots) = \begin{cases} \psi(\alpha, \beta, \ldots) & \text{für} \quad \alpha \leq \alpha' \\ 0 & \text{für} \quad \alpha > \alpha' \end{cases}$$

annimmt. Dann wird aus (IV.17):

$$M(E_{\alpha''} - E_{\alpha'}) = \sum_{\substack{\alpha_n \\ (\alpha' < \alpha_n \leq \alpha'')}} \int |\psi(\alpha_n, \beta, \ldots)|^2 \, d\beta \cdots + \int_{\alpha'}^{\alpha''} d\alpha \int_{-\infty}^{+\infty} d\beta \int \cdots |\psi(\alpha, \beta, \ldots)|^2, \qquad \text{(IV.19)}$$

wobei über die diskreten Eigenwerte α_n zu summieren und über das kontinuierliche Spektrum zu integrieren ist. $\int d\beta$ soll symbolisch auch eventuelle Summationen über diskrete Eigenwerte β_m enthalten. Die Formel (IV.15) ist also nur ein Spezialfall von (IV.19) für den Fall der Ortsdarstellung.

Schreiben wir in (IV.17) für den Projektionsoperator $E_{\alpha''} - E_{\alpha'}$ kurz P, so haben wir die grundlegende Aussage:

Wahrscheinlichkeit für $P = M(P) = (\psi, P\psi)$.

(IV.20)

(IV.20) ist eine kurze Zusammenfassung der BORNschen statistischen Deutung der Quantenmechanik.

Jeden Vektor ψ kann man in die beiden zueinander orthogonalen Teile $P\psi$ und $(1-P)\psi$ zerlegen:

$$\psi = P\psi + (1-P)\psi.$$

Da $P\psi$ schon in dem Teilraum liegt, auf den P projiziert, ist $PP\psi = P\psi$, also $P^2 = P$. Aus

$$\varphi = P\varphi + (1-P)\varphi$$

und $(1-P)\varphi$ orthogonal zu $P\psi$ folgt

$$(\varphi, P\psi) = (P\varphi, P\psi) = (P\varphi, \psi);$$

insbesondere also aus (IV.20)

$$M(P) = \|P\psi\|^2. \tag{IV.21}$$

P hat als Eigenwerte, d. h. Meßwerte, nur die Werte 1 für alle Vektoren aus dem Teilraum, auf den P projiziert, und 0 für alle zu diesem Teilraum senkrechten Vektoren; denn es gilt

$$P(P\varphi) = P\varphi \quad \text{und} \quad P(1-P)\varphi = 0.$$

Die Wahrscheinlichkeit für P und der Erwartungswert von P sind nach (IV.20) identisch, was ja auch dem Begriff nach dasselbe ist, weil per Definitionem des Erwartungswertes der Erwartungswert einer Größe mit den möglichen Werten 1 und 0 gleich der Wahrscheinlichkeit für den Wert 1 ist.

Obwohl sich die durch (IV.20) angegebene Deutung als physikalisch richtig erwiesen hat, soll aber nicht verschwiegen werden, daß noch einige Fragen offen bleiben. Die erste Frage ist, welche Projektionsoperatoren sind den verschiedenen möglichen Fragen, d. h. den verschiedenen möglichen „1 oder 0“-Messungen zugeordnet? Zunächst sieht es so aus, als ob wir darauf schon eine Antwort hätten. Für die Observable A suche man die Spektralschar E_α nach (IV. 16) und hat für die Observable P {Meßwert von P gleich 1, wenn Meßwert α von A im Intervall $\alpha' > \alpha \leqq \alpha''$ liegt, und Meßwert von P gleich 0, wenn α außerhalb dieses Intervalls liegt} zu setzen $P = E_{\alpha''} - E_{\alpha'}$. Dies ist aber keine Lösung, sondern nur eine Verschiebung des Problems, da sich dann die Frage stellt, welche Operatoren A gerade welchen meßbaren Größen zuzuordnen sind. Die Schar E_α charakterisiert aber vollkommen A und umgekehrt. Da „Meßskalen" willkürlich sind, kann man sich berechtigterweise auf den Standpunkt stellen, daß die Projektionsoperatoren die fundamentalere Struktur wiedergeben, und daß man aus einer geeigneten Schar von Projektionsoperatoren E mit Hilfe eines wählbaren Parameters α dann erst die Meßskala und damit A nach (IV.16) *definiert*.

Die zweite Frage, die sich stellt, ist die Frage nach der Bedeutung von ψ selbst. Das ψ ist die Größe, die zwar nach (IV.20) die Wahrscheinlichkeiten für die verschiedenen P bestimmt; aber welches ψ ist im konkreten Fall zu wählen. Diese Frage hängt eng zusammen, ja ist praktisch identisch mit der Frage: Was ist Wahrscheinlichkeit? Denn ψ ist genau das, was Wahrscheinlichkeit bestimmt.

Wenden wir uns deshalb der Frage, was ist Wahrscheinlichkeit, zuerst zu. Obwohl manches hierüber geschrieben wurde und geschrieben werden kann, so kommt es in physikalischer Theorie erst einmal darauf an, was Wahrscheinlichkeit als feststellbare Tatsache innerhalb der vom Experimentalphysiker unmittelbar erzeugten Meßeffekte bedeutet. Auch hierauf gibt BORN, wenn auch nicht so ausdrücklich hervorgehoben, eine Antwort: Die Wahrscheinlichkeit $|c_n|^2$ nennt er die Häufigkeit dafür, daß „in einem Haufen gleicher, nicht gekoppelter Atome" die Energiewerte E_n auftreten (Seite 241). Wahrscheinlichkeit ist also Häufigkeit von Meßergebnissen, zwar bei BORN noch nicht ganz so ausdrücklich formuliert.

Er spricht von Häufigkeit der Zustände ψ_n statt von Häufigkeit der Meßwerte E_n. Aber in der Anwendung des Wortes Zustand ψ_n ist gemeint: Zustand mit der Energie E_n. Rein logisch ist zwar noch ein Unterschied zwischen Zustand des Atoms mit der Energie E_n und Meßwert der Energie am Atom mit dem Ergebnis E_n. Im „physikalischen" Endeffekt hat aber der Begriff Zustand mit der Energie E_n doch letztlich nur die Bedeutung, daß eine Messung der Energie den Meßwert E_n liefert. Es darf nicht verwundern, daß die Ausdrucksweise der ersten Arbeiten noch unreflektiert eine Sprechweise benutzt, die Meßergebnis mit Feststellen einer am Objekt vorhandenen Eigenschaft gleichsetzt. Stellen wir aber diese noch vorhandene Unklarheit zurück, so ist doch eines schon klar hervorgehoben, daß physikalische Wahrscheinlichkeit gleich Häufigkeit ist, Häufigkeit in einem „Haufen gleicher, nicht gekoppelter Atome", Häufigkeit, die eben an diesem „Haufen" gemessen, d. h. festgestellt werden kann.

Hierbei ist zwar nicht ganz klar, was das Wort „gleicher" Atome bedeuten soll; wir wollen es so interpretieren, daß es *nur* kennzeichnen soll, daß man lauter Wasserstoffatome oder lauter Stickstoffatome, also in diesem Sinne gleiche Atome hat. „Gleiche" Objekte sind also Objekte derselben „Sorte". Nur für Objekte derselben Sorte kann „eine" Quantenmechanik hingeschrieben werden, für Objekte einer anderen Sorte eine andere Quantenmechanik.

Damit ergeben sich zwei Fragen: Was ist eine bestimmte „Sorte" von Objekten, und was ist so ein „Haufen solcher nicht gekoppelter Systeme der gleichen Sorte". Die „Sorte" von Objekten ist charakterisiert durch bestimmte experimentell feststellbare (wenigstens unter gewissen Umständen, d. h. bei einer großen Klasse von Experimenten) unveränderlichen Eigenschaften. So ist z. B. ein Elektron durch seine Masse und Ladung charakterisiert, ein Wasserstoffatom durch seine Zusammensetzung aus einem Proton und einem Elektron. Die experimentelle Feststellung der Sorte der Objekte steht also *vor* der Benutzung der Quantenmechanik zur Erklärung der Experimente an Objekten eben dieser einen und derselben Sorte. Diese kurze, nicht erschöpfende Analyse des Begriffes „gleiche Objekte", d. h. Objekte „gleicher Sorte", möge genügen. Erst durch die Physik der Elementarteilchen wird der Begriff Sorte physikalisch in seiner Bedeutung wie auch in seiner Begrenztheit ganz klar.

Beschränken wir uns deshalb im Folgenden bei der Analyse der Interpretation der Quantenmechanik immer auf eine einzige Sorte von Objekten, so daß es erlaubt sei, kurz nur noch von den Objekten zu sprechen. Wahrscheinlichkeit ist also Häufigkeit in einem Haufen nicht gekoppelter Objekte. Diesen Haufen nicht gekoppelter Objekte bezeichnet man oft kurz als Gesamtheit. Die physikalische Interpretation der Quantenmechanik wird also durch eine Verbindung nicht mit einem einzelnen Meßergebnis, sondern mit der Häufigkeit von Meßergebnissen an einer Gesamtheit hergestellt. Hierbei ist nicht die Häufigkeit an einer Gesamtheit nur weniger Objekte gemeint; denn es zeigt sich experimentell, daß eine Häufigkeit an wenigen Objekten bei Wiederholung desselben Experimentes starken Schwankungen unterworfen ist, während diese Häufigkeit praktisch immer denselben Wert auch bei wiederholten Versuchen annimmt, wenn die Gesamtheit aus „sehr vielen" Objekten besteht. Die Schwankungen der Häufigkeiten bei Wiederholung des Experiments wird mit wachsender Zahl der Objekte der Gesamtheit immer kleiner. Nur in diesem letzten Sinn soll in Zukunft nur noch von Gesamtheiten gesprochen werden, eben von solchen Gesamtheiten, bei denen es wegen der sehr großen Zahl auf die genaue Zahl der Objekte nicht mehr ankommt.

Damit wird auch schon klarer, was das Wort „nicht gekoppelter" Systeme besagen soll: Das Experiment ist so zu gestalten, daß keine Wechselwirkung zwischen den Objekten der Gesamtheit möglich ist, was experimentell am sichersten dann gewährleistet ist, wenn die Einzelobjekte der Gesamtheit nacheinander in genügend großen Zeitabständen untersucht werden.

Auf Grund dieser eben skizzierten Vorstellungen vom experimentell nachprüfbaren Begriff der Wahrscheinlichkeit als Häufigkeit innerhalb einer Gesamtheit ist es eigentlich eine unmittelbare Konsequenz, den HILBERT-Raumvektor ψ in (IV.21) als Repräsentanten der Gesamtheit, d. h. des Haufens der Objekte anzusehen.

Aber gleich von Anfang an hatte sich an Hand der Eigenvektoren ψ_n des Energieoperators H zum Eigenwert E_n das Wort „Zustand" ψ_n zur Energie E_n eingebürgert und damit allgemein die Bezeichnung „Zustand" für den Vektor ψ im HILBERT-Raum. (IV.21) wird dann als Wahrscheinlichkeit dafür interpretiert, daß ein Objekt im „Zustand" ψ die „Eigenschaft" P hat. Dieser Satz ist eine sehr kurze und deshalb sehr *praktische* Formulierung des Inhaltes von (IV.21), aber verschleiert zunächst einmal die Bedeutung, da nicht ohne weitere Analyse klar ist, was man unter „Zustand" und „Eigenschaft" verstehen soll. Sieht man dagegen die Worte: „Wahrscheinlichkeit für die Eigenschaft P im Zustand ψ" nur als abgekürzte Formulierung an für: Häufigkeit, mit der bei einer Messung mit Hilfe einer durch P symbolisierten „ja-nein-Apparatur" der „ja-Effekt" an der durch ψ charakterisierten Gesamtheit auftritt, so ist die obige Kurzformulierung ein legitimes Mittel zur Vermittlung physikalischer Aussagen.

Es zeigt sich aber nun, daß die Vektoren ψ des HILBERT-Raumes allein nicht allgemein genug sind, um die physikalisch möglichen Gesamtheiten zu charakterisieren. Haben wir z. B. die beiden Gesamtheiten ψ_1 und ψ_2, so kann man leicht durch „Mischen" experimentell eine dritte Gesamtheit herstellen: Man nehme aus der ersten Gesamtheit N_1 Objekte, aus der zweiten N_2 und mische sie zu der neuen Gesamtheit aus $N = N_1 + N_2$ Objekten. Hierbei sind wie immer N_1 und N_2 sehr große Zahlen.

Die Häufigkeit h für irgendeine „ja-nein"-Messung in der gemischten Gesamtheit ist also

$$h = \frac{N_1}{N} h_1 + \frac{N_2}{N} h_2$$

mit den Häufigkeiten h_1 und h_2 innerhalb der Gesamtheiten ψ_1 und ψ_2. Die Zahl $\lambda = \frac{N_1}{N}$ kann, da N_1 und N_2 sehr groß sind, praktisch alle Werte zwischen 0 und 1 annehmen. Nach (IV.21) haben wir also für die gemischte Gesamtheit die Wahrscheinlichkeitsfunktion $M(P)$ mit

$$M(P) = \lambda M_1(P) + (1 - \lambda) M_2(P) = \lambda \|P\psi_1\|^2 + (1 - \lambda) \|P\psi_2\|^2. \tag{IV.22}$$

Dieses $M(P)$ läßt sich aber (falls nicht $\psi_1 = e^{i\alpha} \psi_2$ ist) nicht in der Form $\|P\psi\|^2$ schreiben. Wir suchen deshalb eine mathematische Formulierung für (IV.21), in der das Symbol für die Gesamtheit nicht quadratisch, sondern linear auftritt, weil wir dann (IV.22) leicht zusammenfassen können. Dies ist möglich mit Hilfe des Begriffes der Spur eines Operators. Diese ist definiert durch

$$Sp(A) = \sum_\nu (\varphi_\nu, A\varphi_\nu),$$

wobei die φ_ν ein *v.n.O.* sind. Ist ψ_ν ein anderes *v.n.O.*, so folgt mit Hilfe der Entwicklungen

$$\varphi_\nu = \sum_\mu \psi_\mu (\psi_\mu, \varphi_\nu)$$

$$\psi_\mu = \sum_\nu \varphi_\nu (\varphi_\nu, \psi_\mu) = \sum_\nu \varphi_\nu (\psi_\mu, \varphi_\nu)^*:$$

$$Sp(A) = \sum_{\nu\mu} (\varphi_\nu, A\psi_\mu)(\psi_\mu, \varphi_\nu)$$

$$= \sum_\mu \left(\sum_\nu \varphi_\nu (\psi_\mu, \varphi_\nu)^*, A\psi_\mu\right) = \sum_\mu (\psi_\mu, A\psi_\mu).$$

Der Wert der Spur ist also unabhängig vom *v.n.O.* Mit dem Projektionsoperator P_ψ auf den Vektor ψ ($P_\psi \varphi = \psi(\psi, \varphi)$, falls $||\psi|| = 1$) ist wegen $P^2 = P$:

$$||P\psi||^2 = (\psi, P\psi) = \sum_\nu (\psi_\nu, PP_\psi\psi_\nu) = Sp(PP_\psi),$$

was leicht zu sehen ist, wenn man das *v.n.O.* so wählt, daß $\psi_1 = \psi$ ist. (IV.21) kann also auch

$$M(P) = Sp(PP_\psi) \tag{IV.23}$$

geschrieben werden. Da $Sp(A)$ nach Definition in A linear ist, folgt aus (IV.22) sofort

$$M(P) = Sp(P(\lambda P_{\psi 1} + (1 - \lambda) P_{\psi 2})),$$

d. h.

$$M(P) = Sp(PW) \tag{IV.24}$$

mit $W = \lambda P_{\psi 1} + (1 - \lambda) P_{\psi 2}$. Dieses W ist ein hermitescher Operator, da die $P_{\psi 1}$, $P_{\psi 2}$ solche sind und λ reell ist. W ist positiv (semi-) definit, d. h., es ist für alle Vektoren φ:

$$(\varphi, W\varphi) \geq 0. \tag{IV.25}$$

(IV.25) folgt daraus, daß P_ψ positiv definit ist (denn $(\varphi, P_\psi\varphi) = |(\varphi, \psi)|^2$) und λ wie $(1 - \lambda)$ positiv sind. Weiterhin ist $Sp(W) = 1$.

Für zwei beliebige positiv definite hermitesche Operatoren W_1 und W_2 mit $Sp(W_1) = 1$, $Sp(W_2) = 1$ ist der „gemischte" Operator $W = \lambda W_1 + (1 - \lambda) W_2$ wieder ein solcher. Andererseits kann ein positiv definiter hermitescher Operator W mit $Sp(W) = 1$ nur diskrete Eigenwerte w_ν (mit $0 \leq w_\nu \leq 1$ und $\sum_\nu w_\nu = 1$) haben, was hier nicht bewiesen sei. Sind ψ_ν die Eigenvektoren zu den Eigenwerten w_ν, so läßt sich also W in der Form

$$W = \sum_\nu w_\nu P_{\psi_\nu}$$

schreiben, d. h. als „Gemisch" der P_{ψ_ν} mit den Gewichten w_ν deuten.

Damit haben wir die allgemeine Deutung der Quantenmechanik: Den positiv definiten hermiteschen Operatoren W mit $Sp(W) = 1$ werden die Gesamtheiten, den Projektionsoperatoren P die Ja-Nein-Messungen und der Häufigkeit P in W der Ausdruck $M(P)$ nach (IV.24) zugeordnet. In Erweiterung von (IV.18) ist der Mittelwert einer Observablen A in der Gesamtheit W dann

$$M(A) = Sp(A\,W), \tag{IV.26}$$

was aber eigentlich nicht über (IV.24) hinausgeht, da wegen (IV.16)

$$\begin{aligned} M(A) &= \int \alpha\, dM(E_\alpha) = \int \alpha\, d\, Sp(E_\alpha W) \\ &= Sp\left(\int \alpha\, dE_\alpha\, W\right) = Sp\,(A\,W) \end{aligned}$$

wird.

Es erhebt sich die Frage, ob die positiv definiten hermiteschen Operatoren W mit $Sp(W) = 1$ allgemein genug sind, um alle möglichen Gesamtheiten charakterisieren zu können, d. h. gibt es noch andere Ausdrücke $M(P)$ als (IV.24). Dazu muß man natürlich eine Forderung an diese $M(P)$ stellen. Um diese Forderung zu verstehen, ist es notwendig, etwas näher auf das Problem der Zuordnung der Projektionsoperatoren zu den Ja-Nein-Messungen einzugehen. An Hand der Zerlegung eines hermiteschen Operators in seine Spektralzerlegung stellen wir folgendes Postulat für diese Zuordnung auf:

α) Orthogonale Projektionsoperatoren (d. h. Projektionsoperatoren zu orthogonalen Teilräumen) sind sich ausschließenden, aber zusammenmeßbaren Ja-Nein-Messungen zugeordnet.

Sind nämlich z. B. $E_{\alpha_1} - E_{\alpha_2}$ und $E_{\alpha_3} - E_{\alpha_4}$ die Projektionsoperatoren für die Ja-Nein-Messungen, daß die Meßwerte der Größe A in das Intervall $\alpha_2 \cdots \alpha_1$ bzw. $\alpha_4 \cdots \alpha_3$ fallen, und sind diese beiden Intervalle disjunkt, so sind $E_{\alpha_1} - E_{\alpha_2}$ und $E_{\alpha_3} - E_{\alpha_4}$ orthogonal zueinander. Beide Ja-Nein-Messungen sind zusammen meßbar, wobei aber niemals zwei Ja zusammen auftreten können. Weiterhin ist dann

$$(E_{\alpha_1} - E_{\alpha_2}) + (E_{\alpha_3} - E_{\alpha_4})$$

der Projektionsoperator für die Ja-Nein-Messung, daß die Meßwerte von A in eines der beiden Intervalle $\alpha_2 \cdots \alpha_1$ *oder* $\alpha_4 \cdots \alpha_3$ fallen, so daß für die Häufigkeit $M(E_{\alpha_1} - E_{\alpha_2}) + M(E_{\alpha_3} - E_{\alpha_4})$ gelten muß. Diesen anschaulichen Sachverhalt fassen wir zusammen durch die weiteren Postulate:

β) Sind P_i paarweise orthogonale Projektionsoperatoren, so ist dem $P = \sum_i P_i$ folgende Ja-Nein-Messung zugeordnet: Der Meßwert von P ist genau dann gleich 1 (d. h. ja), wenn er für irgendeines der P_i gleich 1 ist.

Wegen α) können niemals mehrere P_i zusammen den Meßwert 1 ergeben, sondern immer höchstens eines der P_i. Aus α) und β) folgt also, daß für paarweise orthogonale P_i

$$M\left(\sum_i P_i\right) = \sum_i M(P_i) \tag{IV.27}$$

gelten muß. Da der Operator 1 die Ja-Nein-Messung mit „immer Ja“ darstellt (der Operator 1 hat nur die Eigenwerte 1), fordern wir als Normierung:

$$M(1) = 1. \tag{IV.28}$$

Es kann nun bewiesen werden, daß sich (IV.27) und (IV.28) für alle Projektionsoperatoren P nur durch $M(P) = Sp\,(P\,W)$ mit positiv definiten hermiteschen Operatoren W mit $Sp(W) = 1$ erfüllen lassen. Eine Erweiterung der möglichen Gesamtheiten über die durch solche W charakterisierten hinaus ist also unter ziemlich allgemeinen Voraussetzungen unmöglich. Deshalb wollen wir die oben angegebene allgemeine Deutung der Quantenmechanik in bezug auf folgende Zuordnung voraussetzen:

Jede real herstellbare Gesamtheit läßt sich durch einen geeigneten positiv definiten hermiteschen Operator W mit $Sp(W) = 1$ charakterisieren; jede durchführbare Ja-Nein-Messung durch einen geeigneten Projektionsoperator P, wobei paarweise orthogonale P_i sich ausschließende, aber zusammenmeßbare Ja-Nein-Messungen und $P = \sum_i P_i$ in diesem Fall die Messung mit dem Meßwert 1 (= Ja) für „mindestens eines der P_i hat den Meßwert 1" darstellen.

Ohne nun die Konsequenzen dieser Deutung der Quantenmechanik ausführlich diskutieren zu können, möge doch kurz wenigstens eine Folgerung aus der Vertauschungsrelation (II.45) angeführt werden: die berühmte HEISENBERGsche Ungenauigkeitsrelation.

Zu ihrer Ableitung benötigt man die SCHWARTZsche Ungleichung. Sind φ und ψ zwei Vektoren im HILBERT-Raum, so folgt aus $\varphi\|\psi\|^2 = \psi(\psi, \varphi) + r$ durch innere Multiplikation mit ψ, daß $(\psi, r) = 0$ ist. Nimmt man nun auf beiden Seiten der Gleichung das Quadrat der Längen, so erhält man

$$\|\varphi\|^2 \|\psi\|^4 = \|\psi\|^2 |(\psi, \varphi)|^2 + \|r\|^2.$$

Für $\|\psi\| \neq 0$ erhält man sofort die SCHWARTZsche Ungleichung:

$$\|\varphi\|^2 \|\psi\|^2 \geq |(\psi, \varphi)|^2, \tag{IV.29}$$

die auch für $\psi = 0$ trivial erfüllt ist. Stellt man speziell die Vektoren φ bzw. ψ durch Zahlenreihen $\{a_\nu\}$ bzw. $\{b_\nu\}$ dar, so folgt

$$\left(\sum_\nu |a_\nu|^2\right)\left(\sum_\mu |b_\mu|^2\right) \geq \left|\sum_\nu a_\nu^* b_\nu\right|^2. \tag{IV.30}$$

Ist nun W irgendeine Gesamtheit, so sind die Mittelwerte von Impuls und Ort durch $M(\boldsymbol{p}) = Sp(\boldsymbol{p}W)$ und

$M(\boldsymbol{q}) = Sp(\boldsymbol{q}W)$ gegeben. Setzen wir $P = \boldsymbol{p} - M(\boldsymbol{p})$ und $Q = \boldsymbol{q} - M(\boldsymbol{q})$, so sind die Mittelwerte $M(P^2)$ und $M(Q^2)$ die Streuungen der Impuls- (bzw. Orts-)Meßwerte um den Mittelwert. Wir setzen

$$\Delta p^2 = M(P^2), \quad \Delta q^2 = M(Q^2).$$

Es ist dann

$$\Delta p^2 \, \Delta q^2 = Sp(P^2 W) \, Sp(Q^2 W).$$

Da sich W in der Form $W = \sum\limits_\nu w_\nu P\varphi_\nu$ mit den Eigenwerten w_ν und Eigenvektoren φ_ν schreiben läßt, wobei $0 \leq w_\nu \leq 1$ und wegen $Sp(W) = 1$ auch $\sum\limits_\nu w_\nu = 1$ ist, so folgt (leicht, wenn man zur Berechnung der Spur speziell das $v.n.O.$ der φ_ν wählt)

$$Sp(P^2 W) = \sum_\nu w_\nu (\varphi_\nu, P^2 \varphi_\nu) = \sum_\nu w_\nu \|P\varphi_\nu\|_2.$$

Nach der Schwartzschen Ungleichung in der Form (IV.30) ist also

$$\Delta p^2 \, \Delta q^2 = \sum_\nu w_\nu \|P\varphi_\nu\|^2 \sum_\mu w_\mu \|Q\varphi_\mu\|^2$$
$$\Big\{\sum_\nu w_\nu \|P\varphi_\nu\| \, \|Q\varphi_\nu\|\Big\}^2.$$

Mit Hilfe der Schwartzschen Ungleichung in der Form (IV.29) erhält man:

$$\begin{aligned} \|P\varphi_\nu\| \, \|Q\varphi_\nu\| &= |(P\varphi_\nu, Q\varphi_\nu)| \\ &\geq \frac{1}{2} \, |(P\varphi_\nu, Q\varphi_\nu) - (Q\varphi_\nu, P\varphi_\nu)| \\ &= \frac{1}{2} \, |(\varphi_\nu, (PQ - QP)\varphi_\nu)| = \frac{\hbar}{2}\end{aligned}$$

und somit

$$\Delta p \Delta q \geq \frac{\hbar}{2} \sum_{\nu} w_{\nu} = \frac{\hbar}{2}. \qquad \text{(IV.31)}$$

Diese Ungenauigkeitsrelation besagt, daß in jeder experimentell herstellbaren Gesamtheit für die Streuungen von Ort und Impuls das Produkt beider eine untere durch die PLANCKsche Konstante gegebene Schranke nicht unterschreiten kann.

Bei der geschilderten physikalischen Deutung, die zwar das Prinzip dieser Deutung klar formuliert, bleiben allerdings noch viele Fragen offen:

1. Welches W ist welchen Gesamtheiten zuzuordnen?
2. Welche Projektionsoperatoren P sind welchen Ja-Nein-Messungen zuzuordnen?

In 1. und 2. sind die Fragen mit enthalten, ob alle W und alle P als Bilder realer Gesamtheiten bzw. real möglicher Messungen vorkommen; und wenn nicht, welcher Teil der W bzw. P dadurch ausgezeichnet ist, daß er als mathematisches Bild der realen Gesamtheiten bzw. Messungen dienen kann.

Eine abschließende Beantwortung der eben aufgeworfenen Fragen ist auch bis heute nicht möglich gewesen. Wir wollen hier kurz den Standpunkt einnehmen, von dem aus man tatsächlich gleich zu Beginn der Quantenmechanik ausgegangen ist und von dem man auch heute noch ausgeht, wenn man konkrete Probleme der Quantentheorie zu behandeln hat. Dieser Ausgangspunkt sind die Operatoren $\boldsymbol{p}_i$ für die Impulse und $\boldsymbol{q}_i$ für die Orte (in rechtwinkligen Koordinaten). Entweder setzt man die Vertauschungsrelationen (III.2) voraus, oder geht gleich von der Ortsdarstellung (III.3) aus. Damit sind dann für alle Fragen nach Impuls- und Ortswerten die zugehörigen Operatoren festgelegt, da man ja auch die Spektraldarstellungen dieser Operatoren kennt. Der nächste Schritt ist dann der Versuch, aus klassisch punktmechanisch bekannten Größen (wie z. B. der Energie) die entsprechenden Operatoren zu erraten, indem man die klassischen p_i, q_i durch die bekannten Operatoren ersetzt. So gewinnt man ein sehr weitreichendes Schema der Quantentheorie, mit dessen Hilfe man (ergänzt durch die Beschreibung des Spins der Teilchen) eine große Fülle von Tatsachen beschreiben kann.

Die Frage 1 nach den W wird dann indirekt auf die Frage 2 nach den P zurückgeführt: Wenn man $Sp(PW)$ für alle P kennt, so ist W dadurch eindeutig bestimmt, da aus $Sp(P(W_1 - W_2)) = 0$ für alle P sofort $W_1 = W_2$ folgt. Es ist aber gar nicht notwendig $Sp(PW)$ für alle P zu kennen. Ist z. B. $Sp(P_\psi W) = 1$, so folgt $(\psi, W\psi) = 1$ und damit $(\psi, (1 - W)\psi) = 0$. Da $(1 - W)$ positiv definit ist, muß[1] $(1 - W)\psi = 0$ und damit $W\psi = \psi$ sein. ψ ist also Eigenvektor von W zum Eigenwert 1. Da die $\sum_\nu w_\nu$ aller Eigenwerte von W gleich 1 ist, ist also $W = P_\psi$. Fällt also die Messung von P_ψ in der fraglichen Gesamtheit immer positiv aus, so ist $W = P_\psi$. An dieser so getesteten Gesamtheit $W = P_\psi$ können andere Größen gemessen werden. Es sei aber dabei betont, daß dies nicht etwa an den vorher beim Test benutzten Objekten geschehen darf, da diese eventuell von der „Meßapparatur P_ψ" gestört wurden. Vielmehr wurde der „die Gesamtheit $W = P_\psi$ herstellende Apparat" mit Hilfe der „Meßapparatur P_ψ" dahingehend getestet, daß er also gerade die Eigenschaft hat, eine Gesamtheit der Form P_ψ zu liefern.

Die letzten Bemerkungen weisen daraufhin, daß in den beiden Fragen 1 und 2 noch weitere physikalische Probleme stecken, nämlich in 1. das des physikalischen Verständnisses der Präparierungsapparaturen, d. h. derjenigen, die Gesamtheiten herstellen; in 2. das des physikalischen Verständnisses der Meßapparaturen und damit

---

[1]) $(\psi, (1 - W)\psi) = \left(\psi, (\sqrt{1 - W})^2\psi\right) = \|\sqrt{1 - W}\,\psi\|^2 = 0$ d. h. $\sqrt{1 - W}\,\psi = 0$ und damit $\sqrt{1 - W}\sqrt{1 - W}\,\psi = (1 - W)\psi = 0$.

des gesamten Meßprozesses. Was hier an Fragen angeschnitten ist, ist eine systematische Theorie der Präparierungs- und Meßapparate, die natürlich in jedem konkreten Einzelfall von Technikern und Experimentalphysikern vor dem Bau solcher Apparaturen durchgeführt wird, wie z. B. für den Bau eines großen Elektronensynchrotrons zur Herstellung von gewünschten Gesamtheiten von Elektronen oder für den Bau einer Blasenkammer zur Messung von Teilchen.

Aber auch dann, wenn man von den Problemen 1 und 2 der konkreten Zuordnung absieht, bleibt eine weitere tiefergehende Frage offen, nämlich die, ob es nicht möglich ist, aus relativ allgemeinen Sätzen über das Präparieren und Messen herzuleiten, daß das Schema des Hibert-Raumes mit den W und P gerade das für die Natur passende ist. Dies ist das Problem einer axiomatischen Grundlegung der Quantenmechanik, erst einmal in Bezug auf ihre allgemeinste Grundstruktur. Die historische Entwicklung der Quantenmechanik ist nicht diesen Weg gegangen; vielmehr haben Einzelzusammenhänge induktiv die Struktur der Quantenmechanik nahegelegt, so wie es gerade die Originalarbeiten dieses Buches zeigen sollen.

Um kurz zu skizzieren, was etwa unter einer axiomatischen Grundlegung zu verstehen wäre, sei auf das Beispiel der Thermodynamik verwiesen, wo man aus dem Satz über die Unmöglichkeit eines Perpetuummobiles (1. Hauptsatz = Energiesatz) und dem Satz über die Unmöglichkeit eines sogenannten Perpetuummobiles zweiter Art (2. Hauptsatz = Entropiesatz) alle weiteren Folgerungen herleitet, ohne daß man solche allgemeinsten Sätze direkt experimentell beweisen kann, sondern diese vielmehr durch die experimentell bestätigten Folgerungen als bewiesen ansieht. Für die Grundstruktur der Quantenmechanik (d. h. für Hilbert-Raum, Gesatmheiten W und Ja-Nein-Messungen P) ist trotz sehr interessanter Ansätze diese axiomatische Grundlegung noch nicht voll befriedigend gelöst, da es entweder noch nicht gelungen ist, aus den zugrundegelegten Axiomen den HILBERT-Raum abzuleiten, oder aber die zugrundegelegten Axiome physikalisch nicht voll durchschaubar sind.

Nach diesem Ausblick auf noch teilweise ungelöste Probleme wollen wir uns noch der Frage nach der zeitlichen Entwicklung innerhalb der Quantenmechanik zuwenden.

KAPITEL V

Zeitliche Entwicklung der physikalischen Größen

Für die zeitliche Entwicklung geben HEISENBERG, BORN-JORDAN einerseits und SCHRÖDINGER andererseits eine bestimmte Vorschrift an, die wir in beiden Fällen in der Schreibweise des HILBERT-Raumes formulieren wollen. Diese Formulierung für die zeitliche Veränderung der Observablen A lautet bei BORN-JORDAN

$$\frac{\hbar}{i} \dot{A} = HA - AH. \tag{V.1}$$

Die Formulierung der zeitabhängigen SCHRÖDINGER-Gleichung lautet

$$-\frac{\hbar}{i} \dot{\psi} = H\psi. \tag{V.2}$$

Schon in seiner Arbeit über das Verhältnis der HEISENBERG-BORN-JORDANschen Quantenmechanik zu der Wellenmechanik zeigt SCHRÖDINGER, daß die Zeitveränderlichkeit der Matrixelemente, mit den nach (V.2) zeitlich veränderlichen Vektoren gebildet, dieselbe wie bei HEISENBERG ist. Mit Hilfe der Formeln für die Deutung der Quantenmechanik ist es nun leicht, die Äquivalenz von (V.1) und (V.2) nachzuweisen.

Beide Gleichungen (V.1) und (V.2) lassen sich formal leicht integrieren. Der Operator

$$U(t) = e^{-\frac{i}{\hbar}Ht} \tag{V.3}$$

ist unitär, da $UU^* = U^*U = 1$ gilt.[1]) Aus (V.3) erhält man

$$\dot{U} = -\frac{i}{\hbar}UH,$$

und ebenso aus

$$U^* = e^{\frac{i}{\hbar}Ht}$$

$$\dot{U}^* = \frac{i}{\hbar}HU^*.$$

Die Lösung von (V.1) kann also

$$A(t) = U^*(t)\,A(O)\,U(t) \tag{V.4}$$

und die Lösung von (V.2)

$$\psi(t) = U(t)\,\psi(O) \tag{V.5}$$

geschrieben werden. Man nennt (V.1) bzw. (V.4) das HEISENBERG-Bild und (V.2) bzw. (V.5) das SCHRÖDINGER-Bild der Zeitveränderlichkeit. Im HEISENBERG-Bild ist der Erwartungswert der Observablen $A(t)$ mit Hilfe eines zeitlich konstanten Operators W für die Gesamtheit zu berechnen:

$$M(A(t)) = Sp(A(t)W) = Sp(U^*(t)\,A(O)\,U(t)\,W). \tag{V.6}$$

[1]) U^* ist der zu U hermitesch konjugierte Operator durch $(\varphi, U\psi) = (U^*\varphi, \psi)$ definiert.

Im SCHRÖDINGER-Bild werden umgekehrt die den Observablen zugeordneten Operatoren (z. B. $\frac{\hbar}{i}\frac{d}{dx}$ für den Impuls) zeitlich konstant gelassen und der die Gesamtheit charakterisierende Vektor ψ zeitlich verändert. Für die Observable A in der Gesamtheit $\psi(t)$ wird dann

$$M_t(A) = Sp(A P_{\psi(t)}) = (\psi(t), A\psi(t)).$$

Diese Formel wollen wir auf den Fall einer beliebigen Gesamtheit W verallgemeinern. Wegen

$$\begin{aligned} P_{\psi(t)}\varphi &= \psi(t)\,(\psi(t),\varphi) = U(t)\,\psi(0)\,(U(t)\,\psi(0),\varphi) \\ &= U(t)\,\psi(0)\;(\psi(0), U^*(t)\,\varphi) \end{aligned}$$

ist also

$$P_{\psi(t)} = U(t)\,P_{\psi(0)}\,U^*(t),$$

was wir zu

$$W(t) = U(t)\,W(0)\,U^*(t)$$

verallgemeinern. Damit wird dann

$$M_t(A) = Sp(A\,W(t)) = Sp(A\,U(t)\,W(0)\,U^*(t)). \qquad \text{(V.7)}$$

Da

$$Sp(AB) = Sp(BA)$$

ist[1]), folgt aus (V.7)

$$M_t(A) = Sp(U^*(t)\,A\,U(t)\,W(0)).$$

(V.6) und (V.7) sind also identisch, d. h. geben dieselben physikalischen Aussagen, wenn man

$$A = A(0) \quad \text{und} \quad W = W(0)$$

setzt.

---

[1]) $Sp(AB) = \sum_{\nu\mu} a_{\nu\mu} b_{\mu\nu} = \sum_{\nu\mu} b_{\mu\nu} a_{\nu\mu} = Sp(BA)$ mit $a_{\nu\mu} = (\varphi_\nu, A\varphi_\mu)$ und $b_{\nu\mu} = (\varphi_\nu, B\varphi_\mu)$, wobei die φ_ν ein $v.n.O.$ sind.

Damit sind alle Grundlagen der Quantenmechanik zusammengestellt; Der weitere Ausbau besteht in der Anwendung dieser Methoden auf die verschiedensten physikalischen Systeme und Fragestellungen. Viele Methoden wurden entwickelt, die diesem oder jenem Problem angepaßt sind. Auch jetzt noch werden immer neue Gebiete der Quantenmechanik methodisch zugänglich gemacht wie z. B. Systeme aus sehr vielen wechselwirkenden Teilchen, wie sie bei makroskopischen Objekten vorliegen. So sind es drei Richtungen, in denen auch heute noch die Quantenmechanik (ganz abgesehen von der Quantenfeldtheorie und Elementarteilchenphysik) ergänzt und fortgeführt werden muß:

1. Entwicklung mathematischer Methoden, um auch kompliziertere Systeme behandeln zu können.
2. Theorie des Präparierens von Gesamtheiten und des Messens, d. h. das Zuordnungsproblem der Gesamtheiten zu gewissen positiv definiten hermiteschen Operatoren mit einer Spur gleich 1 und der Messungen zu gewissen hermiteschen Operatoren.
3. Axiomatische Grundlegung der Quantenmechanik, d. h. Herleitung der HILBERT-Raumstruktur als Abbild grundlegender Strukturen in der Physik des Messens und Präparierens.

Teil II

1. Untersuchungen zur Quantentheorie[1])

von

LOUIS DE BROGLIE

Einleitung

Die Geschichte der optischen Theorien zeigt, daß die wissenschaftliche Ansicht lange zwischen einer mechanischen und einer undulatorischen Auffassung des Lichtes geschwankt hat; vielleicht sind aber diese beiden Anschauungen viel weniger in Widerspruch zueinander, als man dies früher geglaubt hatte, und besonders scheint die Entwicklung der Quantentheorie letztere Ansicht zu bestätigen.

Gestützt auf die Vorstellung eines allgemeingültigen Zusammenhangs zwischen dem Frequenz- und dem Energiebegriff gehen wir in dieser Arbeit von der Existenz eines gewissen periodischen Vorganges von noch näher festzulegender Natur aus, der jedem isolierten Energieteil zugeordnet werden muß und von seiner Eigenmasse nach der PLANCK-EINSTEINschen Beziehung abhängt. Dann fordert die Relativitätstheorie, der gleichförmigen Bewegung eines jeden materiellen Punktes die Ausbreitung einer gewissen Welle zuzuordnen, deren Phase sich im Raum mit Überlichtgeschwindigkeit ausbreitet (Kapitel I).

---

[1]) Annales de Physique 3 (1925) 22. (Dies ist der Text von *de Broglies* Dissertation von 1924.)

KAPITEL I

Die Phasenwelle

§ 1. *Die Quantenbeziehung und die Relativitätstheorie*

Einer der wichtigsten neuen Begriffe, welcher durch die Relativitätstheorie eingeführt wurde, ist der der Trägheit der Energie. Nach EINSTEIN muß man jeder Energie Masse zuordnen, und jede Masse repräsentiert Energie. Masse und Energie sind immer durch die allgemeine Beziehung miteinander verbunden:

$$\text{Energie} = \text{Masse} \cdot c^2,$$

wobei c eine Konstante, die sogenannte „Lichtgeschwindigkeit", ist, die wir aber lieber aus später zu erörternden Gründen „Grenzgeschwindigkeit der Energie" nennen wollen. Da also stets Proportionalität zwischen Masse und Energie besteht, so müssen Materie und Energie als zwei gleichbedeutende Ausdrücke aufgefaßt werden, die die gleiche physikalische Realität bezeichnen.

Die Atomtheorie und später die Elektronentheorie haben uns gelehrt, daß wir die Materie als wesentlich diskontinuierlich aufzufassen haben, und dies führt uns zu der Annahme, daß alle Energieformen, im Gegensatz zu den älteren Vorstellungen über die Natur des Lichtes, vollständig in kleinen Raumteilen konzentriert oder wenigstens um gewisse singuläre Punkte verdichtet sind.

Das Prinzip der Trägheit der Energie ordnet jedem Körper, dessen Eigenmasse (d. h. gemessen vom Beobachter im gleichen System) m_0 ist, eine Eigenenergie $m_0 c^2$ zu. Wenn der Körper in gleichförmiger Bewegung von der Geschwindigkeit $v = \beta \cdot c$ relativ zu dem Beobachter, den wir als ruhend bezeichnen wollen, ist, so wird seine Masse für diesen den Wert $\frac{m_0}{\sqrt{1-\beta^2}}$ haben gemäß einer bekannten Formel der relativistischen Dynamik, und seine Energie ist infolgedessen $\frac{m_0 c^2}{\sqrt{1-\beta^2}}$. Da die kinetische Energie als der Zuwachs angesehen werden kann, den die Energie des Körpers für den ruhenden Beobachter erfährt, wenn der Körper aus dem Ruhezustand in den Bewegungszustand mit der Geschwindigkeit $v = \beta \cdot c$ übergeht, findet man für ihren Wert den folgenden Ausdruck:

$$E_{\text{kin}} = \frac{m_0 c^2}{\sqrt{1-\beta^2}} - m_0 c^2 = m_0 c^2 \left(\frac{1}{\sqrt{1-\beta^2}} - 1 \right),$$

der natürlich für kleine Werte von β in den klassischen Wert übergeht:

$$E_{\text{kin}} = \frac{1}{2} m v^2.$$

Nachdem wir uns dies ins Gedächtnis zurückgerufen haben, wollen wir uns der Frage zuwenden, in welcher Form wir in die relativistische Dynamik die Quanten einführen können. Die Grundidee der Quantentheorie ist wohl die Unmöglichkeit, ein isoliertes Energiestück zu betrachten, ohne diesem eine gewisse Frequenz zuzuordnen. Diese Begriffsverbindung drückt sich in folgender Beziehung aus, die ich die Quantenbeziehung nennen will:

$$\text{Energie} = h \cdot \text{Frequenz},$$

wobei h die PLANCKsche Konstante ist.

Es ist daher annehmbar, daß zufolge einem allgemeinen Naturgesetz mit jedem Energiestück von der Eigenmasse m_0 ein periodisches Phänomen von der Frequenz ν_0 nach der Beziehung verbunden ist:

$$h \nu_0 = m_0 c^2.$$

ν_0 ist dabei, was wohl zu beachten ist, in dem mit dem Energiestück fest verbundenen System gemessen. Diese Hypothese ist die Grundlage unserer Theorie: Sie gilt, wie alle Hypothesen, so weit, wie die aus ihr zu ziehenden Folgerungen.

Nachdem wir die Existenz einer dem Energiestück zuzuordnenden Frequenz angenommen haben, wenden wir uns der Frage zu, in welcher Weise sich diese Frequenz dem oben erwähnten festen Beobachter äußert. Die LORENTZ-EINSTEINsche Zeittransformation lehrt uns, daß ein mit dem bewegten Körper verbundenes periodisches Ereignis sich für den festen Beobachter im Verhältnis 1 zu $\sqrt{1-\beta^2}$ verlangsamt; das ist die bekannte Erscheinung des Nachgehens der Uhren. Daher ist die vom festen Beobachter gemessene Frequenz

$$\nu_1 = \nu_0 \sqrt{1-\beta^2} = \frac{m_0 c^2}{h} \sqrt{1-\beta^2}\,.$$

Andererseits ist aber, da die Energie des bewegten Teilchens für den festen Beobachter gleich $\frac{m_0 c^2}{\sqrt{1-\beta^2}}$ ist, die nach der Quantenbeziehung entsprechende Frequenz $\nu = \frac{1}{h} \frac{m_0 c^2}{\sqrt{1-\beta^2}}$. Diese beiden Frequenzen ν_1 und ν sind wesentlich verschieden, da in sie der Faktor $\sqrt{1-\beta^2}$ nicht in der gleichen Form eingeht. Hier liegt eine Schwierigkeit vor, die mich lange beschäftigt hat; ich gelangte zu ihrer Behebung durch den Beweis des folgenden Theorems, welches ich als das Theorem der Phasenübereinstimmung bezeichnen werde:

„Das mit dem beweglichen Teilchen fest verbundene periodische Phänomen, welches in bezug auf den ruhenden Beobachter die Frequenz $\nu_1 = \frac{1}{h} m_0 c^2 \sqrt{1-\beta^2}$ hat, erscheint diesem Beobachter beständig in Phase mit einer

Welle von der Frequenz $\nu = \frac{1}{h} m_0 c^2 \frac{1}{\sqrt{1-\beta^2}}$, die sich in der Bewegungsrichtung des beweglichen Teilchens mit der Geschwindigkeit $V = \frac{c}{\beta}$ ausbreitet.“

Der Beweis ist sehr einfach. Vorausgesetzt, daß zur Zeit $t = 0$ Phasenübereinstimmung zwischen dem mit dem bewegten Teilchen verbundenen periodischen Phänomen und der weiter oben definierten Welle besteht. Zur Zeit t hat das bewegte Teilchen den Weg $x = \beta c t$ zurückgelegt, und die Phase des periodischen Phänomens hat sich geändert um

$$\nu_1 t = \frac{m_0 c^2}{h} \sqrt{1-\beta^2} \cdot \frac{x}{\beta c}.$$

Die Phase des Teiles der Welle, die das bewegte Teilchen überdeckt, hat sich geändert um:

$$\nu\left(t - \frac{\beta x}{c}\right) = \frac{m_0 c^2}{h} \frac{1}{\sqrt{1-\beta^2}} \left(\frac{x}{\beta c} - \frac{\beta x}{c}\right)$$
$$= \frac{m_0 c^2}{h} \sqrt{1-\beta^2} \cdot \frac{x}{\beta c}.$$

Es existiert also Phasenübereinstimmung, wie wir behauptet haben.

Man kann diesem Theorem einen anderen Beweis geben, der zwar mit dem eben gegebenen im Grunde genommen identisch ist, aber vielleicht noch überraschender wirkt. Wenn t_0 die Zeit eines mit dem bewegten Teilchen verbundenen Beobachters darstellt (Eigenzeit des bewegten Teilchens), so ergibt die LORENTZ-Transformation:

$$t_0 = \frac{1}{\sqrt{1-\beta^2}} \left(t - \frac{\beta x}{c}\right).$$

Das von uns gedachte periodische Phänomen wird für den gleichen Beobachter durch eine Sinusfunktion von $\nu_0 t_0$ dargestellt. Für den festen Beobachter wird es durch die gleiche Sinusfunktion von $\nu_0 \frac{1}{\sqrt{1-\beta^2}}\left(t - \frac{\beta x}{c}\right)$ repräsentiert, welche eine Welle der Frequenz $\frac{\nu_0}{\sqrt{1-\beta^2}}$ bezeichnet, die sich mit der Geschwindigkeit $\frac{c}{\beta}$ in gleicher Richtung wie das bewegte Teilchen fortpflanzt.

Es ist unumgänglich nötig, auf die Natur der Welle zurückzukommen, deren Existenz wir soeben angenommen haben. Die Tatsache, daß deren Geschwindigkeit $V = \frac{c}{\beta}$ notwendigerweise größer als c ist (β ist immer kleiner als 1, da sonst die Masse unendlich bzw. imaginär sein würde), beweist, daß es sich keinesfalls um eine Energie befördernde Welle handeln kann. Unser Theorem dagegen lehrt, daß sie die Verteilung der Phasen eines Ereignisses im Raum darstellt; sie ist daher eine „Phasenwelle“.

§ 2. Phasengeschwindigkeit und Gruppengeschwindigkeit

Wir werden jetzt eine zwischen der Geschwindigkeit des bewegten Teilchens und der der Phasenwelle bestehende wichtige Beziehung ableiten. Wenn Wellen von sehr benachbarten Frequenzen sich in der gleichen Richtung Ox mit der Geschwindigkeit V ausbreiten, die wir Geschwindigkeit der Phasenfortpflanzung nennen werden, so werden diese Wellen durch Superposition Schwebungserscheinungen geben, wenn sich die Geschwindigkeit V mit der Frequenz ν verändert. Diese Erscheinungen sind insbesonders von Lord RAYLEIGH für den Fall zerstreuender Medien untersucht worden.

Wir fassen also zwei Wellen mit den benachbarten Frequenzen ν und $\nu + \delta\nu$ und den Geschwindigkeiten V und $V' = V + \frac{dV}{d\nu}\,\delta\nu$ ins Auge; ihre Superposition wird analytisch durch die folgende Gleichung, die man durch Vernachlässigung der Glieder zweiter Ordnung in $\delta\nu$ gegenüber ν erhält, wiedergegeben:

$$\sin 2\pi\left(\nu t - \frac{\nu x}{V} + \varphi\right) + \sin 2\pi\left(\nu' t - \frac{\nu' x}{V'} + \varphi'\right)$$

$$= 2\sin 2\pi\left(\nu t - \frac{\nu x}{V} + \psi\right)$$

$$\times \cos 2\pi\left[\frac{\delta\nu}{2}\,t - x\,\frac{d\left(\frac{\nu}{V}\right)}{d\nu}\cdot\frac{\delta\nu}{2} + \psi'\right].$$

Wir erhalten also wieder eine Sinuswelle, deren Amplitude um die Frequenz $\delta\nu$ geändert ist, denn das Kosinuszeichen macht wenig aus. Das ist ein wohlbekanntes Ergebnis. Wenn man mit U die Ausbreitungsgeschwindigkeit der Schwebung oder die Gruppengeschwindigkeit der Wellen bezeichnet, so findet man

$$\frac{1}{U} = \frac{d\left(\frac{\nu}{V}\right)}{d\nu}.$$

Kehren wir zur Betrachtung der Phasenwellen zurück. Man erteile dem beweglichen Teilchen eine Geschwindigkeit $v = \beta c$, indem man β keinen völlig bestimmten Wert zulegt, sondern nur annimmt, daß dieser Wert zwischen β und $\beta + \delta\beta$ liegt; die Frequenzen der korrespondierenden Phasenwellen liegen dann in dem kleinen Intervall $\nu, \nu + \delta\nu$.

Wir stellen jetzt den folgenden Satz auf, der uns später nützlich sein wird. „Die Gruppengeschwindigkeit der Phasenwellen ist gleich der Geschwindigkeit des bewegten Teilchens“. In der Tat ist diese Gruppengeschwindigkeit ja durch die obenstehende Formel bestimmt, in der V und ν als Funktion von β angesehen werden können gemäß den Beziehungen:

$$V = \frac{c}{\beta}, \qquad \nu = \frac{1}{h} \frac{m_0 c^2}{\sqrt{1 - \beta^2}}.$$

Man kann schreiben:

$$U = \frac{\frac{d\nu}{\beta}}{\frac{d\left(\frac{\nu}{V}\right)}{d\beta}};$$

nun ist aber

$$\frac{d\nu}{d\beta} = \frac{m_0 c^2}{h} \frac{\beta}{(1 - \beta^2)^{3/2}},$$

$$\frac{d\left(\frac{\nu}{V}\right)}{d\beta} = \frac{m_0 c}{h} \frac{d\left(\frac{\beta}{\sqrt{1 - \beta^2}}\right)}{d\beta} = \frac{m_0 c}{h} \frac{1}{(1 - \beta^2)^{3/2}},$$

infolgedessen:

$$U = \beta \cdot c = v.$$

Die Gruppengeschwindigkeit der Phasenwellen stimmt also mit der Geschwindigkeit des bewegten Teilchens überein. Dieses Ergebnis erfordert eine Bemerkung: In der Wellentheorie der Dispersion ist, abgesehen von den Absorptionsgebieten, die Geschwindigkeit der Energie gleich der Gruppengeschwindigkeit. Hier finden wir von einem ganz anderen Gesichtspunkt aus ein analoges

Resultat, denn die Geschwindigkeit des beweglichen Teilchens ist nichts anderes als die Verschiebungsgeschwindigkeit der Energie.

KAPITEL II

Das Maupertuissche und das Fermatsche Prinzip

§ 1. Aufgabe dieses Kapitels

In diesem Kapitel wollen wir den Versuch der Verallgemeinerung der Ergebnisse des Kapitels I auf den Fall eines nicht gleichförmig-geradlinig bewegten Teilchens unternehmen. Diese abgeänderte Bewegung setzt das Vorhandensein irgendeines Kraftfeldes voraus, das auf das bewegliche Teilchen wirkt. Für uns soll jetzt ein Kraftfeld ein elektromagnetisches Feld sein, die Mechanik der variierten Bewegung besteht dann in dem Studium der Bewegung eines elektrisch geladenen Körpers in einem elektromagnetischen Feld.

Die die Bewegung eines Teilchens begleitende Phasenwelle hat, falls man sich unseren Vorstellungen anschließt, Eigenschaften, die von der Natur des beweglichen Teilchens abhängen, da ja beispielsweise ihre Frequenz durch die Gesamtenergie bestimmt ist. Daher scheint die Voraussetzung gegeben, daß bei der Einwirkung eines Kraftfeldes auf das bewegliche Teilchen dieses Feld auch auf die Ausbreitung der Phasenwelle Einfluß ausübt. Geleitet von der Idee eines inneren Zusammenhanges zwischen dem Prinzip der kleinsten Wirkung und dem FERMATschen Prinzip wurde ich bereits seit dem Beginn meiner Untersuchungen über diesen Gegenstand zu der Annahme geführt, daß für einen gegebenen Wert der Gesamtenergie des bewegten Teilchens und infolgedessen der Frequenz seiner Phasenwelle die mechanisch möglichen Bahnen des Teilchens mit den möglichen Strahlen der Phasenwelle übereinstimmen.

§ 2. *Die beiden Prinzipe der kleinsten Wirkung in der klassischen Dynamik*

Das Prinzip der kleinsten Wirkung kann in der klassischen Mechanik in der HAMILTONschen Form folgendermaßen ausgesprochen werden:

„Die Gleichungen der Dynamik lassen sich ableiten aus der Forderung, daß das Integral $\int_{t_1}^{t_2} L dt$, genommen zwischen festen Zeitgrenzen für gegebene Anfangs- und Endwerte der Parameter q_i, die den Zustand des Systemes bestimmen, einen stationären Wert haben soll."

Laut Definition heißt L die LAGRANGE-Funktion, die nur von den Variablen q_i und $\dot{q}_i = \frac{dq_i}{dt}$ abhängt.

Man hat also:

$$\delta \int_{t_1}^{t_2} L dt = 0.$$

Hieraus leitet man nach einer aus der Variationsrechnung bekannten Methode die sogenannte LAGRANGEschen Gleichungen ab:

$$\frac{d}{dt}\left(\frac{\partial L}{\partial \dot{q}_i}\right) = \frac{\partial L}{\partial q_i},$$

deren Zahl gleich der Anzahl der Variablen q_i ist.

Es bleibt noch die Funktion L zu definieren. Die klassische Mechanik setzt:

$$L = E_{\text{kin}} - E_{\text{pot}},$$

die Differenz der kinetischen und potentiellen Energie. Weiter unten werden wir sehen, daß die relativistische Dynamik einen von L verschiedenen Wert benutzt.

Gehen wir jetzt zum Prinzip der kleinsten Wirkung in der MAUPERTIUSschen Fassung über. Hierzu bemerken wir zuerst, daß die LAGRANGEschen Gleichungen in der obigen allgemeinen Form ein erstes Integral besitzen, die sogenannte „Systemenergie", die gleich ist

$$W = -L + \sum \frac{\partial L}{\partial \dot{q}_i} \dot{q}_i,$$

wieder vorausgesetzt, daß die Funktion L nicht explizit von der Zeit abhängt, was wir im folgenden immer annehmen. Dann hat man in der Tat:

$$\frac{dW}{dt} = -\sum_i \frac{\partial L}{\partial q_i} \dot{q}_i - \sum_i \frac{\partial L}{\partial \dot{q}_i} \ddot{q}_i + \sum_i \frac{\partial L}{\partial \dot{q}_i} \ddot{q}_i$$
$$+ \sum_i \frac{d}{dt}\left(\frac{\partial L}{\partial \dot{q}_i}\right) \dot{q}_i = \sum_i \dot{q}_i \left[\frac{d}{dt}\left(\frac{\partial L}{\partial \dot{q}_i}\right) - \frac{\partial L}{\partial q_i}\right],$$

eine Größe, die gemäß den LAGRANGEschen Gleichungen verschwindet. Daher folgt:

$$W = \text{const}.$$

Wir wenden jetzt das HAMILTONsche Prinzip auf alle „variierten" Bahnen an, die von einem gegebenen Anfangspunkt A zu einem gegebenen Endpunkt B führen und einem bestimmten Wert der Energie W entsprechen. Man kann, da W, t_1 und t_2 Konstante sind, schreiben:

$$\delta \int_{t_1}^{t_2} L\,dt = \delta \int_{t_1}^{t_2} (L + W)\,dt = 0,$$

oder auch:

$$\delta \int_{t_1}^{t_2} \sum_i \frac{\partial L}{\partial \dot{q}_i} \dot{q}_i\,dt = \delta \int_A^B \sum_i \frac{\partial L}{\partial \dot{q}_i}\,dq_i = 0,$$

das letzte Integral erstreckt sich über alle Werte der q_i zwischen A und B derart, daß die Zeit eliminiert ist; es ist nicht mehr angängig, in der nun erhaltenen Form irgendeine Beschränkung der Zeitgrenzen vorzuschreiben. Im Gegenteil müssen alle abgeänderten Bahnen einem und demselbem Wert der Energie W entsprechen.[1])

Wir führen jetzt die klassische Bezeichnungsweise der kanonischen Gleichungen ein: $p_i = \frac{\partial L}{\partial \dot{q}_i}$. Die Momente sind die konjugierten Momente der Variablen q_i. Das MAUPERTUISsche Prinzip läßt sich dann klassisch—mechanisch schreiben:

$$\delta \int_A^R \sum_i p_i dq_i = 0,$$

wobei $L = E_{\text{kin}} - E_{\text{pot}}$, E_{pot} unabhängig von den $\dot{q}_i$ und E_{kin} eine homogene quadratische Funktion ist. Infolge des EULERschen Theorems ist dann

$$\sum_i p_i \, dq_i = \sum_i p_i \dot{q}_i \, dt = 2 E_{\text{kin}} \, dt.$$

In Bezug auf den materiellen Punkt ist $E_{\text{kin}} = \frac{1}{2} m v^2$, und das Prinzip der kleinsten Wirkung nimmt seine am längsten bekannte Form an:

$$\delta \int_A^B m v \, dl = 0,$$

wo dl das Bahnelement ist.

§ 3. Die beiden Prinzipe der kleinsten Wirkung in der Dynamik des Elektrons

Wir wenden uns jetzt wieder der Frage der Dynamik des Elektrons vom relativistischen Standpunkt aus zu. Hier müssen wir die Bezeichnung „Elektron" in dem all-

---

[1]) Um den Beweis streng zu machen ist es nötig in wohlbekannter Weise die Grenzen t_1 und t_2 variieren zu lassen; doch ist wegen der Zeitunabhängigkeit des Resultats unser Gedankengang nicht unrichtig.

gemeinen Sinne eines eine elektrische Ladung tragenden materiellen Punktes auffassen. Wir wollen voraussetzen, daß das außerhalb irgendeines Feldes befindliche Elektron eine Eigenmasse m_0 besitzt; seine elektrische Ladung werde mit e bezeichnet.

Wir wollen wiederum das Raum-Zeitsystem betrachten; die Raumkoordinaten seien x^1, x^2 und x^3, die gegebene Koordinate ct sei x^4. Die Fundamentalinvariante, das „Längenelement" ist definiert durch die Gleichung

$$ds = \sqrt{(dx^4)^2 - (dx^1)^2 - (dx^2)^2 - (dx^3)^2}.$$

In diesem Paragraphen wie im folgenden werden wir ständig einige Bezeichnungsweisen des Tensorkalküls gebrauchen.

Eine Weltlinie besitzt in jedem Punkte eine Tangente, deren Richtung durch den „Weltgeschwindigkeitsvektor" von der Längeneinheit bestimmt ist, dessen kontravariante Komponenten durch die Gleichung gegeben sind:

$$u^i = \frac{dx^i}{ds} \qquad (i = 1, 2, 3, 4).$$

Man verifiziert sofort die Beziehung $u^i \cdot u_i = 1$.

Ein bewegliches Teilchen möge die Weltlinie beschreiben; wenn es durch den betrachteten Punkt hindurchgeht, besitze es eine Geschwindigkeit $v = \beta c$ mit den Komponenten v_x, v_y, v_z. Die Komponenten des Weltgeschwindigkeitsvektors sind:

$$u_1 = -u^1 = -\frac{v_x}{c\sqrt{1-\beta^2}} \qquad u_2 = -u^2 = -\frac{v_y}{c\sqrt{1-\beta^2}}$$

$$u_3 = -u^3 = -\frac{v_z}{c\sqrt{1-\beta^2}} \qquad u_4 = u^4 = \frac{1}{\sqrt{1-\beta^2}}$$

Zum Zwecke der Definition eines elektromagnetischen Feldes müssen wir einen zweiten Weltvektor einführen, dessen Komponenten in Abhängigkeit von dem Vektorpotential a und dem skalaren Potential ψ durch die Gleichungen wiedergegeben werden:

$$\varphi_1 = -\varphi^1 = -a_x; \qquad \varphi_2 = -\varphi^2 = -a_y;$$

$$\varphi_3 = -\varphi^3 = -a_z; \qquad \varphi_4 = +\varphi^4 = \frac{1}{c}\psi.$$

Betrachten wir jetzt zwei Punkte P und Q im Raum-Zeitsystem, die gegebenen Werten der Raum- und Zeitkoordinaten entsprechen. Wir können ein Kurvenintegral ins Auge fassen, das längs der Weltlinie von P nach Q genommen ist; natürlich muß die zu integrierende Funktion invariant sein.

Es sei:

$$\int_P^Q (-m_0 c - e\varphi_i u^i)\, ds = \int_P^Q (-m_0 c u_i - e\varphi^i)\, u^i\, ds$$

dieses Integral. Das HAMILTONsche Prinzip behauptet, daß, falls die Weltlinie eines beweglichen Teilchens durch P und Q hindurchgeht, sie eine solche Form hat, daß das oben definierte Integral einen stationären Wert hat.

Wir definieren einen dritten Weltvektor durch die Beziehung:

$$J_i = m_0\, c u_i + e\varphi_i \qquad (i = 1, 2, 3, 4);$$

der Satz von der kleinsten Wirkung nimmt dann die Form an:

$$\delta \int_P^Q (J_1 dx^1 + J_2\, dx^2 + J_3\, dx^3 + J_4\, dx^4) = \delta \int_P^Q J_i\, dx^i = 0.$$

Wir werden weiter unten dem Weltvektor J einen physikalischen Sinn zuordnen.

Jetzt wenden wir uns zu der gebräuchlichen Fassung der dynamischen Gleichungen zurück, indem wir in der ersten Form des Wirkungsintegrals ds durch $cdt\sqrt{1-\beta^2}$ ersetzen. Auf diese Weise folgt:

$$\delta\int_{t_1}^{t_2}\left[-m_0c^2\sqrt{1-\beta^2}-ec\varphi_4-e(\varphi_1v_x+\varphi_2v_y+\varphi_3v_z)\right] \times dt=0,$$

wobei t_1 und t_2 den Punkten P und Q des Raum-Zeitsystems entsprechen.

Wenn ein rein elektrostatisches Feld vorhanden ist, sind die Größen $\varphi_1, \varphi_2, \varphi_3$ gleich Null, und die LAGRANGE-Funktion nimmt die oft nützliche Form an:

$$L=-m_0'c^2\sqrt{1-\beta^2}-e\psi.$$

In allen Fällen wird man, da das HAMILTONsche Prinzip immer die Form

$$\delta\int_{t_1}^{t_2}Ldt=0$$

hat, stets zu den LAGRANGEschen Gleichungen geführt:

$$\frac{d}{dt}\left(\frac{\partial L}{\partial\dot{q}_i}\right)=\frac{\partial L}{\partial q_i}\qquad(i=1, 2, 3).$$

Immer, wenn die Potentiale nicht von der Zeit abhängen, erhält man den Energiesatz zurück:

$$W=-L+\sum_i p_i\dot{q}_i=\text{const},\quad p_i=\frac{\partial L}{\partial\dot{q}_i},\quad i=1, 2, 3.$$

Folgt man genau dem oben eingeschlagenen Weg, so erhält man das MAUPERTUISsche Prinzip:

$$\delta\int_A^B\sum p_i dq_i=0,$$

wenn A und B zwei Raumpunkte sind, die für das benutzte Bezugsystem den Punkten P und Q des Raum-Zeitsystemes entsprechen.

Die Größen p_1, p_2, p_3, die gleich den partiellen Ableitungen der Funktion L nach den entsprechenden Geschwindigkeiten sind, können zur Definition des Vektors $\mathfrak{p}$ dienen, den wir als „Momentvektor" bezeichnen wollen. Falls kein magnetisches Feld vorhanden sei, sind die Komponenten dieses Vektors:

$$p_x = \frac{m_0 v_x}{\sqrt{1-\beta^2}}, \qquad p_y = \frac{m_0 v_y}{\sqrt{1-\beta^2}}, \qquad p_z = \frac{m_0 v_z}{\sqrt{1-\beta^2}}.$$

Er ist also identisch mit der Bewegungsgröße und das MAUPERTUISsche Wirkungsintegral hat die einfache von MAUPERTUIS selbst gebrauchte Form mit dem einzigen Unterschied, daß die Masse nach dem LORENTZschen Gesetz von der Geschwindigkeit abhängt.

Wenn ein magnetisches Feld vorhanden ist, so findet man für die Komponenten des Momentvektors die Ausdrücke:

$$p_x = \frac{m_0 v_x}{\sqrt{1-\beta^2}} + e a_x, \qquad p_y = \frac{m_0 v_y}{\sqrt{1-\beta^2}} + e a_y,$$

$$p_z = \frac{m_0 v_z}{\sqrt{1-\beta^2}} + e a_z.$$

Jetzt besteht keine Identität mehr zwischen dem Vektor $\mathfrak{p}$ und der Bewegungsgröße; infolgedessen wird der Ausdruck für das Wirkungsintegral komplizierter.

Wir betrachten ein in einem Feld befindliches bewegliches Teilchen von gegebener Gesamtenergie; in jedem für das bewegliche Teilchen erreichbaren Punkt des Feldes ist seine Geschwindigkeit durch die Energiegleichung bestimmt, aber die Richtung kann a priori unbestimmt sein. Die Ausdrücke für p_x, p_y und p_z

zeigen, daß der Momentvektor in jedem Punkte eines elektrostatischen Feldes die gleiche Größe besitzt, welches auch immer die betrachtete Richtung sei. Dies trifft nicht mehr zu, wenn es sich um ein magnetisches Feld handelt: Der Betrag des Vektors $\mathfrak{p}$ hängt dann von dem Winkel zwischen der betreffenden Richtung und dem potentiellen Vektor ab, wie man durch Berechnung des Ausdruckes

$$p_x^2 + p_y^2 + p_z^2$$

erkennt. Diese Bemerkung wird später von Nutzen sein.

Zum Schluß dieses Paragraphen gehen wir noch auf die physikalische Bedeutung des Weltvektors J ein, von dem das Hamiltonsche Integral abhängt. Wir haben ihn definiert durch:

$$J_i = m_0\, c u_i + e\varphi_i \qquad (i = 1, 2, 3, 4).$$

Vermittels der Werte von u_i und φ_i folgt:

$$J_1 = -p_x, \qquad J_2 = -p_y, \qquad J_3 = -p_z, \qquad J_4 = \frac{W}{c}.$$

Die kontravarianten Komponenten sind:

$$J^1 = p_x, \qquad J^2 = p_y, \qquad J^3 = p_z, \qquad J^4 = \frac{W}{c}.$$

Es handelt sich also um den bekannten „Weltimpulsvektor", der die Energie und die Bewegungsgröße zusammenfaßt.

Aus
$$\delta \int_P^Q J_i\, dx^i = 0 \qquad (i = 1, 2, 3, 4)$$

folgt sogleich, falls J_4 konstant ist:

$$\delta \int_A^B J_i\, dx^i = 0 \qquad (i = 1, 2, 3).$$

Dies ist die kürzeste Fassung, in welche man das Wirkungsprinzip kleiden kann.

§ 4. Ausbreitung der Wellen; Fermatsches Prinzip

Wir wenden uns jetzt der Frage nach der Fortpflanzung der Phase einer Sinuswelle zu, die wir nach einer Methode, analog der, welche wir in den letzten beiden Paragraphen eingeschlagen haben, untersuchen wollen. Wir stellen uns daher auf einen sehr allgemeinen Standpunkt, wir wollen wiederum das Raum-Zeitsystem ins Auge fassen.

Wir untersuchen die Funktion sin φ, in der das Differential von φ als von den Raum- und Zeitvariablen x_i abhängig vorausgesetzt ist. Es existiert im Raum-Zeitsystem eine unendliche Mannigfaltigkeit von Weltlinien, längs deren die Funktion φ konstant ist.

Die Wellentheorie in der namentlich durch die Arbeiten von HUYGHENS und FRESNEL bekannten Form lehrt uns, aus diesen Linien gewisse auszusondern, deren Projektionen auf den Raum des Beobachters für ihn die „Strahlen" im gewöhnlichen optischen Sinn sind.

Es seien, wie oben, P und Q zwei Punkte des Raum-Zeitsystems. Welches ist das die Form des Strahles bestimmende Gesetz, wenn der Strahl durch die beiden Punkte hindurchgeht?

Wir betrachten das Kurvenintegral $\int_P^Q d\varphi$ und nehmen als das den Strahl bestimmende Prinzip das HAMILTONsche:

$$\delta \int_P^Q d\varphi = 0 .$$

Das Integral muß in der Tat stationär sein, denn sonst würden Störungen, die in einem gewissen Raumpunkt Phasenübereinstimmung belassen und die, nachdem sie etwas verschiedene Wege zurückgelegt haben, sich in einem anderen Punkt kreuzen, dort verschiedene Phasen zur Folge haben.

Die Phase φ ist eine Invariante; wenn wir aber setzen:

$$\begin{aligned} d\varphi &= 2\pi(O_1\,dx^1 + O_2\,dx^2 + O_3\,dx^3 + O_4\,dx^4) \\ &= 2\pi O_i\,dx^i, \end{aligned}$$

so werden die Größen O_i, die im allgemeinen Funktionen der x^i sind, die kovarianten Komponenten eines Weltvektors, des Weltwellenvektors. Wenn l die Strahlrichtung im üblichen Sinn ist, so wird man in gewohnter Weise $d\varphi$ in der Form ansetzen:

$$d\varphi = 2\pi\left(\nu dt - \frac{\nu}{V}\,dl\right),$$

wo ν die Frequenz und V die Ausbreitungsgeschwindigkeit ist. Dann kann weiter gesetzt werden:

$$O_1 = -\frac{\nu}{V}\cos(x,l), \qquad O_2 = -\frac{\nu}{V}\cos(y,l),$$

$$O_3 = -\frac{\nu}{V}\cos(z,l), \qquad O_4 = \frac{\nu}{c}.$$

Der Wellenvektor setzt sich also aus der der Frequenz proportionalen Zeitkomponente und einem räumlichen Vektor $\mathfrak{n}$ vom Betrag $\frac{\nu}{V}$ und der Richtung der Wellenausbreitung zusammen. Wir werden diesen Vektor als „Wellenzahl“ bezeichnen, da er gleich dem Reziproken der Wellenlänge ist. Wenn die Frequenz ν konstant ist, gelangen wir von der HAMILTONschen Form

$$\delta\int_P^Q O_i dx^i = 0$$

zu der Gleichung von MAUPERTUIS:

$$\delta \int_A^B [O_1\,dx^1 + O_2\,dx^2 + O_3\,dx^3] = 0,$$

wobei A und B die P und Q entsprechenden Raumpunkte sind.

Setzt man die Werte von O_1, O_2 und O_3 ein, so folgt

$$\delta \int_A^R \frac{\nu\,dl}{V} = 0.$$

In dieser Form geht das MAUPERTUISsche Prinzip in den FERMATschen Satz über.

Ebenso wie im vorigen Paragraphen die Kenntnis der Verteilung des Vektors $\mathfrak{p}$ im Felde genügte, um die Bahn, die ein durch zwei gegebene Punkte hindurchgehendes Teilchen von gegebener Gesamtenergie beschreibt, zu finden, ist hier zur Festlegung des Strahles einer Welle von gegebener Frequenz, der durch zwei gegebene Punkte hindurchgeht, nur die Kenntnis der räumlichen Verteilung des Wellenzahlvektors erforderlich, durch welchen für jeden Punkt und jede Richtung die Ausbreitungsgeschwindigkeit bestimmt wird.

§ 5. Erweiterung der Quantenbeziehung

Wir sind jetzt in dem wichtigsten Punkte der Entwicklungen dieses Kapitels angelangt. Wir hatten anfangs die Frage gestellt: „Wie breitet sich die einem beweglichen Teilchen zugeordnete Phasenwelle aus, wenn dieses Teilchen sich in einem Kraftfeld nicht gleichförmig bewegt?“ Anstatt durch tastende Versuche, wie ich das erst getan hatte, die Ausbreitungsgeschwindigkeit für jeden Punkt und jede Richtung zu bestimmen, will ich eine zwar etwas hypothetische Erweiterung der Quantenbedingung vornehmen, die jedoch zweifellos in engem Zusammenhang mit relativistischen Ideen steht.

Wenn w die Gesamtenergie des bewegten Teilchens und ν die Frequenz der zugeordneten Phasenwelle ist, so besteht die Beziehung $h\nu = w$. Nun haben uns aber die letzten Paragraphen gezeigt, in welcher Weise zwei Weltvektoren J und O definiert werden können, die bezüglich des Studiums eines beweglichen Teilchens einerseits und der Ausbreitung einer Welle andererseits vollständig analoge Rollen spielen.

Führen wir diese Vektoren ein, so schreibt sich die Beziehung $h\nu = w$ in der Form:

$$O_4 = \frac{1}{h} J_4 .$$

Die Tatsache, daß zwei Vektoren eine gleiche Komponente haben, hat nicht zur Folge, daß auch die anderen gleich sind. Mittels einer sehr naheliegenden Verallgemeinerung nehmen wir dies jedoch an und setzen:

$$O_i = \frac{1}{h} J_i \qquad (i = 1, 2, 3, 4).$$

Die Änderung $d\varphi$ bezüglich eines Elementes der Phasenwelle hat den Wert

$$d\varphi = 2\pi O_i dx^i = \frac{2\pi}{h} J_i \, dx^i .$$

Das FERMATsche Prinzip wird dann:

$$\delta \int_A^B \sum_1^3 i \, J_i \, dx^i = \delta \int_A^B \sum_1^3 i \, p_i \, dx^i = 0 .$$

Somit kommen wir zur Aufstellung des folgenden Satzes:

„Die Anwendung des FERMATschen Prinzipes auf die Phasenwelle ist identisch mit der Anwendung des MAUPERTUISschen Prinzipes auf das bewegliche Teilchen; die mechanisch möglichen Bahnen des beweglichen Teilchens stimmen überein mit den möglichen Strahlen der Welle".

Man kann wohl hoffen, daß dieser Gedanke eines tiefliegenden inneren Zusammenhanges zwischen den beiden Grundprinzipien der geometrischen Optik und der Dynamik ein sicherer Führer bei der Durchführung des Versuches einer Verschmelzung der Wellentheorie und der Quantentheorie sein wird.

Die Hypothese von der Proportionalität der Vektoren J und O ist eine Art Erweiterung der Quantenbeziehung, deren gegenwärtige Form ja auch sehr unbefriedigend ist, da in sie die Energie, nicht aber die mit dieser untrennbar verbundene Bewegungsgröße eingeht. Die neue Fassung ist viel befriedigender, weil sie durch die Gleichheit zweier Weltvektoren dargestellt wird.

KAPITEL III

Die quantentheoretischen Stabilitätsbedingungen der Bahnen

§ 1. *Die Bohr-Sommerfeldschen Stabilitätsbedingungen*

Im Jahre 1917 gab EINSTEIN der Quantenbedingung eine bezüglich Koordinatenveränderungen invariante Form[1]). Wir wollen diese Quantenbedingung für den Fall geschlossener Bahnen formulieren; sie hat dann folgende Form:

$$\oint \sum_{1}^{3} i p_i \, dq_i = nh \qquad (n_i \text{ ganzzahlig}),$$

[1]) Zum Quantensatz von SOMMERFELD und EINSTEIN. Ber. d. Deutsch. Phys. Ges. 1917, S. 82.

wobei das Integral über die ganze Bahnkurve zu erstrecken ist. Man erkennt in dieser Form das MAUPERTUISsche Wirkungsintegral wieder, welches ja in der Quantentheorie eine hervorragende Rolle spielt.

§ 2. Die Interpretation der Einsteinschen Bedingung

Der Begriff der Phasenwelle gestattet uns eine Erklärung der EINSTEINschen Bedingung. Diese Erklärung geht aus den Überlegungen des Kapitels II hervor, wonach die Bahn des beweglichen Teilchens einer der Strahlen seiner Phasenwelle ist, welche sich längs der Bahn mit einer konstanten Frequenz (da die Gesamtenergie konstant ist) und veränderlicher Geschwindigkeit ausbreitet, deren Wert wir berechnen können. Die Ausbreitung ist daher analog der einer Flüssigkeitswelle in einem geschlossenen Kanal von veränderlicher Tiefe. Es ist physikalisch evident, daß, um einen stabilen Zustand zu haben, die Länge des Kanals mit der Welle in Resonanz sein muß; anders ausgedrückt: Die Teile der Welle, die in einer Entfernung, welche ein ganzzahliges Vielfaches der Kanallänge l ist, aufeinander folgen und die sich infolgedessen im gleichen Punkte befinden, müssen miteinander in Phase sein. Die Resonanzbedingung ist $l = n\lambda$, wenn die Wellenlänge konstant ist, und $\oint \frac{\nu}{V}\, dl = n$ (ganzzahlig) im allgemeinen Fall.

Das hier auftretende Integral ist das gleiche wie beim FERMATschen Prinzip; nun haben wir aber gezeigt, daß dieses Integral gleich dem durch h dividierten MAUPERTUISschen Wirkungsintegral ist. Die Resonanzbedingung ist daher identisch mit der quantentheoretischen Stabilitätsbedingung.

Dieses schöne Ergebnis, dessen Ableitung so anschaulich ist, wenn man einmal die Grundvorstellungen des vorhergehenden Kapitels angenommen hat, ist die beste

Rechtfertigung unserer Art der Behandlung des Quantenproblems.

In dem speziellen Fall der kreisförmigen Bahnen im BOHRschen Atom erhält man $m_0 \oint v dl = 2\pi R m_0 v = nh$, oder, da $v = \omega R$, falls ω die Winkelgeschwindigkeit ist:

$$m_0 \omega R^2 = n \frac{h}{2\pi}.$$

Dies ist aber wieder die einfache BOHRsche Stabilitätsbedingung.

2. Quantisierung als Eigenwertproblem[1])

von

ERWIN SCHRÖDINGER

(Erste Mitteilung)

§ 1. In dieser Mitteilung möchte ich zunächst an dem einfachsten Fall des (nichtrelativistischen und ungestörten) Wasserstoffatoms zeigen, daß die übliche Quantisierungsvorschrift sich durch eine andere Forderung ersetzen läßt, in der kein Wort von „ganzen Zahlen" mehr vorkommt. Vielmehr ergibt sich die Ganzzahligkeit auf dieselbe natürliche Art, wie etwa die Ganzzahligkeit der *Knotenzahl* einer schwingenden Saite. Die neue Auffassung ist verallgemeinerungsfähig und rührt, wie ich glaube, sehr tief an das wahre Wesen der Quantenvorschriften.

Die übliche Form der letzteren knüpft an die HAMILTONsche partielle Differentialgleichung an:

$$H\left(q, \frac{\partial S}{\partial q}\right) = E. \tag{1}$$

[1]) Annalen der Physik **79** (1926) 361.

Es wird von dieser Gleichung eine Lösung gesucht, welche sich darstellt als *Summe* von Funktionen je einer einzigen der unabhängigen Variablen q.

Wir führen nun für S eine neue unbekannte ψ ein derart, daß ψ als ein *Produkt* von eingriffigen Funktionen der einzelnen Koordinaten erscheinen würde. D. h. wir setzen

$$S = K \lg \psi. \tag{2}$$

Die Konstante K muß aus dimensionellen Gründen eingeführt werden, sie hat die Dimension einer *Wirkung*. Damit erhält man

$$H\left(q, \frac{K}{\psi}\frac{\partial \psi}{\partial q}\right) = E. \tag{1'}$$

Wir suchen nun *nicht* eine Lösung der Gleichung (1'), sondern wir stellen folgende Forderung. Gleichung (1') läßt sich bei Vernachlässigung der Massenveränderlichkeit stets, bei Berücksichtigung derselben wenigstens dann, wenn es sich um das *Ein*elektronenproblem handelt, auf die Gestalt bringen: quadratische Form von ψ und seinen ersten Ableitungen $= 0$. Wir suchen solche reelle im ganzen Konfigurationenraum eindeutige endliche und zweimal stetig differenzierbare Funktionen ψ, welche das über den ganzen Konfigurationenraum erstreckte Integral der eben genannten quadratischen Form[1]) zu einem *Extremum* machen. *Durch dieses Variationsproblem ersetzen wir die Quantenbedingungen.*

Wir werden für H zunächst die Hamiltonsche Funktion der Keplerbewegung nehmen und zeigen, daß die aufgestellte Forderung für *alle positiven*, aber nur für eine *diskrete Schar von negativen* E-Werten erfüllbar ist. D. h. das genannte Variationsproblem hat ein diskretes und und ein kontinuierliches Eigenwertspektrum. Das diskrete Spektrum entspricht den Balmerschen Termen, das kontinuierliche den Energien der Hyperbelbahnen.

---

[1]) Es entgeht mir nicht, daß diese Formulierung nicht ganz eindeutig ist.

Damit numerische Übereinstimmung bestehe, muß K den Wert $h/2\pi$ erhalten.

Da für die Aufstellung der Variationsgleichungen die Koordinatenwahl belanglos ist, wählen wir rechtwinkelige kartesische. Dann lautet (1') in unserem Fall (e, m sind Ladung und Masse des Elektrons):

$$\left(\frac{\partial \psi}{\partial x}\right)^2 + \left(\frac{\partial \psi}{\partial y}\right)^2 + \left(\frac{\partial \psi}{\partial z}\right)^2 - \frac{2m}{K^2}\left(E + \frac{e^2}{r}\right)\psi^2 = 0. \quad (1'')$$

$$r = \sqrt{x^2 + y^2 + z^2}.$$

Und unser Variationsproblem lautet

$$\left.\begin{aligned} \delta J = \delta \iiint dx\,dy\,dz \Bigg[\left(\frac{\partial \psi}{\partial x}\right)^2 + \left(\frac{\partial \psi}{\partial y}\right)^2 + \left(\frac{\partial \psi}{\partial z}\right)^2 \\ - \frac{2m}{K^2}\left(E + \frac{e^2}{r}\right)\psi^2\Bigg] = 0, \end{aligned}\right\} \quad (3)$$

das Integral erstreckt über den ganzen Raum. Man findet daraus in gewohnter Weise

$$\left.\begin{aligned} \frac{1}{2}\delta J = \int df\,\delta\psi\,\frac{\partial \psi}{\partial n} - \iiint dx\,dy\,dz\,\delta\psi \\ \times \left[\Delta\psi + \frac{2m}{K^2}\left(E + \frac{e^2}{r}\right)\psi\right] = 0. \end{aligned}\right\} \quad (4)$$

Es muß also erstens gelten:

$$\Delta\psi + \frac{2m}{K^2}\left(E + \frac{e^2}{r}\right)\psi = 0, \quad (5)$$

und zweitens muß das über die unendliche ferne geschlossene Oberfläche zu erstreckende Integral

$$\int df\,\delta\psi\,\frac{\delta\psi}{\partial n} = 0 \quad (6)$$

sein.

(Es wird sich herausstellen, daß wir wegen dieser letzteren Forderung unser Variationsproblem noch durch eine Forderung über das Verhalten von $\delta\psi$ im Unendlichen zu ergänzen haben, damit auch das oben behauptete *kontinuierliche* Eigenwertspektrum wirklich existiere. Doch davon später.)

Die Lösung von (5) läßt sich (*zum Beispiel*) in räumlichen Polarkoordinaten r, ϑ, φ bewerkstelligen, indem man ψ als *Produkt* je einer Funktion von r, von ϑ, von φ ansetzt. Die Methode ist sattsam bekannt. Für die Abhängigkeit von den Polarwinkeln ergibt sich eine *Kugelflächenfunktion*, für die Abhängigkeit von r – die Funktion wollen wir χ nennen – erhält man leicht die Differentialgleichung:

$$\frac{d^2\chi}{dr^2} + \frac{2}{r}\frac{d\chi}{dr} + \left(\frac{2mE}{K^2} + \frac{2me^2}{K^2 r} - \frac{n(n+1)}{r^2}\right)\chi = 0. \qquad (7)$$

$$n = 0, 1, 2, 3 \ldots .$$

Die Beschränkung von n auf ganze Zahlen ist bekanntlich *notwendig*, damit die Abhängigkeit von den Polarwinkeln *eindeutig* werde. – Wir benötigen Lösungen von (7), die für alle nichtnegativen reellen r-Werte endlich bleiben. Nun hat[1]) die Gleichung (7) in der komplexen r-Ebene *zwei* Singularitäten, bei $r = 0$ und $r = \infty$, von denen die zweite eine „Stelle der Unbestimmtheit" (wesentlich singuläre Stelle) *aller* Integrale ist, die erste hingegen nicht (für kein Integral). Diese beiden Singularitäten bilden gerade die *Randpunkte unseres reellen Intervalls*. In einem solchen Falle weiß man nun, daß die Forderung des *Endlichbleibens* in den Randpunkten für die Funktion χ einer *Randbedingung* gleichkommt. Die Gleichung hat *im allgemeinen* über-

---

[1]) Für die Anleitung zur Behandlung der Gleichung (7) bin ich HERMANN WEYL zu größtem Dank verpflichtet. Ich verweise für die im folgenden nicht bewiesenen Behauptungen auf L. SCHLESINGER, Differentialgleichungen (Sammlung SCHUBERT Nr. 13, Göschen 1900, besonders Kap. 3 und 5.)

haupt kein Integral, das in *beiden* Randpunkten endlich bleibt, sondern ein solches Integral existiert nur für gewisse ausgezeichnete Werte der in der Gleichung auftretenden Konstanten. Diese ausgezeichneten Werte gilt es zu bestimmen.

Der eben hervorgehobene Sachverhalt ist der *springende Punkt* in der ganzen Untersuchung.

Wir betrachten zunächst die singuläre Stelle $r = 0$. Die sogenannte *determinierende Fundamentalgleichung*, welche das Verhalten der Integrale an dieser Stelle bestimmt, ist

$$\varrho(\varrho - 1) + 2\varrho - n(n + 1) = 0 \tag{8}$$

mit den Wurzeln

$$\varrho_1 = n, \quad \varrho_2 = -(n + 1). \tag{8'}$$

Die beiden kanonischen Integrale an dieser Stelle gehören also zu den Exponenten n und $-(n + 1)$. Von ihnen ist, da n nicht negativ ist, nur das erste für uns brauchbar. Es wird, da es zu dem *größeren* Exponenten gehört, durch eine gewöhnliche Potenzreihe dargestellt, die mit r^n beginnt. (Das andere Integral, das uns nicht interessiert, kann, wegen der ganzzahligen Differenz zwischen den Exponenten, einen Logarithmus enthalten.) Da der nächste singulare Punkt erst im Unendlichen liegt, konvergiert die genannte Potenzreihe beständig und stellt eine *Ganze Transzendente* dar. Wir stellen also fest:

Die gesuchte Lösung ist eine (bis auf einen belanglosen konstanten Faktor) eindeutig bestimmte Ganze Transzendente, die bei $r = 0$ *zum Exponenten* n *gehört.*

Es handelt sich jetzt darum, das Verhalten dieser Funktion im *Unendlichen* der positiven reellen Achse zu untersuchen. Dazu vereinfachen wir die Gleichung (7) durch die Substitution

$$\chi = r^{\alpha} U, \tag{9}$$

worin α so gewählt wird, daß das Glied mit $1/r^2$ fortfällt. Dazu muß α einen der beiden Werte n, $-(n+1)$ erhalten, wie man leicht nachrechnet. Gleichung (7) nimmt dann die Form an:

$$\frac{d^2U}{dr^2} + \frac{2(\alpha+1)}{r}\frac{dU}{dr} + \frac{2m}{K^2}\left(E + \frac{e^2}{r}\right)U = 0. \qquad (7')$$

Ihre Integrale gehören bei $r = 0$ zu den Exponenten 0 und $-2\alpha - 1$. Für den ersten α-Wert, $\alpha = n$, ist das *erste*, für den zweiten α-Wert, $\alpha = -(n+1)$, ist das *zweite* dieser Integrale eine Ganze Transzendente und führt nach (9) auf die *gesuchte* Lösung, die ja eindeutig ist. Wir verlieren also nichts, wenn wir uns auf *einen* der beiden α-Werte beschränken. Wir wählen

$$\alpha = n. \qquad (10)$$

Unsere Lösung U gehört dann also bei $r = 0$ zum Exponenten 0. Gleichung (7′) bezeichnen die Mathematiker als Laplacesche Gleichung. Der allgemeine Typus ist

$$U'' + \left(\delta_0 + \frac{\delta_1}{r}\right)U' + \left(\varepsilon_0 + \frac{\varepsilon_1}{r}\right)U = 0. \qquad (7'')$$

Bei uns haben die Konstanten die Werte

$$\delta_0 = 0, \quad \delta_1 = 2(\alpha+1), \quad \varepsilon_0 = \frac{2mE}{K^2}, \quad \varepsilon_1 = \frac{2me^2}{K^2}. \qquad (11)$$

Dieser Gleichungstypus ist aus *dem* Grunde verhältnismäßig einfach zu behandeln, weil die sogenannte Laplacesche Transformation, die im allgemeinen *wieder* eine Gleichung *zweiter* Ordnung ergibt, *hier* auf die *erste* Ordnung führt, die durch Quadraturen lösbar ist. Dies gestattet eine Darstellung der Lösungen von (7″) selbst durch Integrale im Komplexen. Ich führe hier nur das Endergebnis an.[1]) Das Integral

$$U = \int_L e^{zr} (z - c_1)^{\alpha_1 - 1} (z - c_2)^{\alpha_2 - 1} dz \tag{12}$$

ist eine Lösung von (7'') für einen Integrationsweg L, für den

$$\int_L \frac{d}{dz} [e^{zr} (z - c_1)^{\alpha_1} (z - c_2)^{\alpha_2}] dz = 0. \tag{13}$$

Die Konstanten $c_1, c_2, \alpha_1, \alpha_2$ haben folgende Werte. c_1 und c_2 sind die Wurzeln der quadratischen Gleichung

$$z^2 + \delta_0 z + \varepsilon_0 = 0 \tag{14}$$

und

$$\alpha_1 = \frac{\varepsilon_1 + \delta_1 c_1}{c_1 - c_2}, \quad \alpha_2 = \frac{\varepsilon_1 + \delta_1 c_2}{c_2 - c_1}. \tag{14'}$$

Im Falle der Gleichung (7') wird also nach (11) und (10)

$$\left.\begin{aligned} c_1 &= +\sqrt{\frac{-2mE}{K^2}}, \quad c_2 = -\sqrt{\frac{-2mE}{K^2}}; \\ \alpha_1 &= \frac{me^2}{K\underset{+}{\sqrt{-2mE}}} + n + 1, \\ \alpha_2 &= -\frac{me^2}{K\underset{+}{\sqrt{-2mE}}} + n + 1. \end{aligned}\right\} \tag{14''}$$

Die Integraldarstellung (12) gestattet nicht nur, das asymptotische Verhalten der Gesamtheit von Lösungen,

---

[1]) Vgl. L. Schlesinger, a. a. O. Die Theorie verdankt man H. Poincaré und J. Horn.

wenn r in bestimmter Weise ins Unendliche geht, zu überblicken, sondern auch, dieses Verhalten für eine *bestimmte* Lösung anzugeben, was immer viel schwieriger ist.

Wir wollen nun zunächst den Fall, daß α_1 und α_2 reelle ganze Zahlen sind, *ausschließen*. Der Fall tritt, wenn er eintritt, stets für beide Größen gleichzeitig ein, und zwar dann und nur dann, wenn

$$\frac{m e^2}{K \underset{+}{\sqrt{-2mE}}} = \text{reelle ganze Zahl.} \tag{15}$$

Wir nehmen also jetzt an, daß (15) nicht erfüllt ist.

Das Verhalten der Gesamtheit von Lösungen für eine bestimmte Art des Unendlichwerdens von r — wir wollen stets denken für realpositives Unendlichwerden — wird alsdann[1]) charakterisiert durch das Verhalten der beiden linear unabhängigen Lösungen, die durch folgende *zwei Spezialisierungen* des Integrationsweges L erhalten werden, und die wir U_1 und U_2 nennen wollen. *Beide* Male komme z aus dem Unendlichen und gehe auf demselben Wege dorthin zurück, und zwar in solcher Richtung, daß

$$\lim_{z=\infty} e^{zr} = 0, \tag{16}$$

d. h. der Realteil von zr soll negativ unendlich werden. Hierdurch wird der Bedingung (13) genügt. *Dazwischen* werde im *einen* Falle (Lösung U_1) die Stelle c_1, im *anderen* Falle (Lösung U_2) die Stelle c_2 je einmal umlaufen.

Diese beiden Lösungen werden nun für sehr große realpositive r-Werte *asymptotisch* (im Sinne POINCARÉS) dargestellt durch

$$\left.\begin{aligned} U_1 &\sim e^{c_1 r}\, r^{-\alpha_1} (-1)^{\alpha_1} (e^{2\pi i \alpha_1} - 1)\, \Gamma(\alpha_1)\, (c_1 - c_2)^{\alpha_2 - 1}, \\ U_2 &\sim e^{c_2 r}\, r^{-\alpha_2} (-1)^{\alpha_2} (e^{2\pi i \alpha_2} - 1)\, \Gamma(\alpha_2)\, (c_2 - c_1)^{\alpha_1 - 1}, \end{aligned}\right\} \tag{17}$$

[1]) Wenn (15) erfüllt ist, wird mindestens der eine von den beiden im Text beschriebenen Integrationswegen unbrauchbar, da er ein verschwindendes Ergebnis liefert.

wobei wir uns hier mit dem ersten Glied der nach ganzen negativen Potenzen von r fortschreitenden asymptotischen Reihen begnügen.

Wir haben nun die beiden Fälle $E \gtrless 0$ zu unterscheiden. Sei zunächst

1. $\underline{E > 0}$. Wir bemerken erstens, daß hierdurch das Nichtzutreffen von (15) eo ipso gewährleistet ist, weil diese Größe reinimaginär wird. Ferner werden nach (14″) auch c_1 und c_2 reinimaginär. Die Exponentialfunktionen in (17) sind also, da r reell ist, endlichbleibende periodische Funktionen. Die Werte von α_1 und α_2 nach (14″) zeigen, daß U_1 und U_2 *beide* wie r^{-n-1} gegen Null gehen. *Dasselbe muß also von unserer ganzen transzendenten Lösung U gelten,* deren Verhalten wir suchen, *wie immer sie sich aus U_1 und U_2 linear zusammensetzen möge.* Ferner lehrt (9) mit Beachtung von (10), daß die Funktion χ, d. i. die ganze transzendente Lösung der *ursprünglich vorliegenden* Gleichung (7), immer noch wie $1/r$ gegen Null geht, da sie aus U durch Multiplikation mit r^n entsteht. Wir können also aussprechen:

Die Eulersche Differentialgleichung (5) unseres Variationsproblems hat für jedes positive E Lösungen, die im ganzen Raum eindeutig endlich und stetig sind und im Unendlichen unter beständigen Oszillationen wie $1/r$ gegen Null gehen. — Von der Oberflächenbedingung (6) wird noch zu sprechen sein.

2. $\underline{E < 0}$. In diesem Fall ist die Möglichkeit (15) nicht *eo ipso* ausgeschlossen, doch halten wir vorläufig an ihrem verabredeten Ausschluß fest. Dann wächst nach (14″) und (17) U_1 für $r = \infty$ über alle Grenzen, U_2 dagegen verschwindet *exponentiell.* Unsere Ganze Transzendente U (und dasselbe gilt von χ) wird also dann und nur dann endlich bleiben, wenn U mit U_2 bis auf einen numerischen Faktor identisch ist. *Das ist aber nicht der Fall.* Man erkennt das so: wählt man in (12) für den Integrationsweg L einen *geschlossenen* Umlauf um *beide* Punkte c_1 und c_2, welcher Umlauf wegen der

Ganzzahligkeit der *Summe* $\alpha_1 + \alpha_2$ dann *wirklich* auf der RIEMANNschen Fläche des Integranden *geschlossen* ist, mithin eo ipso der Bedingung (13) genügt, so läßt sich leicht zeigen, daß das Integral (12) alsdann *unsere Ganze Transzendente* U darstellt. Es läßt sich nämlich in eine Reihe nach positiven Potenzen von r entwickeln, die jedenfalls für hinreichend kleine r konvergiert, daher der Differentialgleichung (7′) genügt, daher mit derjenigen für U zusammenfallen muß. Also: U wird durch (12) dargestellt, wenn L ein geschlossener Umlauf um beide Punkte, c_1 und c_2, ist. Dieser geschlossene Umlauf läßt sich aber so verzerren, daß er aus den beiden früher betrachteten Integrationswegen, die zu U_1 und U_2 gehören, *additiv kombiniert* erscheint und zwar *mit nicht verschwindenden Faktoren*, etwa 1 und $e^{2\pi i \alpha_1}$. Daher kann U nicht mit U_2 übereinstimmen, sondern muß auch U_1 enthalten. W. z. b. w.

Unsere Ganze Transzendente U, die unter den Lösungen von (7′) allein für die Problemlösung in Betracht kommt, bleibt also unter den gemachten Voraussetzungen für große r *nicht* endlich. — Vorbehaltlich der *Vollständigkeits*untersuchung, d. h. des Nachweises, daß unser Verfahren *alle* linear unabhängigen Problemlösungen finden läßt, dürfen wir also aussprechen:

Für negative E, welche der Bedingung (15) nicht genügen, hat unser Variationsproblem keine Lösung.

Wir haben jetzt nur noch diejenige diskrete Schar von negativen E-Werten zu untersuchen, welche *der Bedingung (15) genügen*. α_1 und α_2 sind dann also beide ganzzahlig. Von den zwei Integrationswegen, welche uns früher das Fundamentalsystem U_1, U_2 geliefert haben, muß sicherlich der erste abgeändert werden, um Nichtverschwindendes zu liefern. Denn $\alpha_1 - 1$ ist sicherlich positiv, die Stelle c_1 ist also jetzt weder ein Verzweigungspunkt noch ein Pol des Integranden, sondern eine gewöhnliche Nullstelle. Es kann auch die Stelle c_2 regulär werden, wenn nämlich auch $\alpha_2 - 1$ nicht negativ ist. In *jedem* Falle aber lassen sich zwei passende Integrationswege leicht angeben, und die Integration auf ihnen sogar in geschlossener Form durch bekannte Funktionen ausführen, so daß das Verhalten der Lösungen vollkommen überblickt wird.

Sei nämlich

$$\frac{m e^2}{K \sqrt{-2mE}} = l; \quad l = 1, 2, 3, 4 \ldots . \tag{15'}$$

Dann ist nach (14″)

$$\alpha_1 - 1 = l + n, \quad \alpha_2 - 1 = -l + n. \tag{14'''}$$

Man hat nun die beiden Fälle zu unterscheiden $l \leq n$ und $l > n$. Sei zunächst

a) $l \leq n$. Dann verlieren c_2 und c_1 jedweden singulären Charakter, gewinnen aber dafür die Eignung, als Anfangs- oder Endpunkte des Integrationsweges zu fungieren, behufs Erfüllung der Bedingung (13). Ein dritter hierfür geeigneter Punkt ist das Negativreellunendliche. Jeder Weg zwischen zweien dieser drei Punkte liefert eine Lösung und von diesen drei Lösungen sind je zwei linear unabhängig, wie man leicht bestätigt, indem man die Integrale in geschlossener Form ausrechnet. Im besonderen wird die *ganze transzendente Lösung* durch den Integrationsweg von c_1 nach c_2 geliefert. Denn daß *dieses* Integral für $r = 0$ regulär bleibt, erkennt man sofort, ohne es auszurechnen. Ich betone das, weil die wirkliche Ausrechnung eher geeignet ist, diesen Sachverhalt zu verschleiern. Dagegen zeigt *sie*, daß das Integral für positiv unendlich große r über alle Grenzen wächst. *Endlich* bleibt für große r eines von den beiden *anderen* Integralen, das aber dafür für $r = 0$ unendlich wird.

Wir erhalten also im Falle $l \leq n$ *keine* Problemlösung.

b) $l > n$. Dann ist nach (14‴) c_1 eine Nullstelle, c_2 ein Pol mindestens erster Ordnung des Integranden.

Zwei unabhängige Integrale werden dann geliefert: das eine durch den Weg, der von $z = -\infty$, vorsichtshalber mit Vermeidung des Pols, zur Nullstelle führt; das andere durch das *Residuum* im Pol. *Letzteres* ist die Ganze Transzendente. Wir wollen seinen ausgerechneten Wert angeben, aber gleich mit r^n multipliziert, wodurch wir nach (9) und (10) die Lösung χ der ursprünglich vorliegenden Gleichung (7) erhalten. (Die belanglose multiplikative Konstante ist willkürlich adjustiert.) Man findet:

$$\chi = f\left(r\,\frac{\sqrt{-2mE}}{K}\right);$$

$$f(x) = x^n\, e^{-x} \sum_{k=0}^{l-n-1} \frac{(-2x)^k}{k!} \binom{l+n}{l-n-1-k}. \tag{18}$$

Man erkennt, daß dies wirklich eine brauchbare Lösung ist, da sie für alle reellen nichtnegativen r endlich bleibt. Durch ihr exponentielles Verschwinden im Unendlichen wird überdies die Oberflächenbedingung (6) verbürgt. Wir fassen die Resultate für negative E zusammen:

Bei negativem E hat unser Variationsproblem dann und nur dann Lösungen, wenn E der Bedingung (15) genügt. Der ganzen Zahl n, welche die Ordnung der in der Lösung auftretenden Kugelflächenfunktion angibt, dürfen dann immer nur Werte kleiner als l erteilt werden (wovon stets mindestens einer zur Verfügung steht). Der von r abhängige Teil der Lösung wird durch (18) gegeben.

Durch Abzählung der Konstanten in den Kugelflächenfunktionen (bekanntlich $2n + 1$) findet man ferner:

Die gefundene Lösung enthält für eine zulässige Kombination (n, l) genau $2n + 1$ willkürliche Konstanten; für einen vorgegebenen l-Wert also l^2 willkürliche Konstanten.

Wir haben damit die eingangs aufgestellten Behauptungen über das Eigenwertspektrum unseres Variationsproblems in den Hauptzügen bestätigt, immerhin bestehen noch Lücken.

Erstens der Nachweis der Vollständigkeit des *gesamten* nachgewiesenen Systems von Eigenfunktionen. Damit will ich mich in dieser Note nicht befassen. Nach anderweitigen Erfahrungen darf man vermuten, daß uns keine Eigenwerte entgangen sind.

Zweitens ist jetzt daran zu erinnern, daß die für positives E nachgewiesenen Eigenfunktionen nicht ohne weiteres das Variationsproblem in der Form, in der es anfangs gestellt wurde, lösen, weil sie im Unendlichen nur wie $1/r$, $\frac{\partial \psi}{\partial r}$ auf einer großen Kugel also nur wie $1/r^2$ gegen Null gehen. Das Oberflächenintegral (6) bleibt daher gerade noch von der Ordnung des $\delta\psi$ im Unendlichen. Wünscht man also das kontinuierliche Spektrum wirklich mit zu erhalten, so muß man dem *Problem* noch eine Bedingung hinzufügen: etwa daß $\delta\psi$ im Unendlichen verschwindet, oder wenigstens, daß es einem konstanten Wert zustreben soll, unabhängig von der Richtung, in der man ins räumlich Unendliche geht; in letzterem Fall bringen die Kugelflächenfunktionen das Oberflächenintegral zum Verschwinden.

§ 2. Die Bedingung (15) ergibt

$$-E_l = \frac{me^4}{2K^2l^2}. \tag{19}$$

Es ergeben sich also die wohlbekannten BOHRschen Energieniveaus, die den Balmertermen entsprechen, wenn man der Konstante K, die wir in (2) aus dimensionellen Gründen einführen mußten, den Wert erteilt

$$K = \frac{h}{2\pi}. \tag{20}$$

Dann wird ja

$$- E_l = \frac{2\pi^2 m e^4}{h^2 l^2}. \tag{19'}$$

Unser l ist die Hauptquantenzahl. $n+1$ hat Analogie mit der Azimutalquantenzahl, die weitere Aufspaltung dieser Zahl bei der näheren Bestimmung der Kugelflächenfunktionen kann mit der Aufspaltung des Azimutalquants in ein „äquatoriales“ und ein „polares“ Quant in Analogie gesetzt werden. Diese Zahlen bestimmen *hier* das System der Knotenlinien auf der Kugel. Auch die „radiale Quantenzahl“, $l - n - 1$ bestimmt genau die Zahl der „Knotenkugeln“, denn man kann sich leicht überzeugen, daß die Funktion $f(x)$ in (18) genau $l - n - 1$ positive reelle Wurzeln hat. — Die positiven E-Werte entsprechen dem Kontinuum der hyperbolischen Bahnen, denen man in gewissem Sinn die radiale Quantenzahl ∞ zuschreiben kann. Dem entspricht, daß, wie wir gesehen haben, die betreffenden Lösungsfunktionen unter *beständigen* Oszillationen ins Unendliche hinaus laufen.

Von Interesse ist noch, daß der Bereich, innerhalb dessen die Funktionen (18) merklich von Null verschieden sind und innerhalb dessen sich ihre Oszillationen abspielen, jedenfalls von der *allgemeinen Größenordnung* der großen Achse der zugeordneten Ellipse ist. Der Faktor, mit dem multipliziert der Radiusvektor als Argument der konstantenfreien Funktion f auftritt, ist — selbstverständlich — das Reziproke einer Länge, und diese Länge ist

$$\frac{K}{\sqrt{-2mE}} = \frac{K^2 l}{mc^2} = \frac{h^2 l}{4\pi^2 m e^2} = \frac{a_l}{l}, \tag{21}$$

wo a_l die Halbachse der l-ten Ellipsenbahn ist. (Die Gleichungen folgen aus (19) zusammen mit der bekannten Beziehung $E_l = -\frac{e^2}{2a_l}\Big)$. Die Größe (21) gibt die

Größenordnung des Wurzelbereiches für kleinzahliges l und n; denn dann darf angenommen werden, daß die Wurzeln von $f(x)$ von der Größenordnung Eins sind. Das ist natürlich nicht mehr der Fall, wenn die Koeffizienten des Polynoms große Zahlen sind. Ich möchte auf die genauere Abschätzung der Wurzeln jetzt nicht eingehen, glaube aber, daß obige Behauptung sich dabei ziemlich genau bestätigen wird.

3. Quantisierung als Eigenwertproblem[1])

von

Erwin Schrödinger

(Zweite Mitteilung)[2])

§ 1. *Die Hamiltonsche Analogie zwischen Mechanik und Optik*

Bevor wir daran gehen, das Eigenwertproblem der Quantentheorie für weitere spezielle Systeme zu behandeln, wollen wir den *allgemeinen* Zusammenhang näher beleuchten, welcher zwischen der Hamiltonschen partiellen Differentialgleichung (H.P.) eines mechanischen Problems und der „zugehörigen" *Wellengleichung*, d. i. im Falle des Kepler-Problems der Gleichung (5) der ersten Mitteilung, besteht. Wir hatten diesen Zusammenhang vorläufig nur kurz seiner äußeren analytischen Struktur nach beschrieben durch den an sich unverständlichen Übergang von der *Nullsetzung* eines Ausdrucks zu der Forderung, daß das *Raumintegral* des nämlichen Ausdruckes *stationär* sein soll.[3])

---

[1]) Annalen der Physik **79** (1926) 489.

[2]) Siehe diese Annalen 79, S. 361. 1926. Es ist zum Verständnis *nicht* unbedingt nötig, die erste Mitteilung *vor* der zweiten zu lesen.

[3]) Dieser Rechenvorgang wird in der vorliegenden Mitteilung *nicht weiter verfolgt*. Er sollte nur zur vorläufigen raschen Orientierung über den äußerlichen Zusammenhang zwischen der Wellengleichung und der H. P. dienen. ψ steht nicht wirklich zur Wirkungsfunktion einer bestimmten Bewegung in der von

Der *innere* Zusammenhang der HAMILTONschen Theorie mit dem Vorgang der Wellenausbreitung ist nichts weniger als neu. Er war HAMILTON selbst nicht nur wohlbekannt, sondern bildete für ihn den Ausgangspunkt seiner Theorie der Mechanik, die aus seiner *Optik inhomogener Medien* hervorgewachsen ist.[1]) Das HAMILTONsche Variationsprinzip kann als FERMATsches *Prinzip* für eine Wellenausbreitung im Konfigurationenraum (q-Raum) aufgefaßt werden, die H.P. spricht das HUYGENSsche *Prinzip* für diese Wellenausbreitung aus. Leider ist dieser kraftvolle und folgenschwere Ideenkreis HAMILTONS in den meisten modernen Wiedergaben seines schönen anschaulichen Gewandes als eines überflüssigen Beiwerks beraubt worden zugunsten einer mehr farblosen Darstellung der analytischen Zusammenhänge.[2])

Betrachten wir das allgemeine Problem der klassischen Mechanik konservativer Systeme. Die H.P. lautet vollständig

$$\frac{\partial W}{\partial t} + T\left(q_k, \frac{\partial W}{\partial q_k}\right) + V(q_k) = 0. \tag{1}$$

W ist die Wirkungsfunktion, d. h. das Zeitintegral der LAGRANGE-Funktion $T - V$ entlang einer System-

der Gleichung (2) der ersten Mitteilung behaupteten Beziehung. — Hingegen ist der Zusammenhang der Wellengleichung und der Variationsaufgabe selbstverständlich höchst real: der Integrand des stationären Integrals ist die LAGRANGE-Funktion für den Wellenvorgang.

[1]) Vgl. z. B. E. T. WHITTAKER, Analytische Dynamik (Deutsche Ausgabe bei Springer 1924). Kap. 11, S. 306ff.

[2]) FELIX KLEIN hat seit dem Sommer 1891 in seinen Vorlesungen über Mechanik wiederholt die JACOBIsche Theorie aus quasi-optischen Betrachtungen in nichteuklidischen höheren Räumen entwickelt. Vgl. F. KLEIN, Jahresber. d. Deutsch. Math. Ver.1, 1891 und Ztschr. f. Math. u. Phys. **46.** 1901. (Ges.-Abh. II. S. 601 u. 603). In der zweiten Note stellt KLEIN mit leichtem Vorwurf fest, daß sein Vortrag vor der Naturforscherversammlung in Halle, worin er zehn Jahre vorher diese Zusammenhänge dargelegt und die große Bedeutung der HAMILTONschen optischen Abhandlungen betont hatte, „nicht die allgemeine Beachtung gefunden hat, die ich für ihn in Aussicht nahm". — Ich verdanke den Hinweis auf F. KLEIN einer freundlichen brieflichen Mitteilung Hrn. Prof. SOMMERFELDS. S. a. „Atombau" 4. Aufl. S. 803.

bahn als Funktion der Endlage und der Zeit. q_k steht als Repräsentant der Lagekoordinaten, T ist die kinetische Energie als Funktion der Lage- und Impulskoordinaten, eine quadratische Form der letzteren, für welche nach Vorschrift die partiellen Differentialquotienten von W nach den q_k eingetragen sind. V ist die potentielle Energie. Zur Lösung der Gleichung macht man den Ansatz

$$W = -Et + S(q_k), \tag{2}$$

wodurch dieselbe übergeht in

$$2T\left(q_k, \frac{\partial W}{\partial q_k}\right) = 2(E - V). \tag{1'}$$

E ist eine erste willkürliche Integrationskonstante und bedeutet bekanntlich die Systemenergie. Entgegen der üblichen Gepflogenheit haben wir in (1′) die Funktion W selbst stehen lassen, anstatt wie üblich, die zeitfreie Koordinatenfunktion S hineinzuschreiben. Das ist eine reine Äußerlichkeit.

Die Aussage der Gleichung (1′) läßt sich nun höchst einfach aussprechen, wenn man sich der Ausdrucksweise von HEINRICH HERTZ bedient. Sie wird, wie alle geometrischen Aussagen im Konfigurationenraum (Raum der Variablen q_k) besonders einfach und anschaulich, wenn man in diesem Raum mittels der kinetischen Energie des Systems eine nichteuklidische Maßbestimmung einführt. Sei $\bar{T}$ die kinetische Energie als Funktion der *Geschwindigkeiten* $\dot{q}_k$, nicht wie oben der *Impulse*, so setze man für das Linienelement

$$ds^2 = 2\bar{T}(q_k, \dot{q}_k)\, dt^2. \tag{3}$$

Die rechte Seite enthält dt nur äußerlich, sie meint (mittels $\dot{q}_k dt = dq_k$) eine quadratische Form der dq_k.

Nach dieser Festsetzung darf man bekanntlich von Begriffen wie: Winkel zweier Linienelemente, Senkrechtstehen, Divergenz und Rotation eines Vektors, Gradient eines Skalars, LAPLACEsche Operation (= div grad) eines Skalars u. ä. ganz denselben einfachen Gebrauch machen, wie im dreidimensionalen euklidischen Raum, man darf sich zum Denken ungestraft der euklidischen dreidimensionalen Vorstellung bedienen, nur die analytischen Ausdrücke für diese Begriffe werden ein ganz klein wenig komplizierter, indem durchwegs an Stelle des euklidischen Linienelements das Linienelement (3) zu treten hat. *Wir setzen fest, daß im folgenden alle geometrischen Aussagen im q-Raum in diesem nichteuklidischen Sinn zu verstehen sind.*

Für die Rechnung ist eine der wichtigsten Abänderungen, daß man sorgfältig zwischen kovarianten und kontravarianten Komponenten eines Vektors oder Tensors zu unterscheiden hat. Aber diese Komplikation ist nicht größer als schon im Falle eines schiefwinkeligen Kartesischen Axenkreuzes.

Die dq_k sind der Prototyp eines kontravarianten Vektors. Die von den q_k abhängigen Koeffizienten der Form $2\overline{T}$ haben daher kovarianten Charakter, sie bilden den kovarianten Fundamentaltensor. $2T$ ist die zu $2\overline{T}$ gehörige kontravariante Form, denn die Impulskoordinaten bilden bekanntlich den zum Geschwindigkeitsvektor $\dot{q}_k$ gehörigen kovarianten Vektor, der Impuls ist der Geschwindigkeitsvektor in kovarianter Gestalt. Die linke Seite von (1′) ist nun nichts weiter als die kontravariante Fundamentalform, in welche als Variable die $\partial W/\partial q_k$ eingetragen sind. Letztere bilden die Komponenten des seiner Natur nach kovarianten Vektors

$$\operatorname{grad} W.$$

(*Diesen* Sinn also hat die Umrechnung der kinetischen Energie von den Geschwindigkeiten auf die Impulse, daß man kovariante Vektorkomponenten nur in eine kontravariante Form eintragen darf, wenn etwas Sinnvolles, d. h. Invariantes resultieren soll.)

Gleichung (1′) deckt sich daher mit der einfachen Aussage

$$(\text{grad } W)^2 = 2(E - V) \tag{1''}$$

oder

$$|\text{grad } W| = \sqrt{2(E - V)}. \tag{1'''}$$

Diese Forderung ist leicht zu analysieren. Gesetzt, es sei eine Funktion W [von der Gestalt (2)] gefunden, die dieser Forderung genügt. Dann kann man diese Funktion für ein bestimmtes t jedenfalls anschaulich darstellen, indem man im q-Raum die Flächenschar $W = \text{const}$ einzeichnet und zu einer jeden ihren W-Wert hinzuschreibt.

Nun gibt einerseits, wie wir sogleich zeigen werden, die Gleichung (1‴) eine genaue Konstruktionsvorschrift, um aus irgendeiner Fläche dieser Schar, *wenn sie und ihr W-Wert bekannt ist*, sukzessive alle übrigen und ihre W-Werte zu konstruieren. Andererseits läßt sich das einzige zu dieser Konstruktion benötigte Datum, nämlich die *eine* Fläche und ihr W-Wert, *völlig willkürlich vorgeben* und alsdann nach der Konstruktionsvorschrift genau *zwei*deutig zu einer der Forderung genügenden Funktion W ergänzen. Bei alledem denken wir vorläufig die Zeit konstant. — Die Konstruktionsvorschrift *erschöpft* also den Inhalt der Differentialgleichung, man kann *jede* ihrer Lösungen aus einer passend angenommenen Fläche plus W-Wert erhalten.

Nun zur Konstruktionsvorschrift. Sei also, Fig. 1, auf einer willkürlichen Fläche der Wert W_0 vorgeschrieben. Um die Fläche zu finden, welcher der Wert $W_0 + d\,W_0$ zugehört, bezeichne man *ein* Ufer der vorgegebenen Fläche willkürlich als das positive, errichte in jedem

Flächenpunkt das Lot und trage auf ihm (unter Rücksicht auf das Vorzeichen von dW_0) die *Strecke*

$$ds = \frac{dW_0}{\sqrt{2(E - V)}} \tag{4}$$

ab. Die Endpunkte der Lote erfüllen die Fläche $W_0 + dW_0$. So fortfahrend kann man sukzessive die Flächenschar nach beiden Ufern hin konstruieren.

Die Konstruktion ist *zwei*deutig, denn man hätte vor dem ersten Schritt auch das *andere* Ufer als das positive

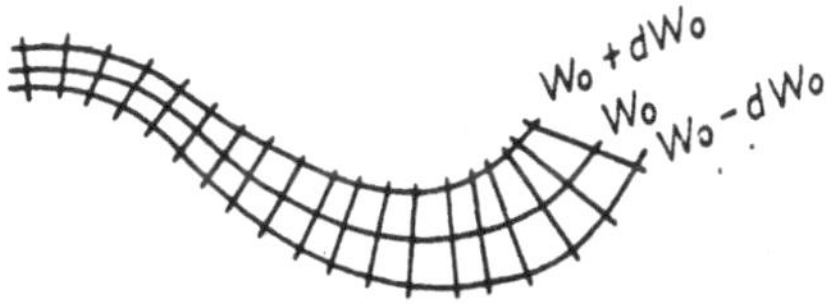

Fig. 1

bezeichnen können. Für die späteren Schritte besteht diese Zweideutigkeit aber nicht mehr, d. h., man kann nicht in irgendeinem späteren Stadium des Prozesses die Uferbezeichnung der Fläche, zu der man just gelangt ist, willkürlich wechseln, denn das würde im allgemeinen eine Unstetigkeit der ersten Differentialquotienten von W involvieren. Übrigens sind die zwei Flächenscharen, zu denen man in den beiden Fällen gelangt, offenbar identisch, nur die hinzugeschriebenen W-Werte laufen in umgekehrter Richtung.

Betrachten wir nun die höchst einfache Abhängigkeit von der *Zeit*, so zeigt Gleichung (2), daß auch zu irgendeinem späteren (oder früheren) Zeitpunkt $t + t'$ die *nämliche* Flächenschar die W-Verteilung veranschaulicht, nur sind zu den einzelnen Flächen andere W-Werte hinzuzuschreiben, und zwar ist von jedem der zur Zeit t angeschriebenen W-Werte Et' zu subtrahieren. Die

W-Werte wandern sozusagen nach einem bestimmten einfachen Gesetz von Fläche zu Fläche, und zwar bei positivem E in Richtung der wachsenden W-Werte. Statt dessen kann man sich vorstellen, daß die *Flächen* fortwandern, indem jede die Gestalt und Lage der nächstfolgenden annimmt, und dabei ihren W-Wert *mit sich führt*. Das Wanderungsgesetz der Flächen ist dadurch gegeben, daß z. B. die Fläche W_0 zur Zeit $t + dt$ *die* Lage erreicht haben muß, welche zur Zeit t die Fläche $W_0 + E\,dt$ innehatte. Das wird nach (4) erzielt, indem man jeden Punkt der Fläche W_0 in der Richtung des positiven Lotes um

$$ds = \frac{E\,dt}{\sqrt{2(E-V)}} \tag{5}$$

fortwandern läßt. D. h. die Flächen verschieben sich mit einer *Normalengeschwindigkeit*

$$u = \frac{ds}{dt} = \frac{E}{\sqrt{2(E-V)}}, \tag{6}$$

die nach Vorgabe der Konstante E eine reine Ortsfunktion ist.

Jetzt erkennt man, daß unser Flächensystem $W = \text{const.}$ aufgefaßt werden kann als das System der Wellenflächen einer fortschreitenden, aber stationären Wellenbewegung im q-Raum, für welche der Betrag der Phasengeschwindigkeit in jedem Punkt des Raumes durch (6) gegeben ist. Denn die Lotkonstruktion läßt sich offenbar ersetzen durch die Konstruktion der HUYGENSschen Elementarwellen [mit dem Radius (5)] und ihrer Enveloppe. Der „Brechungsindex" ist dem Reziprokwert von (6) proportional, er ist abhängig vom Ort, aber nicht von der Richtung. Der q-Raum ist also optisch inhomogen aber isotrop. Die Elementarwellen sind Kugeln, allerdings — wie hier wieder einmal ausdrücklich gesagt sei — Kugeln im Sinne des Linienelements (3).

Die Wirkungsfunktion W spielt für unser Wellensystem die Rolle der *Phase*. Die H.P. ist der Ausdruck des HUYGENSschen Prinzips. Formuliert man das FERMATsche Prinzip

$$0 = \delta \int_{P_1}^{P_2} \frac{ds}{u} = \delta \int_{P_1}^{P_2} \frac{ds\sqrt{2(E-V)}}{E}$$

$$= \delta \int_{t_1}^{t_2} \frac{2T}{E}\, dt = \frac{1}{E}\,\delta \int_{t_1}^{t_2} 2T\, dt, \tag{7}$$

so wird man direkt auf das HAMILTONsche Prinzip in der MAUPERTUISschen Form geführt (wo die Zeitintegrale mit dem üblichen grano salis zu verstehen sind, d. h. $T + V = E = \text{const}$, auch bei der Variation.) Die „Strahlen", d. h. die Orthogonaltrajektorien der Wellenflächen sind also *Bahnen* des Systems für den Energiewert E, in Übereinstimmung mit dem wohlbekannten Gleichungssystem

$$p_k = \frac{\partial W}{\partial q_k}, \tag{8}$$

welches aussagt, daß aus jeder speziellen Wirkungsfunktion eine Schar von Systembahnen abgeleitet werden kann wie eine Strömung aus ihrem Geschwindigkeitspotential.[1]) (Die Impulse p_k bilden ja einfach den kovarianten Geschwindigkeitsvektor, die Gleichungen (8)

---

[1]) Vgl. besonders A. EINSTEIN, Verh. d. D. Physik. Ges. 19. S. 77, 82, 1917. Die an dieser Stelle gegebene Fassung der Quantenbedingungen steht unter allen älteren Fassungen der vorliegenden am nächsten. Auch DE BROGLIE hat auf sie zurückgegriffen.

sagen aus, daß er dem Gradienten der Wirkungsfunktion gleich ist.)

Trotzdem in den vorstehenden Überlegungen von Wellenflächen, Fortpflanzungsgeschwindigkeit, HUYGENSschem Prinzip die Rede ist, hat man dieselben doch eigentlich nicht als eine Analogie der Mechanik mit der *Wellen*optik, sondern mit der *geometrischen* Optik anzusehen. Denn der Begriff der *Strahlen*, auf den es für die Mechanik dann hauptsächlich ankommt, gehört der *geometrischen* Optik an, er ist nur *ihr* ein scharfer Begriff. Auch das FERMATsche Prinzip läßt sich rein geometrisch-optisch fassen mit alleiniger Benützung des Begriffes Brechungsindex. Und das System der W-Flächen, als Wellenflächen aufgefaßt, steht zur mechanischen Bewegung vorerst in einer etwas loseren Beziehung insofern, als der Bildpunkt des mechanischen Systems auf dem Strahl keineswegs etwa mit der Wellengeschwindigkeit u fortrückt, sondern im Gegenteil, seine Geschwindigkeit ist (bei konstantem E) proportional $1/u$. Sie ergibt sich ja direkt aus (3) als

$$v = \frac{ds}{dt} = \sqrt{2T} = \sqrt{2(E - V)}. \tag{9}$$

Diese Nichtübereinstimmung ist einleuchtend. Erstens nach (8): die Systempunktgeschwindigkeit ist *groß*, wo grad W groß ist, d. h. wo die W-Flächen sich dicht zusammendrängen, d. h. wo u klein ist. Zweitens aus der Bedeutung von W als Zeitintegral der LAGRANGE-Funktion: dieses *verändert* natürlich während der Bewegung [während dt um $(T - V)\,dt$], daher *kann* der Bildpunkt nicht beständig mit derselben W-Fläche in Kontakt bleiben.

Und so treten denn auch wichtige Begriffe der Wellenlehre, wie Amplitude, Wellenlänge, Frequenz — oder allgemeiner gesprochen die Wellen*form* — in der Analogie gar nicht auf, es fehlt zu ihnen eine mechanische Parallele; von der Wellenfunktion selbst wird gar nicht gesprochen, W hat für die Wellen nur die — bei der Unbestimmtheit der Wellen*form* eigentlich etwas verschwommene — Bedeutung der *Phase.*

Erblickt man in der ganzen Parallele nicht mehr als ein erfreuliches Anschauungsmittel, dann ist dieser Mangel in keiner Weise störend und man wird den Versuch, ihn zu beheben, als müßige Spielerei empfinden: die Analogie *besteht eben* mit der *geometrischen*, oder, wenn man durchaus will, mit einer sehr primitiven Wellenoptik, und nicht mit der vollausgebauten Wellenoptik. Daß die geometrische Optik für das *Licht* nur eine grobe Näherung ist, ändert daran nichts. Beim weiteren Ausbau der q-Raumoptik in wellentheoretischem Sinn müßte man, um die Analogie zu *erhalten*, geradezu dafür sorgen, daß man sich nicht merklich vom geometrisch-optischen Grenzfall entfernt; etwa indem man die *Wellenlänge* hinreichend klein wählt[1]), klein gegen alle Bahndimensionen. Dann lehrt aber die Zutat nichts neues, sie behängt das Bild nur mit Überflüssigem.

So könnte man zunächst meinen. Aber schon der erste Versuch einer wellentheoretischen Ausgestaltung führt auf so frappante Dinge, daß ein ganz anderer Verdacht aufsteigt: *wir wissen doch heute, daß unsere klassische Mechanik bei sehr kleinen Bahndimensionen und sehr starken Bahnkrümmungen versagt.* Vielleicht ist dieses Versagen eine volle Analogie zum Versagen der geometrischen Optik, d. h. der „Optik mit unendlich kleiner Wellenlänge", das bekanntlich eintritt, sobald die „Hindernisse" oder „Öffnungen" nicht mehr groß sind gegen die wirkliche, endliche Wellenlänge. Vielleicht ist unsere klassische Mechanik das *volle* Analogon der geometrischen Optik und als solches falsch, nicht in Über-

[1]) Vgl. für den optischen Fall A. SOMMERFELD und IRIS RUNGE, Ann. d. Phys. 35. S. 290. 1911. Dort wird (in Ausführung einer mündlichen Bemerkung P. DEBYEs) gezeigt, wie sich die Gleichung *erster* Ordnung und *zweiten* Grades für die *Phase* („HAMILTONsche Gleichung") aus der Gleichung *zweiter* Ordnung und *ersten* Grades für die *Wellenfunktion* („Wellengleichung") im Grenzfall verschwindender Wellenlänge exakt ableiten läßt.

einstimmung mit der Wirklichkeit, sie versagt, sobald die Krümmungsradien und Dimensionen der Bahn nicht mehr groß sind gegen eine gewisse Wellenlänge, der im q-Raum reale Bedeutung zukommt. Dann gilt es, eine „undulatorische Mechanik" zu suchen[1]) — und der nächstliegende Weg dazu ist wohl die wellentheoretische Ausgestaltung des HAMILTONschen Bildes.

§ 2. *„Geometrische" und „undulatorische" Mechanik*

Wir machen zunächst die Annahme, daß es ein zutreffender Ausbau der Analogie ist, die oben betrachteten Wellensysteme als *Sinus*wellen aufzufassen. Das ist das einfachste und naheliegendste, doch muß die *Willkür*, die darin liegt, wegen der *grundlegenden Bedeutung* dieser Annahme unterstrichen werden. Es soll also die Wellenfunktion die Zeit nur in Form eines Faktors sin (...) enthalten, dessen Argument eine lineare Funktion von W ist. Der Koeffizient von W muß, da W eine Wirkung, die Phase eines Sinus aber eine unbenannte Zahl ist, die Dimension einer reziproken Wirkung haben. Wir nehmen an, daß er universell sei, d. h. nicht bloß von E, sondern auch von der Natur des mechanischen Systems unabhängig. Wir dürfen ihn wohl sogleich mit $2\pi/h$ bezeichnen. Der Zeitfaktor lautet also

$$\sin\left(\frac{2\pi W}{h} + \text{const}\right)$$
$$= \sin\left(-\frac{2\pi E t}{h} + \frac{2\pi S(q_k)}{h} + \text{const}\right). \tag{10}$$

Damit ergibt sich die *Frequenz* ν der Wellen zu

$$\nu = \frac{E}{h}. \tag{11}$$

[1]) Vgl. a. A. EINSTEIN, Berl. Ber. S. 9ff. 1925.

Es ergibt sich also die Frequenz der q-Raumwellen ohne merkliche Künstelei der Systemenergie proportional.[1]) Das hat freilich erst Sinn, wenn E absolut, nicht, wie in der klassischen Mechanik, nur bis auf eine additive Konstante festgelegt ist. Von dieser additiven Konstante *unabhängig* ist die *Wellenlänge* nach (6) und (11)

$$\lambda = \frac{u}{\nu} = \frac{h}{\sqrt{2(E-V)}}, \tag{12}$$

denn der Radikand ist die doppelte kinetische Energie. Machen wir einen ganz vorläufigen rohen Vergleich dieser Wellenlänge mit den Bahndimensionen eines Wasserstoffelektrons, wie die klassische Mechanik sie ergibt, so ist zu beachten, daß zufolge (3) eine „Strecke“ in unserem q-Raum nicht die Dimension einer Länge, sondern Länge mal $\sqrt{\text{Masse}}$ hat. Dieselbe Dimension hat λ. Wir haben also (wie man leicht überlegt) λ zu dividieren durch die Bahndimension, sagen wir a (cm), mal Quadratwurzel aus der Eektronenmasse m. Der Quotient ist größenordnungsmäßig

$$\frac{h}{m v a},$$

wo v für den Augenblick die Elektronengeschwindigkeit (cm/sec^{-1}) sei. Der Nenner mva hat die Größenordnung des mechanischen Impulsmomentes. Daß dieses für Keplerbahnen von atomaren Dimensionen mindestens die Größenordnung 10^{-27} erreicht, folgt vor aller Quantentheorie aus den bekannten Werten der Elektronenladung und -masse. Wir erhalten also für die *Grenze des angenäherten Geltungsbereiches der klassischen Mechanik* tat-

---

[1]) In der ersten Mitteilung war diese Beziehung im Rahmen einer bloßen Spekulation lediglich als Näherungsgleichung aufgetreten.

sächlich die richtige Größenordnung, wenn wir unsere Konstante h mit dem PLANCKschen Wirkungsquantum identifizieren. — Dies nur zur vorläufigen Orientierung.

Drückt man in (6) E nach (11) durch ν aus, so erhält man

$$u = \frac{h\nu}{\sqrt{2(h\nu - V)}}. \tag{6'}$$

Die Abhängigkeit der Wellengeschwindigkeit von der Systemenergie wird also zu einer eigenartigen Abbhängigkeit von der *Frequenz*, d. h. zu einem *Dispersionsgesetz* für die Wellen. Dieses Dispersionsgesetz bietet großes Interesse. Wir haben im § 1 darauf hingewiesen, daß die wandernden Wellenflächen mit der Bewegung des Systempunktes insofern nur in einem loseren Zusammenhang stehen, als ihre Geschwindigkeiten nicht gleich sind und nicht gleich sein können. Nach (9), (11) und (6′) hat nun die Systemgeschwindigkeit v doch auch für die Wellen eine sehr konkrete Bedeutung. Man bestätigt sofort, daß

$$v = \frac{d\nu}{d\left(\frac{\nu}{u}\right)}, \tag{13}$$

d. h. die Geschwindigkeit des Systempunktes ist die einer *Wellengruppe*, die einen kleinen Frequenzbereich erfüllt (Signalgeschwindigkeit). Man findet hier einen Satz wieder, den Hr. DE BROGLIE in den schönen Untersuchungen[1]), welchen ich die Anregung zu dieser Arbeit verdanke, abgeleitet hatte für die „Phasenwellen" des Elektrons, und zwar unter wesentlicher Bezugnahme auf die Relativitätstheorie. Man sieht, daß es sich um ein Theorem von großer Allgemeinheit handelt, das nicht aus der Relativitätstheorie entspringt, sondern auch für

[1]) L. DE BROGLIE, Annales de Physique (1) 3. S. 22. 1925. (Thèses, Paris1 924.)

jedes konservative System der gewöhnlichen Mechanik Geltung hat.

Diese Tatsache läßt sich nun dazu benützen, um eine viel innigere Verbindung zwischen Wellenausbreitung und Bildpunktbewegung herzustellen als bisher geschehen. Man kann versuchen, eine Wellengruppe aufzubauen, welche in allen Richtungen relativ kleine Abmessungen hat. Eine solche Wellengruppe wird dann voraussichtlich dieselben Bewegungsgesetze befolgen wie ein einzelner Bildpunkt des mechanischen Systems. Sie wird sozusagen einen *Ersatz* des Bildpunkts abgeben können, solange man sie als angenähert punktförmig ansehen kann, d. h. solange man ihre Ausdehnung vernachlässigen darf gegenüber den Dimensionen der Systembahn. Das wird allerdings nur dann der Fall sein, wenn die Bahndimensionen, insbesondere die Krümmungsradien der Bahn, sehr groß sind gegen die Wellenlänge. Denn nach Analogie mit der gewöhnlichen Optik leuchtet es von vornherein ein, daß sich die Dimensionen der Wellengruppe nicht nur nicht unter die Größenordnung der Wellenlänge herabdrücken lassen, sondern daß im Gegenteil die Gruppe sich nach allen Richtungen über eine große Anzahl von Wellenlängen erstrecken muß, wenn sie *annähernd monochromatisch* sein soll. Das aber müssen wir fordern, da die Wellengruppe ja als Ganzes mit einer bestimmten Gruppengeschwindigkeit fortwandern und einem mechanischen System *von bestimmter Energie* entsprechen soll (siehe Gleichung 11).

Was ich nun mit großer Bestimmheit vermute, ist folgendes:

Das wirkliche mechanische Geschehen wird in zutreffender Weise erfaßt oder abgebildet durch die *Wellenvorgänge* im q-Raum und nicht durch die Bewegung von *Bildpunkten* in diesem Raum. Das Studium der Bildpunktbewegung, welches den Gegenstand der klassischen Mechanik bildet, ist nur ein Näherungsverfahren und hat als solches genau dieselbe Berechtigung wie die geometrische oder Strahlenoptik den wirklichen optischen Vorgängen gegenüber. Ein makroskopischer mechanischer Vorgang wird abzubilden sein als Wellensignal von der oben beschriebenen Art, das mit hinreichender Näherung als punktförmig angesehen werden kann im Vergleich mit der geometrischen Struktur der Bahnkurve. Wir haben gesehen, daß dann für ein solches Signal oder Wellengruppe wirklich genau dieselben Bewegungsgesetze gelten, die die klassische Mechanik für den Bildpunkt aufstellt. Diese Behandlungsweise verliert aber jeden Sinn, wenn die Bahnstruktur nicht mehr sehr grob gegen die Wellenlänge oder gar mit ihr vergleichbar ist. Alsdann *muß* die strenge wellentheoretische Behandlung eintreten, d. h. man muß, um sich von der Mannigfaltigkeit der möglichen Vorgänge ein Bild zu machen, von der *Wellengleichung* ausgehen und nicht von den Grundgleichungen der Mechanik. Letztere sind zur Erklärung der Mikrostruktur des mechanischen Geschehens ebenso unbrauchbar, wie die geometrische Optik zur Erklärung der *Beugungserscheinungen*.

Wenn eine gewisse Deutung dieser Mikrostruktur im Anschluß an die klassische Mechanik, freilich unter sehr künstlichen Zusatzannahmen, überhaupt gelungen ist und praktische Erfolge von höchster Bedeutung aufzuweisen hat, so scheint es mir sehr bezeichnend, daß diese Theorie — ich meine die Quantentheorie in der von SOMMERFELD, SCHWARZSCHILD, EPSTEIN u. a. bevorzugten Form — gerade mit der H.P. und mit der HAMILTON-JACOBIschen Lösungstheorie im intimsten Zusammenhang steht, d. h. mit derjenigen Form der klassischen Mechanik, welche schon den deutlichsten Hinweis auf den wahren undulatorischen Charakter des mechanischen Geschehens enthält. Die H.P. entspricht ja dem HUYGENSschen Prinzip (in seiner alten naiven, nicht in der strengen KIRCHHOFFschen Form). Und wie dieses, ergänzt durch einige dem geometrischen Optiker ganz unverständliche Vorschriften (FRESNELsche Zonenkonstruktion), schon in weitgehendem Maß den Beugungserscheinungen gerecht wird, so konnte von der Theorie der Wirkungsfunktion aus Licht auf die Vorgänge im Atom fallen. Dagegen mußte man sich in unauflösliche Widersprüche verwickeln, als man — was freilich sehr natürlich war — auch für diese Atomvorgänge den Begriff der *Systembahnen* aufrecht zu erhalten versuchte; ebenso wie man sich in Unverständlichkeiten verliert, wenn man im Bereich einer Beugungserscheinung dem Verlauf der *Lichtstrahlen* nachzugehen versucht.

In *diesem* Sinne deute ich mir die nach Hrn. DE BROGLIE die Bahn des Elektrons begleitenden „Phasenwellen“, in dem Sinne also, daß, jedenfalls im Atomverband, der Elektronenbahn selbst keinerlei ausgezeichnete Bedeutung zukommt und noch weniger dem Ort des Elektrons auf seiner Bahn. Und in diesem Sinne deute ich die heute mehr und mehr zum Durchbruch kommende Überzeugung *erstens*: daß der *Phase* der Elektronenbewegungen im Atom die reale Bedeutung abzusprechen sei; *zweitens*: daß man nicht einmal behaupten könne, das Elektron befinde sich in einem bestimmten Zeitmoment *auf einer bestimmten* von den durch die Quantenbedingungen ausgesonderten Quantenbahnen; *drittens*: die wahren Gesetze der Quantenmechanik bestünden nicht in bestimmten Vorschriften für die *einzelne Bahn*, sondern in diesen wahren Gesetzen seien die Elemente der ganzen Bahnenmannigfaltigkeit eines Systems durch Gleichungen verbunden, so daß scheinbar eine gewisse Wechselwirkung zwischen den verschiedenen Bahnen bestehe.[1])

Es ist nicht unverständlich, daß eine sorgfältige Analyse des experimentell Gegebenen zu Behauptungen dieser Art führen muß, wenn das experimentell Gegebene der Ausfluß einer solchen Struktur des wirklichen Geschehens ist, wie wir sie hier vertreten. Alle diese Behauptungen steuern ja systematisch der Auflösung des Begriffes „Elektronenort“ und „Elektronenbahn“ zu, entschließt

---

[1]) Vgl. besonders die an späterer Stelle zitierten Arbeiten von HEISENBERG, BORN, JORDAN, DIRAC, ferner N. BOHR, Die Naturwissenschaften, Januar 1926.

man sich zu dieser Auflösung nicht, so bleiben sie widerspruchsvoll. Dieser Widerspruch ist so stark empfunden worden, daß man daran gezweifelt hat, ob das Geschehen im Atom sich überhaupt der räumlich-zeitlichen Form des Denkens werde eingliedern lassen. Vom philosophischen Standpunkt aus würde ich eine endgültige Entscheidung in diesem Sinne einer vollständigen Waffenstreckung gleich erachten. Denn wir können die Denkformen nicht wirklich ändern und was wir innerhalb derselben nicht verstehen können, das können wir überhaupt nicht verstehen. Es gibt solche Dinge — aber ich glaube nicht, daß die Atomstruktur zu ihnen gehört. — Von unserem Standpunkte aus besteht aber zu solchem Zweifel gar kein Grund, obwohl oder besser gesagt, *weil* sein Auftauchen außerordentlich verständlich ist. So könnte ja auch ein geometrischer Optiker, der bei seinen fortgesetzten Versuchen, den Beugungserscheinungen mittels des in der makroskopischen Optik bewährten Strahlbegriffes beizukommen, beständig scheitert, ein solcher könnte, sage ich, zu guterletzt vielleicht auf den Gedanken kommen, daß *die Gesetze der Geometrie* auf die Beugungserscheinungen nicht anwendbar sind, da er beständig darauf geführt wird, daß die ihm als *geradlinig* und voneinander *unabhängig* bekannten Lichtstrahlen nun auf einmal auch im homogenen Medium die merkwürdigsten *Krümmungen* aufweisen und sich sichtlich *gegenseitig beeinflussen.* Ich halte diese Analogie für *sehr* eng. Sogar zu den unmotivierten *Krümmungen* fehlt das Analogon im Atom nicht — man denke an den zur Deutung der anomalen Zeemaneffekte ersonnenen „unmechanischen Zwang“.

In welcher Weise wird man nun bei der undulatorischen Ausgestaltung der Mechanik in den Fällen, wo sie sich als notwendig erweist, vorzugehen haben? Man muß statt von den Grundgleichungen der Mechanik von einer Wellengleichung für den q-Raum ausgehen und die Mannigfaltigkeit der *nach ihr* möglichen Vorgänge betrachten. Die Wellengleichung wurde in dieser Mitteilung noch nicht explizite benützt und überhaupt noch nicht aufgestellt. Das einzige Datum zu ihrer Aufstellung ist die durch (6) oder (6′) als Funktion des mechanischen Energieparameters bzw. der Frequenz gegebene *Wellengeschwindigkeit* und durch dieses Datum ist die Wellengleichung selbstverständlich nicht eindeutig festgelegt. Es ist gar nicht ausgemacht, daß sie gerade von der zweiten Ordnung sein muß, nur das Bestreben nach Einfachheit veranlaßt dazu, es zunächst einmal damit zu versuchen. Man wird dann für die Wellenfunktion ψ ansetzen

$$\operatorname{div}\operatorname{grad}\psi - \frac{1}{u^2}\ddot{\psi} = 0 \tag{18}$$

gültig für Vorgänge, welche von der Zeit nur durch einen Faktor $e^{2\pi i\nu t}$ abhängen. Das heißt also, mit Beachtung von (6), (6′) und (11)

$$\operatorname{div}\operatorname{grad}\psi + \frac{8\pi^2}{h^2}(h\nu - V)\psi = 0, \tag{18′}$$

bzw.

$$\operatorname{div}\operatorname{grad}\psi + \frac{8\pi^2}{h^2}(E - V)\psi = 0. \tag{18″}$$

Die Differentialoperationen sind selbstverständlich mit Beziehung auf das Linienelement (3) zu verstehen. — Aber selbst unter den Ansätzen zweiter Ordnung ist dieser nicht der einzige mit (6) verträgliche, es wäre die Verallgemeinerung möglich, daß man $\operatorname{div}\operatorname{grad}\psi$ durch

$$f(q_k)\operatorname{div}\left(\frac{1}{f(q_k)}\operatorname{grad}\psi\right) \tag{19}$$

ersetzt, wo f eine beliebige Funktion der q_k sein kann, die freilich plausibler Weise irgendwie von E, $V(q_k)$ und den Koeffizienten des Linienelements (3) abhängen müßte (man könnte z. B. an $f = u$ denken). Unser Ansatz ist wieder von dem Bestreben nach Einfachheit diktiert, doch halte ich diesfalls eine Irreleitung nicht für ausgeschlossen.[1])

Die Unterschiebung einer *partiellen* Differentialgleichung als Ersatz der Grundgleichungen der Dynamik für die Atomprobleme erscheint nun im ersten Augenblick äußerst mißlich wegen der ungeheuren Mannigfaltigkeit von Lösungen, die einer solchen Gleichung eignet. Schon die klassische Dynamik hatte nicht etwa auf eine zu beschränkte, sondern auf eine viel zu umfangreiche Mannigfaltigkeit von Lösungen geführt, nämlich auf eine *kontinuierliche Schar*, während nach aller Erfahrung nur eine diskontinuierliche Menge dieser Lösungen verwirklicht zu sein scheint. Die Aufgabe der Quantentheorie ist nach der herrschenden Auffassung gerade die, aus der kontinuierlichen Schar der nach der klassischen Mechanik möglichen Bahnen, die diskrete Schar, der wirklich auftretenden auszusondern durch die „Quantenbedingungen". Es scheint ein übler Anfang für einen neuen Versuch in dieser Richtung, wenn er damit beginnt, die Zahl der Lösungen, ihrer transzendenten Größenordnung nach, zu *steigern*, statt zu vermindern.

Zwar läßt sich auch das Problem der klassischen Dynamik in das Gewand einer *partiellen* Gleichung kleiden, nämlich eben in die H. P. Aber die Mannigfaltigkeit der Problemlösungen entspricht nicht der Mannigfaltigkeit der Lösungen der H. P. Eine beliebige „vollständige" Lösung der H. P. löst das mechanische Problem *restlos*, irgendeine *andere* vollständige Lösung liefert dieselben Bahnen, nur in anderer Zusammenfassung zu Bahnmannigfaltigkeiten.

Was nun die gegenüber der Gleichung (18), als Grund-

---

[1]) Die Einführung von $f(q_k)$ bedeutet, daß nicht bloß die „Dichte" sondern auch die „Elastizität" mit dem Orte variiert.

lage der Atomdynamik, geäußerte Befürchtung anlangt, so will ich zwar durchaus nicht behaupten, daß nicht weitere Zusatzbestimmungen zu dieser Gleichung werden hinzutreten müssen. Sie werden aber vermutlich nicht mehr einen so gänzlich fremdartigen und unverstandenen Charakter haben wie die bisherigen „Quantenbedingungen“, sondern von demjenigen Typus sein, den wir in der Physik bei einer partiellen Differentialgleichung gewohnt sind: als Anfangs- oder Randbedingungen. Sie werden auch in keiner Weise den Quantenbedingungen *analog* sein. Denn es zeigt sich in allen Fällen der klassischen Dynamik, die ich bisher untersucht habe, daß die Gleichung (18) *die Quantenbedingungen in sich trägt.* Sie sondert in gewissen Fällen, und zwar in denjenigen, in denen die Erfahrung dafür spricht, *selbsttätig* gewisse Frequenzen oder Energieniveaus als die für stationäre Vorgänge allein möglichen aus, ohne irgendeine weitere Zusatzannahme als die für eine physikalische Größe beinahe selbstverständliche Anforderung an die Funktion ψ: dieselbe soll im ganzen Konfigurationenraum eindeutig endlich und stetig sein.

Die geäußerte Befürchtung verwandelt sich also in ihr Gegenteil, jedenfalls was die Energieniveaus oder sagen wir vorsichtiger, die Frequenzen betrifft. (Denn was es mit der „Energie der Schwingungen“ auf sich hat, ist eine Frage für sich, man darf nicht vergessen, daß es sich ja nur gerade beim Einkörperproblem um etwas handelt, das die Deutung als Schwingungen im wirklichen dreidimensionalen Raum unmittelbar gestattet.) Die Bestimmung der Quantenniveaus *erfolgt nicht mehr* in zwei innerlich getrennten Etappen: 1. Bestimmung aller dynamisch möglichen Bahnen. 2. *Verwerfung* des übergroßen Teiles der sub 1. gewonnenen Lösungen und Aussonderung einiger weniger durch spezielle Forderungen; vielmehr sind die Quantenniveaus *auf einmal* als die *Eigenwerte der Gleichung* (*18*) bestimmt, welche *ihre natürlichen Randbedingungen in sich trägt*.

§ 3. *Anwendungsbeispiele*

Wir wollen nun dem in der ersten Mitteilung behandelten KEPLER-Problem noch einige weitere Beispiele hinzufügen. Es sind nur die allereinfachsten, da wir vorläufig auf die *klassische* Mechanik ohne Magnetfeld beschränkt sind.[1])

1. Der PLANCKsche Oszillator. Die Entartungsfrage.

Wir behandeln zunächst den eindimensionalen Oszillator. Die Koordinate q sei die Elongation multipliziert mit der Quadratwurzel aus der Masse. Die beiden Formen der kinetischen Energie sind dann

$$T = {}^1\!/_2 \dot{q}^2, \qquad T = {}^1\!/_2 p^2. \tag{20}$$

Die potentielle Energie sei

$$V(q) = 2\pi^2 \nu_0^2 q^2, \tag{21}$$

wo ν_0 die Eigenfrequenz im Sinne der Mechanik. Dann lautet Gleichung (19) für diesen Fall:

$$\frac{d^2\psi}{dq^2} + \frac{8\pi^2}{h^2}(E - 2\pi^2\nu_0^2 q^2)\,\psi = 0. \tag{22}$$

Sei zur Abkürzung

$$a = \frac{8\pi^2 E}{h^2}, \qquad b = \frac{16\pi^4 \nu_0^2}{h^2} \tag{23}$$

---

[1]) In der Relativitätsmechanik und mit Berücksichtigung eines Magnetfeldes wird die Aussage der H.P. komplizierter. Im Falle eines einzigen Elektrons sagt sie aus, daß der *vierdimensionale* Gradient der Wirkungsfunktion, *vermindert* um einen vorgegebenen Vektor (das Viererpotential), konstanten Betrag hat. Die wellentheoretische Übersetzung dieser Aussage bietet ziemliche Schwierigkeiten.

also

$$\frac{d^2\psi}{dq^2} + (a - bq^2)\,\psi = 0. \tag{22'}$$

Wir führen als unabhängige Variable ein

$$x = q\sqrt[4]{b} \tag{24}$$

und erhalten

$$\frac{d^2\psi}{dx^2} + \left(\frac{a}{\sqrt{b}} - x^2\right)\psi = 0. \tag{22''}$$

Die Eigenwerte und Eigenfunktionen dieser Gleichung sind *bekannt.*[1]) Die Eigenwerte sind in den hier benützten Zeichen

$$\frac{a}{\sqrt{b}} = 1, 3, 5 \ldots (2n+1) \ldots \tag{25}$$

Die Eigenfunktionen sind die *Hermiteschen Orthogonalfunktionen*

$$e^{-\frac{x^2}{2}} H_n(x). \tag{26}$$

$H_n(x)$ bedeutet das n-te Hermitesche Polynom, welches definiert werden kann als

$$H_n(x) = (-1)^n e^{x^2} \frac{d^n e^{-x^2}}{dx^n} \tag{27}$$

---

[1]) Vgl. Courant-Hilbert, Methoden der mathematischen Physik I (Berlin, bei Springer 1924) V, § 9, S. 261, Gl. 43, ferner II, § 10, 4, S. 76.

oder explizite

$$\left.\begin{aligned} H_n(x) &= (2x)^n - \frac{n(n-1)}{1!}(2x)^{n-2} \\ &+ \frac{n(n-1)(n-2)(n-3)}{2!}(2x)^{n-4} - + \cdots \end{aligned}\right\} \tag{27'}$$

Die ersten dieser Polynome lauten

$$\left.\begin{aligned} &H_0(x) = 1 && H_1(x) = 2x \\ &H_2(x) = 4x^2 - 2 && H_3(x) = 8x^3 - 12x \\ &H_4(x) = 16x^4 - 48x^2 + 12 && \ldots\ldots\ldots\ldots \end{aligned}\right\} \tag{27''}$$

Betrachten wir zunächst die Eigenwerte, so ergibt sich nach (25) und (23)

$$E_n = \frac{2n+1}{2} h\nu_0; \qquad n = 0, 1, 2, 3, \ldots \tag{25'}$$

Als Quantenniveaus erscheinen also sogenannte „halbzahlige" Multipla des dem Oszillator eigentümlichen „Energiequants", d. h. die *ungeraden* Vielfachen von $h\nu_0/2$. Die Abstände der Niveaus, die allein für die Strahlung maßgebend sind, sind dieselben wie in der bisherigen Theorie. Merkwürdigerweise sind unsere Quantenniveaus *genau* dieselben wie in der HEISENBERGschen Theorie! — Für die Theorie der *spezifischen Wärme* ist diese Abweichung von der bisherigen Theorie nicht ohne Bedeutung, sie kommt allerdings erst dann ins Spiel, wenn, als Folge der Wärmeausdehnung, die Eigenfrequenz ν_0 *variiert.* Formal handelt es sich um die alte Frage der „Nullpunktenergie", die schon im Zusammenhang mit dem Dilemma: erste oder zweite Fassung der PLANCKschen Theorie aufgetreten war. — Auch auf das Gesetz der *Bandenkanten* hat das Zusatzglied $h\nu_0/2$ Einfluß.

Die *Eigenfunktionen* (26) lauten, wenn man nach (24) und (23) wieder die ursprüngliche Größe q einführt:

$$\psi_n(q) = e^{-\frac{2\pi^2\nu_0 q^2}{h}} H_n\left(2\pi q \sqrt{\frac{\nu_0}{h}}\right). \qquad (26')$$

Die Betrachtung von (27″) lehrt, daß die erste Eigenfunktion eine „GAUSSsche Fehlerkurve“ ist, die zweite verschwindet im Nullpunkt und entspricht für positive x einer „MAXWELLschen Geschwindigkeitsverteilung“ in zwei Dimensionen, die nach negativen x ungerade fortgesetzt ist. Die dritte Eigenfunktion ist wieder gerade, im Nullpunkt negativ, und hat zwei symmetrische Nullstellen $\pm 1/\sqrt{2}$; usw. Man kann den qualitativen Verlauf leicht überblicken und skizzieren, wobei darauf zu achten ist, daß die Wurzeln aufeinanderfolgender Polynome einander *trennen*. Aus (26′) erkennt man, daß die charakteristischen Punkte der Eigenfunktionen, wie Halbwertsbreite (für $n = 0$), Nullstellen, Maxima, größenordnungsmäßig im Bereich der klassischen Oszillatorschwingung liegen. Denn für die klassische *Amplitude* der n ten Schwingung findet man leicht

$$q_n = \frac{\sqrt{E_n}}{2\pi\nu_0} = \frac{1}{2\pi} \sqrt{\frac{h}{\nu_0}} \sqrt{\frac{2n+1}{2}}. \qquad (28)$$

Doch kommt, soviel ich sehe, im allgemeinen dem *genauen* Abszissenwert der klassischen *Umkehrpunkte* keine bestimmte Bedeutung im Verlauf der Eigenfunktion zu. Man könnte dergleichen vermuten, denn die Umkehrpunkte haben für die Phasenraumwelle *die* Bedeutung, daß dort das Quadrat der Fortpflanzungsgeschwindigkeit *unendlich* und in größerer Entfernung *negativ* wird. In der Differentialgleichung (22) bedeutet das aber nur das *Verschwinden* des Koeffizienten von ψ und gibt zu gar keiner Singularität Anlaß.

4. Über das Verhältnis der Heisenberg-Born-Jordanschen Quantenmechanik zu der meinen[1])

von

ERWIN SCHRÖDINGER

§ 1. Einleitung und Inhaltsübersicht

Bei der außerordentlichen Verschiedenheit der Ausgangspunkte und Vorstellungskreise der HEISENBERGschen Quantenmechanik[2]) einerseits und der neulich hier in den Grundzügen dargelegten und als „undulatorische“ oder „physikalische“ Mechanik bezeichneten Theorie[3]) anderseits, ist es recht seltsam, daß diese beiden neuen Quantentheorien hinsichtlich des bisher bekannt gewordenen speziellen Ergebnisse *miteinander* auch dort übereinstimmen, wo sie von der alten Quantentheorie abweichen. Ich nenne vor allem die eigentümliche „Halbzahligkeit“ beim Oszillator und beim Rotator. Das ist wirklich sehr merkwürdig, denn Ausgangspunkt, Vorstellungen, Methode, der ganze mathematische Apparat scheinen in der Tat grundverschieden. Vor allem aber scheint das Abgehen von der klassischen Mechanik in den beiden Theorien geradezu in diametral entgegengesetzter Richtung zu erfolgen. Bei HEISENBERG werden die klas-

---

[1]) Annalen der Physik **79** (1926) 734.

[2]) W. HEISENBERG, Ztschr. f. Phys. **33**. S. 879. 1925; M. BORN und P. JORDAN, ebendort **34**. S. 858. 1925 u. **35**. S. 557. 1926 (letzteres *mit* HEISENBERG). Ich erlaube mir im folgenden der Kürze halber die drei Autornamen im allgemeinen durch den HEISENBERGS zu ersetzen und zitiere die zwei letztgenannten Abhandlungen mit „Quantenmechanik I u. II“. Interessante Beiträge zu der Theorie auch von P. DIRAC, Proc. Roy. Soc. London **109**. S. 642. 1925 u. ebendort **110**. S. 561. 1926.

[3]) E. SCHRÖDINGER, Ann. d. Phys. **79**. S. 361 (1. Mitteilung); **79**. S. 489. 1926 (2. Mitteilung). Diese Mitteilungsreihe wird, ganz unabhängig von der vorliegenden Note, welche nur das Verbindungsglied herstellen soll, fortgesetzt werden.

sischen kontinuierlichen Variablen durch Systeme diskreter Zahlengrößen (Matrizen) ersetzt, die, von einem ganzzahligen Indexpaar abhängig, durch *algebraische* Gleichungen bestimmt werden. Die Autoren selbst bezeichnen die Theorie als „wahre Diskontinuumstheorie".[1]) Die Undulationsmechanik hingegen bedeutet gerade umgekehrt von der klassischen Mechanik aus einen Schritt *auf die Kontinuumstheorie zu.* Tritt doch an Stelle des durch endlich viele dependente Variable mittels endlich vieler totaler Differentialgleichungen beschreibbaren Geschehens ein kontinuierliches *feldmäßiges* Geschehen im Konfigurationsraum, das von einer einzigen, aus einem Wirkungsprinzip ableitbaren *partiellen* Differentialgleichung beherrscht wird. Dieses Wirkungsprinzip bzw. diese Differentialgleichung ersetzt die Bewegungsgleichungen *und* die Quantenbedingungen der älteren „klassischen Quantentheorie".[2])

Im folgenden soll nun der sehr intime *innere Zusammenhang* der HEISENBERGschen Quantenmechanik und meiner Undulationsmechanik aufgedeckt werden. Vom formal mathematischen Standpunkt hat man ihn wohl als *Identität* (der beiden Theorien) zu bezeichnen. Der Gedankengang des Beweises ist folgender.

Die HEISENBERGsche Theorie knüpft die Lösung eines Problems der Quantenmechanik an die Auflösung eines Systems von unendlich vielen algebraischen Gleichungen, deren Unbekannte — unendliche Matrizen — den klassischen Lage- und Impulskoordinaten des mechanischen Systems und Funktionen derselben zugeordnet sind und eigenartige *Rechengesetze* befolgen. (Die Zuordnung ist so:

---

1) „Quantenmechanik I", S. 879.

2) Angeregt wurde meine Theorie durch L. DE BROGLIE, Ann. de Physique (10) 3. S. 22. 1925 (Thèses, Paris 1924) und durch kurze aber unendlich weitblickende Bemerkungen A. EINSTEINS, Berl. Ber. 1925. S. 9ff. Eines genetischen Zusammenhanges mit HEISENBERG bin ich mir durchaus nicht bewußt. Ich hatte von seiner Theorie natürlich Kenntnis, fühlte mich aber durch die mir sehr schwierig scheinenden Methoden der transzendenten Algebra und durch den Mangel an Anschaulichkeit abgeschreckt, um nicht zu sagen abgestoßen.

einer Lage-, *einer* Impulskoordinate oder *einer* Funktion derselben entspricht immer je *eine* unendliche Matrix.)

Ich werde nun zunächst (§§ 2 u. 3) zeigen, wie man jeder Funktion der Lage- und Impulskoordinaten eine Matrix zuordnen kann derart, daß diese Matrizen den Born-Heisenbergschen formalen Rechenregeln (zu denen ich auch die sogenannte „Quantenbedingung“ oder „Vertauschungsregel“ zähle; s. u.) *jedenfalls genügen.* Diese Zuordnung von Matrizen zu Funktionen ist *allgemein,* sie nimmt noch gar nicht bezug auf das *spezielle* mechanische System, das gerade vorliegt, sondern ist für alle mechanischen Systeme die nämliche. (Mit anderen Worten: die spezielle Hamiltonsche Funktion geht noch nicht in das Zuordnungsgesetz ein.) Die Zuordnung ist aber andererseits noch in hohem Grade *unbestimmt.* Sie erfolgt nämlich *durch Vermittelung* eines *beliebigen* vollständigen orthogonalen Funktionensystems mit dem Grundgebiet: *ganzer Konfigurationenraum.* (NB. *nicht* „pq-Raum“, sondern „q-Raum“.) Die vorläufige *Unbestimmtheit* der Zuordnung liegt eben darin, daß man die Vermittlerrolle einem *beliebigen* Orthogonalsystem übertragen kann.

Nachdem so in sehr allgemeiner Weise Matrizen konstruiert sind, welche den allgemeinen Rechenregeln genügen, werde ich im § 4 folgendes zeigen: die Auflösung des *speziellen,* für das *spezielle* Problem charakteristischen algebraischen Gleichungssystems, welches die *Matrizen* der Lage- und Impulskoordinaten mit der *Matrix* der Hamiltonschen Funktion verknüpft und welches die Autoren als „Bewegungsgleichungen“ bezeichnen, wird restlos dadurch geleistet, daß man die Vermittlerrolle einem *bestimmten* Orthogonalsystem überträgt; nämlich dem System der *Eigenfunktionen* derjenigen partiellen Differentialgleichung, welche die Grundlage meiner Undulationsmechanik bildet. Die Lösung des natürlichen *Randwertproblems* dieser Differentialgleichung ist *vollständig äquivalent* mit der Auflösung des Heisenbergschen algebraischen Problems. *Alle* Heisenbergschen

Matrizenelemente, für die man sich etwa in der Vermutung, daß sie die „Übergangswahrscheinlichkeiten" oder „Linienintensitäten" bestimmen, interessieren mag, lassen sich, sobald das *Randwertproblem* gelöst ist, *durch Differentationen und Quadraturen* wirklich ausrechnen. Übrigens kommt diesen Matrizenelementen oder Größen, die mit ihnen eng verwandt sind, in der Undulationsmechanik eine vollkommen anschauliche Bedeutung zu als Amplituden der Partialschwingungen des elektrischen Momentes des Atoms. Die Intensität und Polarisation des emittierten Lichtes läßt sich also *auf dem Boden der* MAXWELL-LORENTZschen *Theorie* verstehen. Eine kurze vorläufige Skizze dieses Zusammenhangs findet sich im § 5.

§ 2. *Die Zuordnung eines Operators und einer Matrix zu einem wohlgeordneten Funktionssymbol und die Bestätigung der Produktregel*

Der springende Punkt bei der Konstruktion der Matrizen besteht in der einfachen Bemerkung, daß die eigenartigen HEISENBERGschen Rechengesetze für Funktionen der *zweimal n* Größen: $q_1, q_2, \cdots, q_n; q_1, p_2, \cdots, p_n$ (Lage- und kanonisch konjugierte Impulskoordinaten) genau übereinstimmen mit den Rechengesetzen, die *nach der gewöhnlichen Analysis* für die *linearen Differentialoperatoren* im Gebiete der *einmal n* Variablen $q_1, q_2 \cdots, q_n$ gelten. Dabei hat die *Zuordnung* so zu geschehen, daß man in der *Funktion* jedes p_l durch den Operator $\partial/\partial q_l$ erssetzt. — In der Tat ist der Operator $\partial/\partial q_l$ mit $\partial/\partial q_m$ für beliebiges m *vertauschbar*, mit q_m dagegen nur. wenn $m \neq l$. Der für $m = l$ durch Vertauschung und Subtraktion erhaltenen Operator

$$\frac{\partial}{\partial q_l} q_l - q_l \frac{\partial}{\partial q_l}, \tag{1}$$

ausgeführt an einer beliebigen Funktion der q_k, *reproduziert* die Funktion, d. h. dieser Operator ist die *Identität*. Diese einfache Tatsache wird sich im Gebiete der Matrizen als die HEISENBERGsche Vertauschungsregel abbilden.

Gehen wir nach dieser orientierenden Vorbemerkung zum systematischen Aufbau. Wegen der eben angemerkten „Nichtimmervertauschbarkeit" entspricht nicht eindeutig einer bestimmten „Funktion im gewöhnlichen Sinne" der q_k, p_k ein bestimmter Operator, sondern einem „in bestimmter Weise geschriebenen Funktionssymbol". Außerdem muß, da wir mit den Operatoren $\partial/\partial q_k$ keine anderen Rechenoperationen vornehmen können, als Addition und Multiplikation, die Funktion der q_k, p_k als reguläre Potenzreihe wenigstens in den p_k geschrieben sein, damit wir den Ersatz von p_l durch $\partial/\partial q_l$ vornehmen können. Es genügt, die Überlegungen für ein einzelnes Glied einer solchen Potenzreihe duchzuführen, also für eine Funktion von folgendem Bau:

$$\left.\begin{aligned} F(q_k, p_k) = f(q_1 \cdots q_n)\, p_r p_s p_t g(q_1 \cdots q_n) \\ \times\, p_{r'} h(q_1 \cdots q_n)\, p_{r''} p_{s''} \cdots \end{aligned}\right\} \tag{2}$$

Wir wollen dies als ein „wohlgeordnetes Funktionssymbol" bezeichnen und ordnen ihm den folgenden Operator zu:

$$\left.\begin{aligned} [F, \cdot] = f(q_1 \cdots q_n)\, K^3 \frac{\partial^3}{\partial q_r \partial q_s \partial q_t} \\ g(q_1 \cdots q_n)\, K \frac{\partial}{\partial q_{r'}}\, h(q_1 \cdots q_n)\, K^2 \frac{\partial^2}{\partial q_{r''} \partial q_{s''}} \cdots, \end{aligned}\right\} \tag{3}$$

wobei etwas allgemeiner als in der orientierenden Vorbemerkung p_r nicht einfach durch $\partial/\partial q_r$, sondern durch $K \dfrac{\partial}{\partial q_r}$ ersetzt ist und K eine universelle Konstante bedeuten soll. Als Abkürzung für den aus der wohlgeordneten Funktion F entspringenden Operator habe ich vorübergehend (d. h. nur für den Zweck des vorliegenden Beweises) das Zeichen $[F, \cdot]$ eingeführt. Mit $[F, u]$ werde ich diejenige Funktion (im gewöhnlichen Sinne) von $q_1 \cdots q_n$ bezeichnen, die man erhält, wenn man den Operator auf eine Funktion (im gewöhnlichen Sinne) $u(q_1 \cdots q_n)$ ausübt. Ist G eine andere wohlgeordnete Funktion, so wird $[GF, z]$ bezeichnen die Funktion u, nachdem an ihr *zuerst* der Operator von F, *sodann* derjenige von G ausgeübt ist; oder, was definitionsgemäß dasselbe ist, der Operator von GF. Natürlich ist das im allgemeinen nicht dasselbe wie $[FG, u]$.

Nun ordnen wir einer wohlgeordneten Funktion, wie F, durch Vermittlung ihres Operators (3) und eines beliebigen vollständigen Orthogonalsystems mit dem Grundgebiet: ganzer q-Raum, eine *Matrix* zu, und zwar in folgender Weise. Zur Abkürzung werden wir für die Variablengruppe $q_1, q_2, \ldots, q_n$ einfach x schreiben, wie es aus der Theorie der Integralgleichungen geläufig ist, und $\int dx$ für ein über den ganzen q-Raum erstrecktes Integral. Es sollen nun die Funktionen

$$u_1(x)\sqrt{\varrho(x)}, \quad u_2(x)\sqrt{\varrho(x)}, \quad u_3(x)\sqrt{\varrho(x)} \ldots \text{in inf.} \tag{4}$$

ein vollständiges, auf 1 normiertes Orthogonalsystem bilden. Es sei also jedenfalls

$$\left.\begin{aligned}\int \varrho(x)\, u_i(x)\, u_k(x)\, dx &= 0 \text{ für } i \neq k,\\ &= 1 \text{ für } i = k.\end{aligned}\right\} \tag{5}$$

Ferner wird vorausgesetzt, daß diese Funktionen auf dem natürlichen *Rand* des q-Raums (im allgemeinen das Unendliche) genügend stark verschwinden, um die bei gewissen später vorzunehmenden Integrationen per partes als Nebenprodukte auftretenden Randintegrale zum Verschwinden zu bringen.

Der durch (2) dargestellten Funktion F mit dem Operator (3) ordnen wir nun die folgende *Matrix* zu:

$$F^{kl} = \int \varrho(x) u_k(x) [F, u_l(x)]\, dx. \tag{6}$$

(Die Schreibweise der Indizes linker Hand soll nicht den Nebengedanken „kontravariant" erwecken; von diesem Gesichtspunkt aus, den wir hier beiseitelassen, wäre eher *ein* Index oben, der andere unten zu schreiben; wir schreiben die Matrizenindizes *oben*, weil wir nachher auch die den q_k, p_k selbst entsprechenden Matrixelemente anzuschreiben haben, wo der untere Platz besetzt ist.) — In Worten: ein Matrixelement wird berechnet, indem man die durch den *Zeilen*index bezeichnete Funktion des Orthogonalsystems (worunter wir stets die u_i, nicht die $u_i\sqrt{\varrho}$ verstehen wollen) mit der „Dichtefunktion" ϱ und mit dem Operator, ausgeübt an der durch den *Kolonnen*index bezeichneten Orthogonalfunktion, *multipliziert* und über das Grundgebiet *integriert*.[1])

Es ist nicht sehr schwer, zu zeigen, daß additive und miltiplikative Verknüpfung der wohlgeordneten Funktionen bzw. der zugehörigen Operatoren sich an den zugehörigen Matrizen als Matrizenaddition und Matrizenmultiplikation auswirkt. Für die Addition ist das trivial. Für die Multiplikation verläuft der Beweis wie folgt. Sei G irgendeine andere wohlgeordnete Funktion, wie F, und

$$G^{lm} = \int \varrho(x) u_l(x)\, [G, u_m(x)]\, dx \tag{7}$$

die ihr zugeordnete Matrix. Wir wollen die Produktmatrix $(FG)^{km} = \sum\limits_l F^{kl} G^{lm}$ bilden. Bevor wir sie anschreiben, formen wir den Ausdruck (6) für F^{kl} folgendermaßen um. Durch eine Serie von Integrationen per partes wird der Operator $[F, \cdot]$ von der Funktion $u_l(x)$ auf die Funktion $\varrho(x) u_k(x)$ „hinübergewälzt". Mit dem

[1]) Kürzer: F^{kl} ist der k^{te} „Entwicklungskoeffizient" des an der Funktion u_l ausgeübten Operators

Ausdruck „wälzen" (statt etwa „schieben") will ich andeuten, daß die *Reihenfolge* der Operationen sich dabei gerade umgekehrt. Die als „Nebenprodukte" auftretenden Randintegrale sollen verschwinden (s. o.). Der „gewälzte" Operator, einschließlich des bei ungerader Anzahl der Differentiationen sich einstellenden Vorzeichenwechsels, werde mit $[\bar{F}, \cdot]$ bezeichnet. Am Beispiel (3):

$$\left.\begin{array}{l}[\bar{F}, \cdot] = (-1)^{\tau} \ldots K^2 \dfrac{\partial^2}{\partial q_{s''}\, \partial q_{r''}} h(q_1 \ldots q_n)\, K \dfrac{\partial}{\partial q_{r'}} \\ \qquad g(q_1 \ldots q_n) K^3 \dfrac{\partial^3}{\partial q_t\, \partial q_s\, \partial q_r} f(q_1 \ldots q_n).\end{array}\right\} \qquad (3')$$

(τ = Anzahl der Differentiationen). Mit Verwendung dieses Zeichens ergibt sich

$$F^{kl} = \int u_l(x) [\bar{F}, \varrho(x) u_k(x)]\, dx. \qquad (6')$$

Berechnet man nun die Produktmatrix, so erhält man

$$\left.\begin{array}{l}\sum\limits_l F^{kl} G^{lm} \\ = \sum\limits_l \left\{\int u_l(x)\, [\bar{F}, \varrho(x) u_k(x))]\, dx \right. \\ \quad \left. \times \int \varrho(x) u_l(x)\, [G, u_m(x)]\, dx\right\} \\ = \int [\bar{F}, \varrho(x) u_k(x)]\, [G, u_m(x)]\, dx.\end{array}\right\} \qquad (8)$$

Die letzte Gleichsetzung ist nichts weiter als die sogenannte „Vollständigkeitsrelation" unseres Orthogonalsystems[1]), angewendet auf die „Entwickelungskoeffizienten" der Funktionen

$$[G, u_m(x)] \quad \text{und} \quad \frac{1}{\varrho(x)} [\bar{F}, \varrho(x) u_k(x)].$$

[1]) Siehe z. B. COURANT-HILBERT, Methoden der mathematischen Physik I, S. 36. Es ist wichtig, daran zu erinnern, daß die Vollständigkeitsrelation für die „Entwicklungskoeffizienten" auf jeden Fall gilt, auch wenn die Entwickelungen selbst *nicht* konvergieren. Konvergieren sie, so ist die Gleichsetzung (8) ganz unmittelbar evident.

Jetzt wälzen wir in (8) durch neuerliche Integrationen per partes den Operator $[\bar{F}, \cdot]$ wieder von der Funktion $\varrho(x) u_k(x)$ fort auf die Funktion $[G, u_m(x)]$, wobei der Operator seine ursprüngliche Gestalt zurückgewinnt. Man erhält offenbar:

$$(F)^{km} = \sum_l F^{kl} G^{lm} = \int \varrho(x) u_k(x) [FG, u_m(x)]\, dx. \tag{9}$$

Links steht das km^{te} Element der Produktmatrix, rechts, nach dem Zuordnungsgesetz (6), das km^{te} Element der dem wohlgeordneten Produkt FG entsprechenden Matrix. W.z.b.w.

§ 3. Die Heisenbergsche Quantenbedingung und die Regeln für partielle Differentiation

Da die Operation (1) die Identität ist, so entspricht der wohlgeordneten Funktion

$$p_l q_l - q_l p_l \tag{10}$$

nach unserem Zuordnungsgesetz, in das wir, wie erinnerlich, noch eine universelle Konstante K aufgenommen haben, der *Operator*: Multiplikation mit K. Es entspricht der Funktion (10) also die *Matrix*:

$$\begin{aligned}(p_l q_l - q_l p_l)^{ik} = K \int \varrho(x) u_i(x) u_k(x)\, dx &= 0 \text{ für } i \neq k\\ &= K \text{ für } i = k.\end{aligned} \tag{11}$$

Das ist HEISENBERGS „Quantenrelation“, wenn man setzt

$$K = \frac{h}{2\pi\sqrt{-1}}, \tag{12}$$

was von nun an festgehalten werden möge. — Selbstverständlich hätten wir die Relation (11) auch so finden können, daß wir die den Funktionen q_l und p_l zugeordneten Matrizen

$$\left.\begin{aligned} q_l^{ik} &= \int q_l \varrho(x) u_i(x) u_k(x)\, dx \\ p_l^{ik} &= K \int \varrho(x) u_i(x) \frac{\partial u_k(x)}{\partial q_l}\, dx \end{aligned}\right\} \tag{13}$$

in verschiedener Reihenfolge multiplizieren und die zwei Resultate subtrahieren.

Wenden wir uns nun zu den „Regeln für partielle Differentiation". Eine wohlgeordnete Funktion, wie (2), partiell nach q_l differenzieren soll heißen[1]), sie ohne Veränderung der Reihenfolge der Faktoren *an jeder Stelle*, wo q_l in ihr auftritt, nach q_l differenzieren und alle diese Resultate addieren. Dann ist leicht zu zeigen, daß folgende Gleichung zwischen Operatoren gilt:

$$\left[\frac{\partial F}{\partial q_l}, \cdot\right] = \frac{1}{K}\,[p_l F - F p_l, \cdot] \tag{14}$$

Der Gedankengang ist dieser. Anstatt wirklich nach q_l zu differenzieren, kann ich mir's bequemer machen und einfach p_l voranschreiben, das ja beim Übergang zu den Operatoren ohnedies durch $K \dfrac{\partial}{\partial q_l}$ ersetzt wird. Ich muß nur erstens durch K fortdividieren. Zweitens wird aber der Operator $\partial/\partial q_l$ hernach, wenn man den Gesamtoperator auf irgendeine Funktion u anwendet, nicht bloß auf diejenigen Teile von F wirken, die q_l enthalten (was er *soll*), sondern *fälschlich* auch auf die vom Gesamt-

---

[1]) Mit all diesen Definitionen folgen wir natürlich getreu HEISENBERG. Vom streng logischen Standpunkt ist der nachfolgende Beweis eigentlich überschüssig und wir könnten die Regeln (14) und (15) direkt hinschreiben, da sie bei HEISENBERG bewiesen sind und nur auf der Summen-, Produkt- und auf der Vertauschungsregel (11) beruhen, welche wir bewiesen haben.

operator ergriffene Funktion u. *Diesen Fehler korrigiere ich gerade*, indem ich noch die Operation $[F p_l, \cdot]$ subtrahiere!

Betrachten wir nun die partielle Differentiation nach einem p_l. Ihre Bedeutung für eine wohlgeordnete Funktion wir (2) ist noch etwas einfacher als bei $\partial/\partial q_l$, weil die p_k ja nur als Potenzprodukte auftreten. Wir denken uns jede Potenz von p_l in einzelne Faktoren aufgelöst, z. B. $p_l p_l p_l$ statt p_l^3, und können dann sagen: bei der partiellen Differentiation nach p_l ist jedes *einzelne* p_l, das in F auftritt, je einmal *fortzulassen* (wobei alle übrigen p_l stehen bleiben); alle erhaltenen Resultate sind zu addieren. Wie wirkt sich das am Operator (3) aus? „Jedes einzelne $K \dfrac{\partial}{\partial q_l}$ ist je einmal fortzulassen, alle so erhaltenen Resultate sind zu addieren.“

Ich behaupte, nach dieser Überlegung gilt die Operatorengleichung

$$\left[\frac{\partial F}{\partial p_l}, \cdot\right] = \frac{1}{K}\,[F q_l - q_l F, \cdot]. \tag{15}$$

In der Tat: ich denke mir den Operator $[F q_l, \cdot]$ gebildet und versuche nun, in diesem Operator „q_l durch F von rechts nach links durchzuschieben“, das soll heißen, durch sukzessive Vertauschungen auf den Operator $[q_l F, \cdot]$ zu kommen. Das Durchschieben begegnet einem Hindernis nur, so oft ich dabei auf ein $\partial/\partial q_l$ stoße. Mit diesem darf ich q_l nicht einfach vertauschen, sondern habe im Inneren des Operators zu ersetzen

$$\frac{\partial}{\partial q_l} \quad \text{durch} \quad 1 + q_l \frac{\partial}{\partial q_l}. \tag{16}$$

Die von diesen „Einsern“ gelieferten Nebenprodukte der Vertauschung bilden, wie man leicht überblickt, gerade den gewünschten „partiellen Differentialquotienten“. Nach Beendigung des Durchschiebens bleibt noch der

Operator $(q_l F, \cdot]$ übrig, welcher überschüssig wäre und deshalb in (15) explizite subtrahiert ist. Damit ist auch (15) bewiesen. Die für die *Operatoren* bewiesenen Gleichungen (14) und (15) gelten natürlich unverändert zwischen den zur rechten und linken Seite gehörigen Matrizen, da ja durch (6) einem linearen Operator eine und nur eine Matrix zugehört (natürlich bei vorab fest gewähltem Funktionssystem $u_i(x)$.[1])

---

[1]) Beiläufig bemerkt, gilt von diesem Satz auch die Umkehrung, wenigstens in *dem* Sinne, daß bei vorgegebenem Orthogonalsystem und Dichtefunktion zu einer gegebenen *Matrix* sicherlich *nicht mehr* als *ein* linearer Differentialoperator nach unserem Zuordnungsgesetz (6) gehören kann. Denn seien in (6) die F^{kl} vorgegeben, sei $[F, \cdot]$ der *gesuchte* lineare Operator, dessen *Existenz* wir *voraussetzen*, und sei $\varphi(x)$ eine stückweise stetige und nötigenfalls hinreichend oft differentiierbare, im übrigen aber ganz beliebige Funktion der $q_1, q_2, \ldots, q_n$. Dann liefert die *Vollständigkeitsrelation*, angewendet auf die Funktionen $\varphi(x)$ und $[F, u_k(x)]$ folgendes:

$$\int \varrho(x)\varphi(x)\,[F, u_k(x)]\,d\partial = \sum_l \left\{\int \varrho(x)\varphi(x)u_l(x)\,dx \cdot \int \varrho(x)u_l(x)[F, u_k(x)]\,dx\right\}.$$

Die rechte Seite kann als eindeutig bekannt gelten, es treten in ihr nur die Entwicklungskoeffizienten von $\varphi(x)$ und die vorgegebenen Matrixelemente F^{lk} auf. Durch „Wälzung" (vgl. oben) kann man die linke Seite in den $k$ten Entwicklungskoeffizienten der Funktion

$$\frac{[\overline{F}\varrho(x)\varphi(x)]}{\varrho(x)}$$

verwandeln. Es sind also alle Entwicklungskoeffizienten dieser Funktion eindeutig festgelegt, mithin auch diese Funktion selbst („Courant-Hilbert" S. 37). Da nun aber $\varrho(x)$ fest vorgegeben und $\varphi(x)$ eine ganz beliebige Funktion ist, so können wir sagen: das Resultat der Einwirkung des *gewälzten* Operators auf eine *beliebige* Funktion, welche nur so beschaffen ist, daß sie dem Operator überhaupt unterworfen werden kann, ist *eindeutig* durch die Matrix F^{kl} festgelegt. Das heißt aber nichts anderes als: *der gewälzte Operator* ist eindeutig festgelegt, denn der Begriff „Operator" ist logisch identisch mit der Gesamtheit seiner Einwirkungsresultate. – Aus dem gewälzten Operator erhält man durch Wälzung den gesuchten selbst, eindeutig.

Man beachte, daß die *Entwickelbarkeit* der auftretenden Funktionen *nicht* vorausgesetzt werden mußte. – Daß zu einer beliebigen Matrix ein linearer Operator immer *existiert*, haben wir nicht bewiesen.

§ 4. Die Auflösung der Heisenbergschen Bewegungsgleichungen

Wir haben jetzt gezeigt, daß die unter Vermittlung eines beliebigen vollständigen Orthogonalsystems (4) nach den Definitionen (3) und (6) aus wohlgeordneten Funktionen verfertigten Matrizen allen Heisenbergschen Rechenregeln, einschließlich der Vertauschungsregel (11), genügen. Jetzt erst betrachten wir ein spezielles mechanisches Problem, welches durch eine bestimmte Hamiltonsche Funktion

$$H(q_k, p_k) \tag{17}$$

charakterisiert sei. Die Autoren der Quantenmechanik übernehmen diese Funktion zunächst aus der *gewöhnlichen* Mechanik, welche dieselbe natürlich *nicht* in „wohlgeordneter" Form liefert; denn in der gewöhnlichen Analysis kommt es ja auf die Reihenfolge der Faktoren nicht an. Sie „normalisieren" oder „symmetrisieren" die Funktion sodann in bestimmter Weise für die Zwecke der Quantenmechanik, indem z. B. die gewöhnliche mechanische Funktion $q_k p_k^2$ ersetzt wird durch

$$\frac{1}{2}(p_k^2 q_k + q_k p_k^2)$$

oder auch durch $p_k q_k p_k$ oder durch

$$\frac{1}{3}(p_k^2 q_k + p_k q_k p_k + q_k p_k^2),$$

was nach (11) alles dasselbe ist. Diese Funktion hat dann als „wohlgeordnet", d. h. die Reihenfolge der Faktoren hat als unantastbar zu gelten. Ich will auf die allgemeine Symmetrisierungsregel[1]) hier nicht eingehen; die Gesichtspunkte sind, wenn ich recht verstehe: H^{ki} soll eine *Diagonalmatrix* sein, im übrigen soll die symmetrisierte

[1]) „Quantenmechanik I" S. 873f

Funktion, als Funktion der gewöhnlichen Analysis aufgefaßt, mit der ursprünglich gegebenen identisch sein.[1]) Wir werden diesen Forderungen auf direktem Wege genügen.

Alsdann fordern die Autoren, daß die *Matrizen* q_l^{ik}, p_l^{ik} einem unendlichen Gleichungssystem als „Bewegungsgleichungen" genügen sollen, welches sie ursprünglich wie folgt schreiben:

$$\left.\begin{aligned} \left(\frac{dq_l}{dt}\right)^{ik} &= \left(\frac{\partial H}{\partial p_l}\right)^{ik} \qquad & l = 1, 2, 3 \ldots n \\ \left(\frac{dp_l}{dt}\right)^{ik} &= \left(-\frac{\partial H}{\partial q_l}\right)^{ik} \qquad & i, k = 1, 2, 3 \ldots \text{in inf.} \end{aligned}\right\} \tag{18}$$

Das obere Indexpaar meint, genau wie früher bei F^{ki}, das betreffende Element der zu der betreffenden wohlgeordneten Funktion gehörigen Matrix. Die Bedeutung der partiellen Differentialquotienten rechter Hand wurde ebenfalls schon erklärt, dagegen *nicht* das linker Hand auftretende d/dt. Damit meinen die Autoren folgendes: *es* soll eine Reihe von *Zahlen*

$$\nu_1, \nu_2, \nu_3, \nu_4 \ldots \text{in inf.} \tag{19}$$

geben, derart, daß die obigen Gleichungen erfüllt sind, wenn man dem d/dt die Bedeutung beilegt: Multiplikation des ik^{ten} Matrixelementes mit $2\pi\sqrt{-1}\,(\nu_i - \nu_k)$. Also im besonderen

$$\left.\begin{aligned} \left(\frac{dq_l}{dt}\right)^{ik} &= 2\pi\sqrt{-1}\,(\nu_i - \nu_k)\,q_l^{ik}; \\ \left(\frac{dp_l}{dt}\right)^{ik} &= 2\pi\sqrt{-1}\,(\nu_i - \nu_k)\,p_l^{ik}. \end{aligned}\right\} \tag{20}$$

---

[1]) Die *stärkere* Forderung: soll dieselben quantenmechanischen Bewegungsgleichungen liefern — halte ich für zu eng. Sie rührt m. E. daher, daß die Autoren sich *auch hinsichtlich der q_k auf Potenzprodukte* beschränken, was unnötig ist.

Die Zahlenreihe (19) ist aber nicht etwa vorweg bestimmt, sondern bildet zusammen mit den Matrixelementen q_l^{ik}, p_l^{ik} die numerischen Unbekannten des Gleichungssystems (18). Dieses nimmt mit der Zeichenerklärung (20), mit den Rechenregeln (14) und (15) und mit Beachtung von (12) folgende Gestalt an:

$$\left.\begin{aligned} (\nu_i - \nu_k) q_l^{ik} &= \frac{1}{h}(H q_l - q_l H) \\ (\nu_i - \nu_k) p_l^{ik} &= \frac{1}{h}(H p_l - p_l H) \end{aligned}\right\} \qquad (18')$$

(durch $2\pi\sqrt{-1}$ ist fortgekürzt.)

Diesem Gleichungssystem haben wir also Genüge zu leisten und haben dazu kein anderes Mittel mehr verfügbar, als die geeignete Wahl des die Matrizenbildung vermittelnden Orthogonalsystems (4). Ich behaupte nun folgendes:

1. Den Gleichungen (18′) wird allgemein dadurch genügt, daß man als Orthogonalsystem die *Eigenfunktionen* des natürlichen Randwertproblems der folgenden partiellen Differentialgleichung wählt:

$$-[H, \psi] + E\psi = 0. \qquad (21)$$

ψ ist die unbekannte Funktion von $q_1, q_2, \ldots, q_n$; E ist der Eigenwertparameter. Als Dichtefunktion $\varrho(x)$ tritt selbstverständlich diejenige Funktion von $q_1, \ldots, q_n$ auf, mit welcher man die Gleichung (21) multiplizieren muß, um sie zu einer selbstadjungierten zu machen. Die Größen ν_i ergeben sich gleich den Eigenwerten E_i dividiert durch h. H^{kl} wird zu einer Diagonalmatrix, mit $H^{kk} = E_k$.

2. Hat man die Symmetrisierung der Funktion H *in passender Weise* vorgenommen — der Symmetrisierungsvorgang ist m. E. vorläufig nicht eindeutig definiert —

dann ist (21) *identisch mit der Wellengleichung, die meiner Undulationsmechanik zugrunde liegt.*[1])

Die Behauptungen 1. sind fast unmittelbar evident, wenn man sich vorläufig über die Fragen hinwegsetzt, ob denn die Gleichung (21) überhaupt zu einem vernünftigen Randwertproblem mit dem Grundgebiet: ganzer q-Raum, Anlaß gibt, ob sie immer durch Multiplikation mit einer passenden Funktion zu einer selbstadjungierten gemacht wird u. dgl. Diese Fragen finden ja in weitem Maße sub 2. ihre Erledigung. — Da nun nach (21) und nach Definition der Eigenwerte und Eigenfunktionen

$$[H, u_i] = E_i u_i, \tag{22}$$

so wird nach (6)

$$\left.\begin{aligned} H^{kl} &= \int \varrho(x) u_k(x) [H, u_l(x)]\, dx \\ &= E_i \int \varrho(s) u_k(x) u_l(x)\, dx \\ &= 0 \text{ für } l \neq k \\ &= E_l \text{ für } l = k \end{aligned}\right\} \tag{23}$$

und z. B.

$$\left.\begin{aligned} (H q_l)^{ik} &= \sum_m H^{im} q_l^{mk} = E_i q_l^{ik}, \\ (q_l H)^{ik} &= \sum_m q_l^{im} H^{mk} = E_k q_l^{ik}, \end{aligned}\right\} \tag{24}$$

so daß die rechte Seite der ersten Gleichung (18′) den Wert erhält:

$$\frac{E_i - E_k}{h} q_l^{ik}. \tag{25}$$

Ganz analoges gilt für die zweite Gleichung. Damit sind alle Behauptungen unter 1. bewiesen.

[1]) Ann. d. Physik 79. S. 510. 1926. (Gleichung 18″).

Wenden wir uns jetzt der Behauptung 2. zu, das ist: Übereinstimmung des negativ genommenen Operators der (passend symmetrisierten) HAMILTONschen Funktion mit dem Wellenoperator der Undulationsmechanik. Ich will vorerst an einem einfachen Beispiel erklären, weshalb mir der Symmetrisierungsvorgang *zunächst* nicht eindeutig zu sein scheint. Sei, bei *einem* Freiheitsgrad, die *gewöhnliche* HAMILTONsche Funktion

$$H = \frac{1}{2}(p^2 + q^2). \tag{26}$$

Dann kann man freilich erstens diese Funktion unverändert, so wie sie da steht, als „wohlgeordnete" Funktion in die „Quantenmechanik" übernehmen. Man kann aber auch, und zwar wie mir scheint *zunächst* mit demselben Recht, die wohlgeordnete Funktion

$$H = \frac{1}{2}\left(\frac{1}{f(q)}\,p f(q) p + q^2\right) \tag{27}$$

verwenden, wo $f(q)$ eine in weiten Grenzen willkürliche Funktion ist. $f(q)$ würde in diesem Fall als „Dichtefunktion" $\varrho(x)$ auftreten. (26) ist ganz offenbar nur ein Spezialfall von (27) und es fragt sich, ob und wie es überhaupt möglich ist, den Spezialfall, den man meint, allgemein, d. h. auch für kompliziertere H-Funktionen auszuzeichnen. Sich nur dem zuliebe auch in den q_k auf Potenzprodukte zu beschränken (wo man dann allerdings einfach die „Erzeugung von Nennern" verbieten könnte), das ist gerade in den wichtigsten Anwendungsfällen doch gar zu unbequem. Außerdem führt das, wie ich glaube, *nicht* zur richtigen Symmetrisierung.

Ich will nun zur Bequemlichkeit des Lesers die kurze Ableitung der Wellengleichung hier in der für den vorliegenden Zweck geeigneten Form wiederholen. Dabei beschränke ich mich auf den Fall der klassischen Mechanik (ohne Relativität und Magnetfeld). Sei also

$$H = T(q_k, p_k) + V(q_k) \tag{28}$$

und T eine quadratische Form der p_k. Dann kann die Wellengleichung gewonnen werden[1]) aus folgendem Variationsproblem:

$$\left.\begin{aligned} \delta J_1 = \delta \int \Big\{ \frac{h^2}{4\pi^2}\, T\left(q_k, \frac{\partial\psi}{\partial q_k}\right) \\ + \psi^2 V(q_k) \Big\}\, \Delta_p^{-\frac{1}{2}}\, dx = 0 \\ \text{mit der Nebenbedingung} \\ J_2 = \int \psi^2 \Delta_p^{-\frac{1}{2}}\, dx = 1. \end{aligned}\right\} \tag{29}$$

$\int dx$ steht, wie oben, für $\int \cdots \int dq_1 \cdots dq_n$; $\Delta_p^{-\frac{1}{2}}$ ist die *reziproke Quadratwurzel aus der Diskriminante der* quadratischen Form T. *Dieser Faktor darf durchaus nicht fortbleiben,* weil der ganze Prozeß sonst gegen Punkttransformationen der q_k nicht invariant wäre! Dagegen könnte allerdings noch eine *explizite* Funktion der q_k als Faktor hinzutreten, d. h. eine Funktion, welche sich bei einer Punkttransformation der q_k als Invariante transformiert. (Für Δ_p trifft dies bekanntlich nicht zu, sonst *könnte* man $\Delta_p^{-\frac{1}{2}}$ ja fortlassen, indem man jener Zusatzfunktion den Wert $\Delta_p^{-\frac{1}{2}}$ erteilt.)

Deuten wir die Ableitung von T nach *dem* Argument, das ursprünglich p_k lautete, durch den Index p_k an, so

---

[1]) Ann. d. Physik 79. S. 376. 1926. Gleichung (23) und (24).

erhalten wir als *Ergebnis der Variation*:

$$\left.\begin{aligned} 0 &= \frac{1}{2}(\delta J_1 - E\,\delta J_2) \\ &= \int \Big\{ -\frac{h^2}{8\pi^2}\sum_k \frac{\partial}{\partial q_k}\Big(\Delta_p^{-\frac{1}{2}}\,T_{p_k}\Big(q_k, \frac{\partial \psi}{\partial q_k}\Big)\Big) \\ &\quad + (V(q_k) - E)\,\Delta_p^{-\frac{1}{2}}\,\psi \Big\}\,\delta\psi\,dx; \end{aligned}\right\} \tag{30}$$

die EULERsche Variationsgleichung lautet also:

$$\left.\begin{aligned} \frac{h^2}{8\pi^2}\Delta_p^{\frac{1}{2}} \sum_k \frac{\partial}{\partial q_k}\Big\{\Delta_p^{-\frac{1}{2}}\,T_{p_k}\Big(q_k, \frac{\partial \psi}{\partial q_k}\Big)\Big\} \\ - V(q_k)\psi + E\psi = 0. \end{aligned}\right\} \tag{31}$$

Man erkennt unschwer, daß diese Gleichung die Gestalt (21) hat, wenn man sich an unser Operationszuordnungsgesetz erinnert und die EULERsche Gleichung für homogene Funktionen, angewendet auf die quadratische Form T, beachtet:

$$T(q_k, p_k) = \frac{1}{2}\sum_k p_k T_{p_k}(q_k, p_k). \tag{32}$$

In der Tat: wenn man von der linken Seite von (31), mit Ausschluß des Eigenwertgliedes $E\psi$, den Operator ablöst und in ihm $\frac{h}{2\pi\sqrt{-1}}\frac{\partial}{\partial q_k}$ durch p_k ersetzt, so erhält man nach (32) die negativ genommene HAMILTONsche Funktion (28). Dabei hat der Variationsprozeß ganz automatisch eine eindeutig bestimmte „Symmetrisierung“ des Operators ergeben, die ihn bis auf einen Faktor selbstadjungiert und gegen Punkttransformationen invariant macht und an der ich festhalten möchte, solange nicht ganz bestimmte Gründe für das Auftreten des oben[1]) als

[1]) Vgl. auch Ann. d. Phys. 79. S. 362 Anm. u. S. 510. 1926.

möglich erwähnten Zusatzfaktors unter den Integralen (29) und für eine bestimmte Form desselben sprechen.

Damit ist also die Auflösung des ganzen Systems der HEISENBERG-BORN-JORDANschen Matrizengleichungen zurückgeführt auf das natürliche Randwertproblem einer linearen partiellen Differentialgleichung. Hat man das Randwertproblem gelöst, so kann man jedes Matrizenelement, für das man sich interessiert, nach der Anweisung (6) durch Differentiationen und Quadraturen ausrechnen.

Zur Erklärung dessen, was dabei unter dem *natürlichen* Randwertproblem, d. h. unter den natürlichen Randbedingungen am natürlichen Rand des Konfigurationenraumes zu verstehen sei, verweise ich auf die durchgerechneten Beispiele.[1]) Es zeigt sich regelmäßig, daß der natürliche unendlichferne Rand eine Singularität der Differentialgleichung bildet und eindeutig nur die eine Randbedingung „Endlichbleiben" zuläßt. Es dürfte das ein gemeinsamer Charakterzug der für die Anwendung der Theorie in erster Linie in Betracht kommenden mikromechanischen Probleme sein. Ist der Bereich der Lagekoordinaten künstlich beschränkt (Beispiel: Molekül in einem „Kasten"), so wird man diese Beschränkung grundsätzlich in der wohlbekannten Weise durch Einführung geeigneter potentieller Energien zu berücksichtigen haben. Auch das *Verschwinden* der Eigenfunktionen am Rand ist im allgemeinen in weitaus hinreichendem Maße erfüllt, wenn auch bei *gewissen* von den Integralen (6) Verhältnisse vorliegen, die eine besondere Überlegung nötig machen und auf die ich im Augenblick nicht eingehen möchte (es handelt sich um diejenigen Matrixelemente beim KEPLER-Problem, die nach HEISENBERG dem Übergang von Hyperbelbahn zu Hyperbelbahn entsprechen).

Ich habe mich hier auf den Fall der klassischen Mechanik ohne Magnetfeld beschränkt, da mir die relativi-

---

[1]) Vgl. die vorstehend zitierten Arbeiten!

stisch-magnetische Verallgemeinerung noch nicht genügend abgeklärt scheint. Daß aber auch für sie der vollkommene Parallelismus der beiden neuen Quantentheorien bestehen bleiben wird, ist kaum zu bezweifeln.

Endlich noch eine allgemeine Bemerkung zu dem ganzen Formelapparat der §§ 2, 3 und 4. Es wurde in allen Formeln das zugrunde gelegte Orthogonalsystem als ein durchaus *diskretes* Funktionensystem angesehen. Das ist es nun in den wichtigsten Anwendungsfällen gerade *nicht*. Nicht nur beim Wasserstoffatom, sondern auch bei den höheren Atomen muß die Wellengleichung (31) außer einem Linienspektrum auch ein kontinuierliches Eigenwertspektrum besitzen, welches sich unter anderem in den kontinuierlichen *optischen* Spektren manifestiert, die an die Seriengrenze anschließen. Es schien besser, die Formeln und Gedankengänge vorläufig nicht mit dieser in Wahrheit unerläßlichen Verallgemeinerung zu belasten. Das Hauptziel dieser Note ist ja, die formalen Zusammenhänge der beiden Thorien möglichst klar herauszuarbeiten, und diese werden durch das Auftreten eines kontinuierlichen Spektrums sicher nicht wesentlich abgeändert. Eine wichtige Vorsicht: nicht ohne weiteres die Konvergenz der Entwicklung nach Eigenfunktionen vorauszusetzen, haben wir stets eingehalten. Diese Vorsicht ist durch die *Häufung der diskreten Eigenwerte im Endlichen* (an der Seriengrenze) ganz besonders geboten, die ihrerseits mit dem Auftreten des kontinuierlichen Spektrums auf das engste zusammenhängt.

§ 5. Vergleich der beiden Theorien. Ausblick auf ein klassisches Verständnis der Intensität und Polarisation der emittierten Strahlung

Falls die beiden Theorien — ich könnte füglich auch den Singular setzen — sich in ihrer gegenwärtig ausgesprochenen Form als haltbar, d. h. schon als die richtige Verallgemeinerung auch für kompliziertere Systeme erweisen sollten[1]), so hat jede Diskussion über den Vorzug der einen oder der anderen in gewissem Sinne nur ein Scheinobjekt. Denn vom rein mathematischen Standpunkt sind sie ja völlig äquivalent und es kann sich nur um die grundsätzlich untergeordnete Frage der Rechenbequemlichkeit handeln.

Es gibt heute nicht wenige Physiker, welche ganz im Sinne von KIRCHHOFF und MACH die Aufgabe der physikalischen Theorie lediglich in einer *möglichst sparsamen* mathematischen Beschreibung der empirischen Zusammenhänge zwischen beobachtbaren Größen erblicken, d. h. einer Beschreibung, welche den Zusammenhang möglichst ohne Vermittlung prinzipiell unbeobachtbarer Elemente wiedergibt. Bei einer solchen Einstellung ist mathematische Äquivalenz mit physikalischer Äquivalenz beinahe gleichbedeutend. Höchstens könnte im vorliegenden Fall ein gewisser Vorzug der Matrizendarstellung darin erblickt werden, daß sie wegen ihrer vollkommenen Unanschaulichkeit nicht dazu verleitet, räumlich-zeitliche Bilder des atomistischen Geschehens zu formen, die vielleicht prinzipiell unkontrollierbar bleiben müssen. In diesem Zusammenhang ist aber jedenfalls folgende *Ergänzung* des oben gelieferten Äquivalenzbeweises von Interesse: Die Äquivalenz besteht *wirklich*, sie besteht *auch in umgekehrter Richtung*. Nicht nur lassen sich, wie oben gezeigt, aus den Eigenfunktionen die Matrizen konstruieren, sondern auch umgekehrt aus den numerisch gegebenen Matrizen die Eigenfunktionen. Die

---

[1]) Es besteht ein spezieller Grund, dies für fraglich zu halten. Beide Theorien übernehmen vorläufig die Energiefunktion aus der gewöhnlichen Mechanik. Nun besteht die *potentielle* Energie in den bisher behandelten Fällen in der Wechselwirkung von Massenpunkten, von denen vielleicht wenigstens der *eine* wegen seiner großen Masse auch undulationsmechanisch als punktförmig gelten kann (vgl. A. EINSTEIN, Berl. Ber. 1925. S. 10). Es muß mit der Möglichkeit gerechnet werden, daß die Übernahme des Ansatzes für die potentielle Energie aus der gewöhnlichen Mechanik nicht mehr erlaubt ist, wenn *beide* „Punktladungen" in Wahrheit ausgedehnte Schwingungszustände sind, die einander durchdringen.

letzeren bilden also nicht etwa eine *willkürliche* und *spezielle*, dem Bedürfnis nach Anschaulichkeit fröhnende „fleischliche Umkleidung" des kahlen Matrizenskeletts; was in der Tat einen erkenntnistheoretischen Vorzug des letzteren begründen würde. Man denke in den Gleichungen

$$q_l^{ik} = \int u_i(x) q_l u_k(x)\, dx \tag{33}$$

die *linken* Seiten numerisch gegeben und die Funktionen $u_i(x)$ gesucht. (NB.: die „Dichtefunktion" ist absichtlich fortgelassen, die $u_i(x)$ sollen für den Augenblick *selbst* Orthogonalfunktionen sein.) Dann lassen sich durch Matrizenmultiplikation, wobei übrigens keinerlei „Wälzung", d. h. Integration per partes nötig ist, die Integrale

$$\int P(x) u_i(x) u_k(x)\, dx \tag{34}$$

ausrechnen, worin $P(x)$ *irgendein* Potenzprodukt der q_l bedeutet. Die Gesamtheit dieser Integrale, bei festgehaltenem i und k, bilden das, was man die Gesamtheit der „*Momente*" der Funktion $u_i(x) u_k(x)$ nennt. Und man weiß, daß unter sehr allgemeinen Voraussetzungen eine Funktion durch die Gesamtheit ihrer Momente eindeutig festgelegt ist. Somit sind sämtliche Produkte $u_i(x) u_k(x)$ eindeutig festgelegt, darunter auch die Quadrate $u_i(x)^2$, mithin auch die $u_i(x)$ selbst. Die einzige Willkür liegt in der nachträglichen Ablösung der Dichtefunktion $\varrho(x)$, z. B. $r^2 \sin \vartheta$ bei räumlichen Polarkoordinaten. Darin wird man jedenfalls keinen *erkenntnistheoretischen* faux pas zu befürchten haben.

Im übrigen läßt sich aber der These, daß mathematische Äquivalenz mit physikalischer Äquivalenz gleichbedeutend sei, überhaupt nur bedingte Gültigkeit zuerkennen. Man denke z. B. an die beiden Ausdrücke für die elektrostatische Energie eines Systems geladener Leiter, als Raumintegral $\frac{1}{2} \mathfrak{E}^2\, d\tau$ und als Summe über die Leiter

$\frac{1}{2}\sum e_i V_i$. Die beiden Ausdrücke sind für die Elektrostatik vollkommen äquivalent, der eine läßt sich durch eine Integration per partes aus dem anderen gewinnen. Gleichwohl ziehen wir den ersten bedeutend vor und sagen, daß *er* die Energie räumlich richtig lokalisiere. Auf dem Boden der Elektrostatik läßt sich diese Bevorzugung freilich niemals begründen, vielmehr nur dadurch, daß der erste Ausdruck auch in der Elektrodynamik brauchbar bleibt, der zweite nicht.

Welcher von den beiden neuen Quantentheorien unter *diesem* Gesichtspunkt der Vorzug gebührt, läßt sich heute wohl noch kaum mit Sicherheit entscheiden. Als dem natürlichen Anwalt der einen von ihnen, wird man es mir aber nicht verargen, wenn ich rückhaltlos — und vielleicht ohne eine gewisse Einseitigkeit vermeiden zu können — die Argumente hervorhebe, die zu ihren Gunsten sprechen.

Die Probleme, die außer den eigentlich optischen Fragen für den weiteren Ausbau der Atomdynamik in Betracht kommen, werden uns von der Experimentalphysik in eminent anschaulicher Form gestellt, als z. B.: wie prallen zwei stoßende Atome oder Moleküle voneinander ab, wie wird ein Elektron oder ein α-Partikel abgelenkt, wenn es mit gegebener Geschwindigkeit und Flächengeschwindigkeit („Perpendikel vom Kern auf die Anfangsbahn") durch ein Atom hindurchgeschossen wird? Um solchen Problemen näher zu treten, ist es durchaus nötig, den kontinuierlichen Übergang zwischen der makroskopischen anschaulichen Mechanik und der Mikromechanik des Atoms klar zu überblicken. Ich habe neulich[1]) auseinandergesetzt, wie ich mir diesen Übergang denke. Die Mikromechanik stellt sich als eine Verfeinerung der Makromechanik dar, welche durch die geometrisch-mechanische Kleinheit der Objekte notwendig gemacht wird und von ganz derselben Art ist wie

[1]) Ann. d. Phys. **79**. S. 489. 1926.

der Übergang von der geometrischen zur physikalischen Optik; welch letzterer geboten ist, sobald die Wellenlänge nicht mehr sehr groß ist gegen die Dimensionen der untersuchten Objekte oder gegen diejenigen Raumabmessungen, innerhalb welcher man genauen Aufschluß über die Lichtverteilung zu erhalten wünscht. — Es scheint mir außerordentlich schwierig, Probleme der oben bezeichneten Art in Angriff zu nehmen, solange man sich aus erkenntnistheoretischen Gründen ver- verpflichtet fühlt, in der Atomdynamik die Anschauung zu unterdrücken und nur mit abstrakten Begriffen wie Übergangswahrscheinlichkeiten, Energieniveaus u. dgl. zu operieren.

Eine besonders wichtige Frage, ja vielleicht die Kardinalfrage der ganzen Atomdynamik, ist bekanntlich die Frage nach der *Kopplung* zwischen dem atomdynamischen Geschehen und dem elektromagnetischen Feld oder dem, was etwa an die Stelle des letzteren zu treten hat. Nicht nur gehört hierher der ganze Fragenkomplex der Dispersion, der Resonanz- und Sekundärstrahlung und der natürlichen Linienbreite; sondern die Bezeichnung gewisser atomdynamischer Größen als Emissionsfrequenzen, Linienintensitäten usw. erhält eine mehr als dogmatische Bedeutung überhaupt erst dann, wenn die Koppelung in irgendeiner Form mathematisch beschrieben ist. Hier hat nun die Matrizendarstellung der Atomdynamik auf die Vermutung geführt, daß in der Tat auch das elektromagnetische Feld anders, nämlich matrizenmäßig, dargestellt werden *muß*, um die Koppelung mathematisch formulieren zu können. Die Undulationsmechanik zeigt, daß hierzu jedenfalls kein Zwang besteht, denn der mechanische Feldskalar (von mir mit ψ bezeichnet) besitzt völlig die Eignung, sogar in die unveränderten MAXWELL-LORENTZschen Gleichungen zwischen den elektromagnetischen Feldvektoren, als „Quelle" derselben einzugehen; so wie umgekehrt die elektrodynamischen Potentiale in die Koeffizienten der Wellengleichung eingehen, welche den mechanischen Feldskalar bestimmt.[1]) Es verlohnt jedenfalls, die Darstellung der Koppelung einmal so zu *versuchen*, daß man in die unveränderten MAXWELL-LORENTZschen Gleichungen als *Viererstrom* einen in passender Weise aus dem mechanischen Feldskalar ψ der Elektronenbewegung (vielleicht unter Vermittelung der Feldvektoren selbst oder der Potentiale) abgeleiteten Vierervektor einträgt. Es besteht sogar eine gewisse Hoffnung, daß man dann die Wellengleichung für ψ gleichfalls als Folge der MAXWELL-LORENTZschen Gleichungen hinstellen könnte, nämlich als Kontinuitätsgleichung der Elektrizität. — Die Schwierigkeit, welche für das *Mehr*elektronenproblem zunächst darin liegt, daß ψ ja eine Funktion im *Konfigurationen*raum, nicht im wirklichen Raum ist, soll nicht unerwähnt bleiben. Immerhin möchte ich am Einelektronenproblem etwas näher erläutern, daß es möglich sein dürfte, auf diese Weise eine außerordentlich anschauliche Deutung der Intensität und Polarisation der Strahlung zu geben.

Betrachten wir das undulationsmechanische Bild des Wasserstoffatoms in einem Zustand, wo der mechanische Feldskalar ψ durch eine Reihe von diskreten Eigenfunktionen gegeben ist:

$$\psi = \sum_k c_k u_k(x) e^{\frac{2\pi\sqrt{-1}E_k}{h}} \tag{35}$$

[1]) Ähnliche Gedanken äußert K. LANCZOS in einer kürzlich erschienenen interessanten Note (Ztschr. f. Phys. 35. S. 812. 1926), welche gleichfalls schon die wertvolle Erkenntnis enthält, daß die HEISENBERGsche Atomdynamik auch einer kontinuierlichen Deutung fähig ist. Im übrigen hat aber die LANCZOSsche Arbeit mit der vorliegenden weniger direkte Berührungspunkte, als man im ersten Augenblick meinen sollte. Die Determinierung des vorläufig noch ganz unbestimmt gelassenen LANCZOSschen Formelsystems ist *nicht* in der Richtung zu suchen, daß etwa LANCZOSens symmetrischer Kern $K(s,\sigma)$ mit der GREEN*schen Funktion* unserer Wellengleichung (21) oder (31) zu identifizieren sei. Denn diese GREENsche Funktion, wenn sie existiert, hat zu Eigenwerten die Quantenniveaus selbst. Von dem LANCZOSschen Kern dagegen wird verlangt, daß er die *reziproken* Quantenniveaus zu Eigenwerten haben soll.

(x steht hier für *drei* Variable, etwa r, ϑ, φ; die c_k denken wir reell, und es ist rechts der reelle Teil zu nehmen.) Wir machen nun die *Annahme*, die Raumdichte der Elektrizität sei durch den reellen Teil von

$$\psi \frac{\partial \overline{\psi}}{\partial t} \tag{36}$$

gegeben. Der Querstrich soll hier das konjugiert Komplexe bedeuten. Man berechnet dann für die Raumdichte

$$\left.\begin{aligned} \text{Raumdichte} = 2\pi \sum_{(k,m)} c_k c_m \frac{E_k - E_m}{h} u_k(x) u_m(x) \\ \sin \frac{2\pi t}{h} (E_m - E_k), \end{aligned}\right\} \tag{37}$$

wo die Summe über jede Kombination (k, m) nur einmal zu erstrecken ist. Als Frequenzen treten in (37) nur mehr die Term*differenzen* auf. Diese sind so niedrig, daß die entsprechende Ätherwellenlänge groß ist gegen die Atomdimensionen, das heißt gegen denjenigen Bereich, innerhalb dessen (37) überhaupt merklich von Null verschieden ist.[1]) Die Ausstrahlung kann daher einfach nach dem *Dipolmoment* beurteilt werden, welches das ganze Atom nach (37) besitzt. Wir multiplizieren (37) mit einer kartesischen Koordinate q_l und mit der „Dichtefunktion" $\varrho(x)$ (im vorliegenden Fall $r^2 \sin \vartheta$) und integrieren über den ganzen Raum. Nach (13) erhalten wir für die Komponente des Dipolmoments in der Richtung q_l

$$M q_l = 2\pi \sum_{(k,m)} c_k c_m q_l^{km} \frac{E_k - E_m}{h} \sin \frac{2\pi t}{h} (E_m - E_k). \tag{38}$$

---

[1]) Ann. d. Phys. 79. S. 371. 1926.

Es ergibt sich also tatsächlich eine „Fourierentwickelung“ des elektrischen Moments des Atoms, in der bloß die Term*differenzen* als Frequenzen vorkommen. In den Koeffizienten treten die HEISENBERGschen Matrixelemente q_l^{km} in solcher Weise auf, daß ihr mitbestimmender Einfluß auf die Intensität und Polarisation des betreffenden Teiles der emittierten Strahlung auf Grund der klassischen Elektrodynamik vollkommen verständlich wird.

Die vorstehende Skizze des Strahlungsmechanismus ist noch lange nicht voll befriedigend und keinesfalls endgültig. Der Ansatz (36) macht vom komplexen Rechenapparat in etwas freier Weise Gebrauch zur Beseitigung mißliebiger Schwingungskomponenten, deren Ausstrahlung überhaupt nicht auf dem einfachen Weg über das Dipolmoment des Gesamtatoms untersucht werden kann, weil die entsprechenden Ätherwellenlängen (etwa 0,01 Å) weit unterhalb der Atomdimensionen liegen. Ferner ergibt die Raumdichte (37), wenn man über den ganzen Raum integriert, nach (5) Null, und nicht, wie man verlangen muß, einen endlichen, von der Zeit unabhängigen Wert, der auf die Elektronenladung normiert werden müßte. Schließlich wäre, ergänzend, der magnetischen Ausstrahlung Rechnung zu tragen, da ja bei räumlicher Verteilung der Elektrizitätsströmung Ausstrahlung möglich ist, auch ganz ohne daß ein elektrisches Moment auftritt, z. B. bei einer Rahmenantenne.

Immerhin erscheint die Hoffnung wohl berechtigt, daß auf Grund eines dem hier skizzierten sehr ähnlichen analytischen Mechanismus ein wirkliches Verständnis der Beschaffenheit der emittierten Strahlung sich wird erzielen lassen.

5. Quantisierung als Eigenwertproblem[1])

von

ERWIN SCHRÖDINGER

(Vierte Mitteilung)[2])

§ 1. Elimination des Energieparameters aus der Schwingungsgleichung. Die eigentliche Wellengleichung. Nichtkonservative Systeme

Die Wellengleichung (18) bzw. (18″) von S. 139 der zweiten Mitteilung

$$\Delta\psi - \frac{2(E-V)}{E^2}\frac{\partial^2\psi}{\partial t^2} = 0 \tag{1}$$

bzw.

$$\Delta\psi + \frac{8\pi^2}{h^2}(E-V)\psi = 0, \tag{1'}$$

welche das *Fundament* der in dieser Abhandlungsreihe versuchten Neubegründung der Mechanik bildet, leidet an dem Übelstand, daß sie das Veränderungsgesetz für den „mechanischen Feldskalar“ ψ nicht *einheitlich* und nicht *allgemein* ausspricht. Gleichung (1) enthält nämlich den Energie- oder Frequenzparameter E und ist, wie a. a. O. ausdrücklich betont, mit einem *bestimmten* E-Wert gültig für Vorgänge, welche von der *Zeit* ausschließlich durch einen *bestimmten* periodischen Faktor abhängen

$$\psi \sim P \cdot R \cdot \left(e^{\pm\frac{2\pi i E t}{h}}\right). \tag{2}$$

---

[1]) Annalen der Physik **81** (1926) 109.

[2]) Vgl. Ann. d. Phys. **79**. S. 361. 489; **80**. S. 437. 1926; ferner über den Zusammenhang mit der HEISENBERGschen Theorie: ebendort **79**. S. 734.

Gleichung (1) ist daher in Wirklichkeit um nichts allgemeiner als die Gleichung (1'), welche dem eben genannten Umstand Rechnung trägt und die Zeit gar nicht mehr enthält.

Wenn wir also Gleichung (1) oder (1') gelegentlich als „Wellengleichung" bezeichnet haben, so geschah das eigentlich zu Unrecht, sie wäre richtiger als „Schwingungs-" oder „Amplituden"gleichung zu bezeichnen. Wir fanden aber mit ihr das Auslangen, weil ja an *diese* das STURM-LIOUVILLEsche Eigenwertproblem sich knüpft — ganz ebenso wie bei dem mathematisch völlig analogen Problem der freien Schwingungen von Saiten und Membranen — und nicht an die *eigentliche* Wellengleichung.

Dabei hatten wir bisher stets vorausgesetzt, daß die potentielle Energie V eine reine Koordinatenfunktion ist und *nicht* explizite von der Zeit abhängt. Es besteht aber das dringende Bedürfnis, die Theorie auf *nichtkonservative* Systeme auszudehnen, weil sich nur auf diese Weise das Verhalten des Systems unter der Einwirkung vorgegebener äußerer Kräfte, z. B. einer Lichtwelle oder eines vorüberfliegenden fremden Atoms, studieren läßt. Sobald nun aber V die Zeit explizite enthält, ist es offenbar *unmöglich*, der Gleichung (1) bzw. (1') zu genügen durch eine Funktion ψ, welche nur nach (2) von der Zeit abhängt. Man findet also dann mit der Amplitudengleichung nicht mehr das Auslangen, sondern muß auf die eigentliche Wellengleichung greifen.

Für konservative Systeme läßt sich dieselbe leicht angeben. (2) ist ja gleichbedeutend mit

$$\frac{\partial^2 \psi}{\partial t^2} = -\frac{4\pi^2 E^2}{h^2}\psi. \tag{3}$$

Aus (1') und (3) kann man E durch Differentiationen eliminieren und erhält in leichtverständlicher symbolischer Schreibweise

$$\left(\Delta - \frac{8\pi^2}{h^2}V\right)^2 \psi + \frac{16\pi^2}{h^2}\frac{\partial^2 \psi}{\partial t^2} = 0. \tag{4}$$

Dieser Gleichung hat jedes ψ zu genügen, welches nach (2), jedoch *mit beliebigem E*, von der Zeit abhängt; folglich auch jedes ψ, das sich durch eine Fourierreihe nach der Zeit entwickeln läßt (natürlich mit Koordinatenfunktionen als Koeffizienten). Gleichung (4) ist daher offenbar die *einheitliche und allgemeine Wellengleichung für den Feldskalar* ψ.

Sie ist, wie man sieht, nicht mehr von dem ganz einfachen Typus der schwingenden Membran, vielmehr in den Koordinaten von der *vierten* Ordnung und von sehr ähnlichem Typus, wie er bei vielen Problemen der Elastizitätstheorie vorkommt.[1]) Man braucht davon jedoch keine übermäßige Komplikation der Theorie zu befürchten oder gar die Notwendigkeit einer Revision der bisher angegebenen, an Gleichung (1′) anknüpfenden Methoden. Enthält V die Zeit *nicht*, so kann man, von (4) ausgehend, den Ansatz (2) machen und darnach den Operator in (4) folgendermaßen aufspalten:

$$\left(\Delta - \frac{8\pi^2}{h^2} V + \frac{8\pi^2}{h^2} E\right)\left(\Delta - \frac{8\pi^2}{h^2} V - \frac{8\pi^2}{h^2} E\right)\psi = 0. \tag{4′}$$

Diese Gleichung kann man *versuchsweise* aufspalten in zwei durch „entweder — oder" verbundene Gleichungen, nämlich in Gleichung (1′) und eine andere, die sich von (1′) nur dadurch unterscheidet, daß in ihr der Eigenwertparameter minus *E heißt*, statt plus *E*, was nach (2) nicht zu neuen Lösungen führt. Die Aufspaltung von (4′) ist nicht zwangläufig, weil für Operatoren nicht der Satz gilt, daß „ein Produkt nur verschwinden kann, wenn mindestens *ein* Faktor verschwindet". Dieser Mangel an Zwangläufigkeit haftet ja aber den Methoden zur Lösung partieller Differentialgleichungen auf Schritt und

---

1) Zum Beispiel bei der schwingenden *Platte*: $\Delta\Delta u + \frac{\partial^2 u}{\partial t^2} = 0$. Vgl. COURANT-HILBERT, Kap. V. § 8. S. 256.

Tritt an. Seine nachträgliche Rechtfertigung findet das Verfahren durch den Nachweis der *Vollständigkeit* der aufgefundenen Eigenfunktionen als Funktionen der Koordinaten. Sie gestattet, in Verbindung mit der Tatsache, daß nicht nur der Realteil, sondern auch der Imaginärteil von (2) der Gleichung (4) genügt, beliebige Anfangsbedingungen für ψ und $\partial\psi/\partial t$ zu erfüllen.

Wir sehen also, daß die Wellengleichung (4), welche das Dispersionsgesetz schon in sich trägt, wirlich als Grundlage der bisher entwickelten Theorie konservativer Systeme gelten kann. Ihre Verallgemeinerung für den Fall einer zeitlich variablen Potentialfunktion erfordert immerhin einige Vorsicht, weil dabei Glieder mit zeitlichen Ableitungen von V auftreten können, über die uns die Gleichung (4) nach der Art ihrer Gewinnung natürlich keinen Aufschluß geben kann. In der Tat stößt man nun bei dem Versuch, die Gleichung (4), wie sie dasteht, auf nichtkonservative Systeme zu übertragen, auf Komplikationen, die von einem Glied mit $\partial V/\partial t$ herzurühren scheinen. Ich habe daher im folgenden einen etwas anderen Weg betreten, der rechnerisch außerordentlich viel einfacher ist und den ich für prinzipiell richtig halte.

Man *muß* die Ordnung der Wellengleichung nicht auf vier hinaufdrücken, um den Energieparameter aus ihr zu entfernen. Die für die Gültigkeit von (1') erforderliche Zeitabhängigkeit von ψ läßt sich statt durch (3) auch durch

$$\frac{\partial\psi}{\partial t} = \pm \frac{2\pi i}{h} E\psi \tag{3'}$$

ausdrücken. Man kommt dann zu einer der beiden Gleichungen

$$\Delta\psi - \frac{8\pi^2}{h^2} V\psi \mp \frac{4\pi i}{h} \frac{\partial\psi}{\partial t} = 0. \tag{4''}$$

Wir werden verlangen, daß die komplexe Wellenfunktion ψ einer dieser beiden Gleichungen genüge. Da alsdann die konjugiert komplexe Funktion $\overline{\psi}$ der *anderen* Gleichung genügt, wird man als reelle Wellenfunktion (wenn man sie benötigt) den Realteil von ψ ansehen dürfen. – Im Fall eines konservativen Systems ist (4″) mit (4) wesentlich äquivalent, da sich, wenn V die Zeit nicht enthält, der reelle Operator in das Produkt der zwei konjugiert komplexen zerlegen läßt.

§ 2. Ausdehnung der Störungstheorie auf Störungen, welche explizite die Zeit enthalten. Dispersionstheorie

Das Hauptinteresse richtet sich nicht auf Systeme, bei denen die zeitlichen Schwankungen der potentiellen Energie V von derselben Größenordnung sind, wie die räumlichen, sondern auf Systeme, die, an sich konservativ, durch Hinzutritt kleiner vorgegebener Funktionen der Zeit (und der Koordinaten) zur potentiellen Energie *gestört* werden. Wir machen also den Ansatz:

$$V = V_0(x) + r(x, t), \tag{5}$$

wo x, wie schon früher öfters, als Vertreter der Gesamtheit der Konfigurationskoordinaten steht. Das ungestörte Eigenwertproblem ($r = 0$) sehen wir als *gelöst* an. Dann läßt sich das Störungsproblem durch *Quadraturen* lösen.

Wir wollen jedoch nicht sogleich das allgemeine Problem behandeln, sondern greifen aus der großen Zahl wichtiger Anwendungen, die unter die obige Fragestellung fallen, wegen seiner hervorstechenden Bedeutung die eine getrennte Behandlung wohl auf alle Fälle rechtfertigt, das Problem der *Dispersionstheorie* heraus. Hier rühren die störenden Kräfte her von einem im Bereich des Atoms homogenen und synchron schwingenden elektrischen Wechselfeld, wir haben also, wenn es sich um linear polarisiertes monochromatisches Licht von der Frequenz ν handelt, für das Störungspotential den Ansatz zu machen:

$$r(x, t) = A(x) \cos 2\pi\nu t \tag{6}$$

also

$$V = V_0(x) + A(x) \cos 2\pi\nu t. \tag{5'}$$

Hier ist $A(x)$ das negative Produkt der Lichtamplitude in diejenige Koordinatenfunktion, welche *nach der gewöhnlichen Mechanik* die Komponente des elektrischen Moments des Atoms in Richtung des elektrischen Lichtvektors bedeutet (etwa $-F\sum e_i z_i$, wenn F die Lichtamplitude, e_i, z_i die Ladungen und z-Koordinaten der Massenpunkte, und das Licht in der z-Richtung polarisiert ist (wir entnehmen den zeitlich *variablen* Teil der Potentialfunktion mit ebensoviel oder ebensowenig Recht der gewöhnlichen Mechanik, wie früher, z. B. beim Keplerproblem, den *konstanten*).

Mit dem Ansatz (5') lautet Gleichung (4''):

$$\Delta\psi - \frac{8\pi^2}{h^2}(V_0 + A\cos 2\pi\nu t)\,\psi \mp \frac{4\pi i}{h}\frac{\partial\psi}{\partial t} = 0. \tag{7}$$

Für $A = 0$ verwandeln sich diese Gleichungen durch den Ansatz:

$$\psi = u(x) e^{\pm\frac{2\pi i E t}{h}}, \tag{8}$$

(der jetzt zunächst *nicht* als „pars realis", sondern im eigentlichen Sinn gemeint ist), in die Amplitudengleichung (1') des ungestörten Problems, und man weiß (vgl. § 1), daß auf diese Weise die Gesamtheit der Lösungen des ungestörten Problems gefunden wird. Es seien

$$E_k \quad \text{und} \quad u_k(x); \qquad k = 1, 2, 3 \ldots$$

die Eigenwerte und normierten Eigenfunktionen des ungestörten Problems, die wir als *bekannt* ansehen und, um uns nicht an Nebenfragen zu verlieren, die besonders zu überlegen sein werden, als *diskret* und untereinander *verschieden* annehmen wollen (nichtentartetes System ohne Streckenspektrum).

Lösungen des gestörten Problems werden wir dann, ganz genau wie im Falle eines von der Zeit unabhängigen Störungspotentials, in der Nachbarschaft *jeder* möglichen Lösung des ungestörten Problems zu suchen haben, also in der Nachbarschaft einer beliebigen Linearkombination mit konstanten Koeffizienten der [nach (8) mit den gehörigen Zeitfaktoren $e^{\pm\frac{2\pi i E_k t}{h}}$ zu beheftenden] $u_k(x)$. Die in der Nachbarschaft einer *bestimmten* Linearkombination gelegene Lösung des gestörten Problems wird physikalisch *die* Bedeutung haben, daß *sie* es ist, welche sich zunächst einstellt, wenn beim Eintreffen der Lichtwelle gerade diese bestimmte Linearkombination von freien Eigenschwingungen vorlag (vielleicht mit geringfügigen Änderungen beim Vorgang des „Aufschaukelns").

Da nun aber die Gleichung auch des gestörten Problems *homogen* ist — dieser Mangel an Analogie mit den „erzwungenen Schwingungen" der Akustik sei nachdrücklich hervorgehoben! — so genügt es offenbar, die gestörte Lösung in der Nachbarschaft jedes *einzelnen*

$$u_k(x)\, e^{\pm\frac{2\pi i E_k t}{h}} \tag{9}$$

aufzusuchen, welche man alsdann ad libitum linear kombinieren kann, ganz ebenso wie die ungestörten Lösungen.

Wir machen also jetzt zur Lösung der ersten Gleichung (7) den Ansatz:

$$\psi = u_k(x)\, e^{\frac{2\pi i E_k t}{h}} + w(x, t). \tag{10}$$

[Das untere Vorzeichen, d. h. die zweite Gleichung (7), lassen wir fortan beiseite, sie würde nichts Neues liefern.] Das Zusatzglied $w(x, t)$ darf als klein angesehen, sein Produkt mit dem Störungspotential darf vernachlässigt werden. Berücksichtigt man das beim Einsetzen von (10) in (7) und berücksichtigt man, daß $u_k(x)$ und E_k Eigenfunktion und Eigenwert des ungestörten Problems sind, so kommt:

$$\left.\begin{aligned} &\Delta w - \frac{8\pi^2}{h^2} V_0 w - \frac{4\pi i}{h}\frac{\partial w}{\partial t} \\ &= \frac{8\pi^2}{h^2} A \cos 2\pi\nu t \cdot u_k e^{\frac{2\pi i E_k t}{h}} \\ &= \frac{4\pi^2}{h^2} - A u_k \cdot \left(e^{\frac{2\pi i t}{h}(E_k + h\nu)} + e^{\frac{2\pi i t}{h}(E_k - h\nu)}\right). \end{aligned}\right\} \quad (11)$$

Dieser Gleichung ist leicht und wesentlich *nur* durch den Ansatz zu genügen:

$$w = w_+(x) e^{\frac{2\pi i t}{h}(E_k + h\nu)} + w_-(x) e^{\frac{2\pi i t}{h}(E_k - h\nu)}, \quad (12)$$

wenn man die zwei Funktionen $w_\pm$ bzw. den zwei Gleichungen unterwirft

$$\Delta w_\pm + \frac{8\pi^2}{h^2}(E_k \pm h\nu - V_0) w_\pm = \frac{4\pi^2}{h^2} A u_k. \quad (13)$$

Dieser Schritt ist wesentlich *eindeutig*. Zwar scheint es zunächst, daß man zu (12) noch ein beliebiges Aggregat ungestörter Eigenschwingungen hinzufügen kann. Allein dieses Aggregat müßte klein von erster Ordnung angenommen werden (da diese Annahme über w gemacht ist) und bietet dann vorläufig kein Interesse, da es höchstens Störungen von der zweiten Ordnung hervorruft.

In den Gleichungen (13) haben wir nun endlich jene *inhomogenen* Gleichungen vor uns, auf die zu stoßen wir füglich erwarten durften — trotz des oben betonten Mangels an Analogie mit eigentlichen erzwungenen Schwingungen. Dieser Mangel an Analogie ist außerordentlich wichtig und gibt sich in den Gleichungen (13) in folgenden zwei Umständen kund. *Erstens* tritt als „zweites Glied“ („erregende Kraft“) nicht die Störungsfunktion $A(x)$ *allein* auf, sondern ihr *Produkt* mit der schon vorhandenen freien Schwingungsamplitude. Das ist unerläßlich, um den physikalischen Tatsachen gerecht zu werden, denn die Reaktion des Atoms auf eine einfallende Lichtwelle hängt in eminentem Maße von dem *Zustand* ab, in welchem das Atom sich gerade befindet, während die erzwungenen Schwingungen einer Membran, Platte usw. bekanntlich ganz unabhängig sind von den eventuell überlagerten Eigenschwingungen, mithin ein ganz unbrauchbares Bild liefern würden. *Zweitens* tritt auf der linken Seite von (13) an der Stelle des Eigenwertes, d. h. als „erregende Frequenz“ nicht die Frequenz ν der Störungskraft *allein* auf, vielmehr das eine Mal ihre Summe, das andere Mal ihre Differenz gegen die der schon vorhandenen freien Schwingung. Das ist gleichfalls eine unerläßliche Forderung, denn sonst würden die Eigenfrequenzen selbst, die doch den *Term*frequenzen entsprechen, als *Resonanzstellen* fungieren, und nicht wie zu fordern ist, und wie Gleichung (13) wirklich ergibt, die *Differenzen* der Eigenfrequenzen und zwar wie man mit Befriedigung erkennt: *nur* die Differenzen einer Eigenfrequenz, *die wirklich angeregt ist*, gegen alle übrigen, *nicht* die Differenzen von Eigenfrequenzpaaren, von denen *keine* angeregt ist.

Um dies genauer zu überblicken, führen wir das Lösungsverfahren bis zu Ende. Nach wohlbekannter Methode[1]) finden wir als *eindeutige* Lösungen von (13):

$$w_{\pm}(x) = \frac{1}{2} \sum_{n=1}^{\infty} \frac{a'_{kn}\, u_n(x)}{E_k - E_n \pm h\nu} \tag{14}$$

[1]) Vgl. 3. Mitteilung §§ 1 u. 2, Text bei Gleichungen (8) u. (24).

mit

$$a_{kn}' = \int A(x)\, u_k(x)\, u_n(x)\, \varrho(x)\, dx. \tag{15}$$

$\varrho(x)$ ist die „Dichtefunktion“, d. h. diejenige Funktion der Lagekoordinaten, mit der Gleichung (1′) multipliziert werden muß, um sie zu einer selbstadjungierten zu machen. Die $u_n(x)$ sind als normiert vorausgesetzt. Ferner ist vorausgesetzt, daß $h\nu$ *mit keiner der Eigenwertdifferenzen* $E_k - E_n$ *genau übereinstimmt.* Von diesem „Resonanzfall“ wird später die Rede sein (vgl. § 4).

Bilden wir nun aus (14) nach (12) und (10) die gesamte gestörte Schwingung, so ergibt sich:

$$\left.\begin{aligned} \psi = u_k(x)\, e^{\frac{2\pi i E_k t}{h}} &+ \frac{1}{2} \sum_{n=1}^{x} a_{kn}'\, u_n(x) \\ \times &\left(\frac{e^{\frac{2\pi i t}{h}(E_k + h\nu)}}{E_k - E_n + h\nu} + \frac{e^{\frac{2\pi i t}{h}(E_k - h\nu)}}{E_k - E_n - h\nu} \right). \end{aligned}\right\} \tag{16}$$

Es schwingen also im Störungsfalle mit jeder *freien* Schwingung $u_k(x)$ alle jene Schwingungen $u_n(x)$ in kleiner Amplitude mit, für welche $a_{ln}' \neq 0$. Es sind das genau diejenigen, welche, wenn sie mit u_k als freie Schwingungen zusammenbestehen, zu einer Ausstrahlung Anlaß geben, die (ganz oder teilweise) in der Polarisationsrichtung der einfallenden Welle polarisiert ist. Denn a_{kn}' ist ja, von einem Faktor abgesehen, nichts anderes als die in diese Polarisationsrichtung fallende Amplitudenkomponente des mit der Frequenz $(E_k - E_n)/h$ oszillierenden *elektrischen Moments* des Atoms *nach der Undulationsmechanik*, welches beim Zusammenbestehen von u_k und u_n auftritt.[1]) — Das Mitschwingen findet jedoch nicht mit der diesen Schwingungen eigentümlichen Eigenfrequenz E_n/h,

[1]) Vgl. das Folgende und § 7.

auch nicht mit der Frequenz ν der Lichtwelle statt, vielmehr mit der Summe und mit der Differenz von E_k/h (d. i. die Frequenz der *einen* bestehenden *freien* Schwingung) und ν.

Um die Bedeutung unseres Ergebnisses für die Dispersionstheorie zu erkennen, hat man die Ausstrahlung zu untersuchen, die aus dem Zusammenbestehen der erregten Zwangsschwingungen mit der ursprünglich schon vorhandenen freien Schwingung entspringt. Bilden wir zu dem Zweck nach dem bisher stets benutzten Verfahren[1]) — eine Kritik folgt im § 7 — das Produkt der komplexen Wellenfunktion (16) in den konjugiert komplexen Wert, d. h. also die Norm der komplexen Wellenfunktion ψ. Dabei beachten wir, daß die Störungsglieder klein sind, so daß ihre Quadrate und Produkte untereinander beiseite zu lassen sind. Man erhält nach leichter Reduktion[2]):

$$\psi\overline{\psi} = u_k(x)^2 + 2\cos 2\pi\nu t \sum_{n=1}^{\infty} \frac{(E_k - E_n)\, a'_{kn}\, u_k(x)\, u_n(x)}{(E_k - E_n)^2 - h\nu}. \tag{17}$$

Nach der *heuristischen Hypothese* über die elektrodynamische Bedeutung des Feldskalars ψ, die uns beim Starkeffekt des Wasserstoffs zu den richtigen Auswahl- und Polarisationsregeln und zu einer recht befriedigenden Darstellung der Intensitätsverhältnisse geführt hat, stellt die vorstehende Größe — von einer multiplikativen Kon-

[1]) Vgl. Ann. d. Phys. **79**. S. 755. 1926; ferner die Berechnung der Starkeffektintensitäten in der dritten Mitteilung. An der erstgenannten Stelle wurde statt $\psi\overline{\psi}$ der Realteil von $\psi\dot{\psi}$ vorgeschlagen. Das war ein Fehlgriff, der schon in der 3. Mitt. verbessert wurde.

[2]) Wir nehmen einfachheitshalber, wie bisher stets, die Eigenfunktionen $u_n(x)$ als *reell* an, bemerken aber, daß es unter Umständen sehr viel bequemer ja geradezu geboten ist, mit komplexen Aggregaten der reellen Eigenfunktionen zu arbeiten, z. B. bei den Eigenfunktionen des Keplerproblems mit $e^{\pm m\varphi i}$ statt mit $\frac{\cos}{\sin} m\varphi$.

stante abgesehen — die Dichte der Elektrizität als Funktion der Raumkoordinaten und der Zeit dar, *wenn x nur drei Raumkoordinaten vertritt,* d. h. wenn es sich um das *Ein*elektronenproblem handelt. In sinngemäßer Verallgemeinerung dieser Hypothese — worüber Näheres im § 7 — sehen wir jetzt, im allgemeinen Fall, als Dichte der Elektrizität, die mit *einem* der klassisch-mechanischen Massenpunkte „verknüpft" ist, oder „von ihm herrührt" oder „ihm wellenmechanisch entspricht", folgendes an: das mit einer gewissen Konstante, der klassischen „Ladung" des betreffenden Massenpunktes, multiplizierte *Integral* von $\psi \bar{\psi}$ über alle diejenigen Systemkoordinaten, welche klassisch-mechanisch die Lage der *übrigen* Massenpunkte festlegen. Die gesamte Ladungsdichte in einem Raumpunkt wird dann dargestellt durch die über alle Massenpunkte erstreckte *Summe* der genannten Integrale.

Um dann irgendeine Raumkomponente des gesamten wellenmechanischen *Dipolmomentes* als Funktion der Zeit zu finden, hat man nach dieser Hypothese den Ausdruck (17) mit derjenigen Koordinatenfunktion zu multiplizieren, welche *klassisch-mechanisch* die betreffende Dipolkomponente als Funktion der Konfiguration des Punktsystems gibt, also z. B. mit

$$M_y = \sum e_i y_i, \tag{18}$$

wenn es sich um das Dipolmoment in der y-Richtung handelt. Sodann hat man über *alle* Konfigurationskoordinaten zu integrieren.

Führen wir das aus. Setzen wir zur Abkürzung

$$b_{kn} = \int M_y(x)\, u_k(x)\, u_n(x)\, \varrho(x)\, dx. \tag{19}$$

Verdeutlichen wir ferner die Definition der a'_{kn} nach (15), indem wir uns erinnern, daß, wenn der einfallende elektrische Lichtvektor durch

$$\mathfrak{E}_z = F \cos 2\pi\nu t \tag{20}$$

gegeben ist, $A(x)$ die Bedeutung hat

$$\left.\begin{aligned} A(x) &= -F\cdot M_z(x),\\ \text{wobei } M_z(x) &= \sum e_i z_i. \end{aligned}\right\} \tag{21}$$

Setzt man dann, analog mit (19),

$$a_{kn} = \int M_z(x)\, u_k(x)\, u_n(x)\, \varrho(x)\, dx, \tag{22}$$

so ist $a'_{kn} = -F a_{kn}$ und man findet durch Ausführung der geplanten Integration:

$$\int M_y \psi\bar{\psi}\varrho\, dx = a_{kk} + 2F\cos 2\pi\nu t \sum_{n=1}^{\infty} \frac{(E_n - E_k)\, a_{kn} b_{kn}}{(E_k - E_n)^2 - h^3\nu^2} \tag{23}$$

für *das resultierende elektrische Moment, dem die Sekundärstrahlung zuzuschreiben ist*, zu der die einfallende Welle (20) Anlaß gibt.

Für die Ausstrahlung kommt es natürlich nur auf den zweiten, zeitlich variablen Teil an, während der erste das zeitlich konstante Dipolmoment darstellt, das mit der ursprünglich bestehenden freien Schwingung eventuell verknüpft ist. Dieser variable Teil sieht ziemlich vernünftig aus und dürfte allen Anforderungen entsprechen, die man an eine „Dispersionsformel" zu stellen gewohnt ist. Man beachte vor allem das Auftreten auch derjenigen, sogenannten „negativen" Glieder, welche — in der üblichen Ausdrucksweise — der Übergangsmöglichkeit auf ein tieferes Niveau ($E_n < E_k$) entsprechen und auf welche zuerst Kramers auf Grund korrespondenzmäßiger Überlegungen die Aufmerksamkeit gelenkt hat. Überhaupt ist unsere Formel — trotz der sehr verschiedenen Bezeichnungs- und Denkweise — wohl als formal identisch mit der Kramersschen Sekundärstrahlungsformel zu bezeichnen. Der wichtige Zusammenhang der Sekundärstrahlungskoeffizienten mit den spontanen Strahlungskoeffizienten a_{kn}, b_{kn} ist in Evidenz gesetzt und zwar wird die Sekundärstrahlung auch hinsichtlich ihres Polarisationszustandes genau beschrieben.

Was den Absolutbetrag der gestreuten Strahlung bzw. des induzierten Dipolmoments anlangt, so möchte ich glauben, daß auch er durch Formel (23) richtig wiedergegeben wird, obwohl ein Fehlgriff im Zahlenfaktor beim Ansetzen der oben eingeführten heuristischen Hypothese selbstverständlich im Bereich der Möglichkeit liegt. Die physikalische Dimension ist jedenfalls die richtige, denn da die Quadratintegrale der Eigenfunktionen auf Eins normiert sind, sind die a_{kn}, b_{kn} nach (18), (19, (21), (22) elektrische Momente. Das Verhältnis des induzierten Dipolmoments zum spontanen ist, wenn ν von der betreffenden Emissionsfrequenz weit abliegt, größenordnungsmäßig gleich dem Verhältnis der potentiellen Zusatzenergie $F a_{kn}$ zur „Energiestufe" $E_k - E_n$.

§ 7. *Über die physikalische Bedeutung des Feldskalars*

Im § 2 wurde die früher für das *Ein*elektronenproblem verwendete heuristische Hypothese über die elektrodynamische Bedeutung des Feldskalars ψ kurzerhand auf ein beliebiges System geladener Massenpunkte verallgemeinert und eine eingehendere Besprechung dieses Vorgehens in Aussicht gestellt. Wir hatten dort die Dichte der Elektrizität in einem beliebigen Raumpunkt folgendermaßen berechnet: man greift *einen* Massenpunkt heraus, hält das Koordinatentripel, welches nach der gewöhnlichen Mechanik *seine* Lage beschreibt, fest, integriert $\psi\bar{\psi}$ über alle übrigen Systemkoordinaten und multipliziert das Ergebnis mit einer gewissen Konstante, der „Ladung" des herausgegriffenen Massenpunktes; in der nämlichen Weise verfährt man mit jedem Massenpunkt (Koordinatentripel), wobei dem jeweils herausgegriffenen

Massenpunkt jedes Mal dieselbe Lage erteilt wird, nämlich die Lage desjenigen *Raum*punktes, in welchem man die Elektrizitätsdichte kennen zu lernen wünscht. Letztere ist gleich der algebraischen Summe der Teilresultate.

Diese Vorschrift ist nun gleichbedeutend mit der folgenden Auffassung, welche die eigentliche Bedeutung von ψ besser hervortreten läßt. $\psi \overline{\psi}$ ist eine Art *Gewichtsfunktion* im Konfigurationenraum des Systems. Die *wellenmechanische* Konfiguration des Systems ist eine *Superposition* vieler, streng genommen *aller*, kinematisch möglichen punktmechanischen Konfigurationen. Dabei steuert jede punktmechanische Konfiguration mit einem gewissen *Gewicht* zur wahren wellenmechanischen Konfiguration bei, welches Gewicht eben durch $\psi \overline{\psi}$ gegeben ist. Wenn man Paradoxien liebt, kann man sagen, das System befindet sich gleichsam in allen kinematisch denkbaren Lagen gleichzeitig, aber nicht in allen „gleich stark". Bei makroskopischen Bewegungen zieht sich die Gewichtsfunktion praktisch auf ein kleines Gebiet von praktisch nicht unterscheidbaren Lagen zusammen, dessen Schwerpunkt im Konfigurationenraum makroskopisch wahrnehmbare Strecken zurücklegt. Bei mikroskopischen Bewegungsproblemen interessiert jedenfalls *auch*, und für gewisse Fragen sogar *in erster Linie*, die wechselnde *Verteilung* über das Gebiet.

Diese Umdeutung mag im ersten Augenblick schokkieren, nachdem wir bisher oft in so anschaulich konkreter Form von den „ψ-Schwingungen" als von etwas ganz Realem gesprochen haben. Etwas greifbar Reales liegt ihnen ja aber auch nach der jetzigen Auffassung zugrunde, nämlich die höchst realen, elektrodynamisch wirksamen Fluktuationen der elektrischen Raumdichte. Die ψ-Funktion soll nicht mehr und nicht weniger sein bzw. leisten, als daß sie gestattet, die Gesamtheit dieser Fluktuationen durch eine einzige partielle Differentialgleichung mathematisch zu beherrschen und zu übersehen. Daß die ψ-Funktion selbst im allgemeinen nicht direkt dreidimensional räumlich interpretiert werden kann und darf, so sehr das Einelektronenproblem dazu verleitet, weil sie eben im allgemeinen eine Funktion im Konfigurationenraum, nicht im wirklichen Raum ist, ist zu wiederholten Malen hervorgehoben worden.[1])

Von einer Gewichtsfunktion im oben dargelegten Sinne wird man wünschen, daß ihr Integral über den ganzen Konfigurationenraum beständig auf ein und denselben unveränderlichen Wert, am liebsten auf Eins, normiert bleibe. In der Tat überzeugt man sich leicht, daß dies notwendig ist, damit nach den obigen Definitionen die Gesamtladung des Systems konstant bleibe. Und zwar ist diese Forderung selbstverständlich auch für nichtkonservative Systeme zu stellen. Denn es darf natürlich die Ladung eines Systems sich nicht ändern, wenn z. B. eine Lichtwelle einfällt, eine Zeitlang andauert, dann wieder aufhört. (NB.: Das gilt auch für Ionisationsprozesse. Ein abgetrenntes Teilchen ist zunächst weiter mit zum System zu rechnen, bis die Abtrennung auch *logisch* — durch Aufspaltung des Konfigurationenraums — vollzogen wird.)

Es fragt sich nun, ob diese zu fordernde *Persistenz der Normierung* durch die Änderungsgleichungen (4″) von S. 177, denen ψ unterworfen ist, auch wirklich garantiert wird. Wäre es nicht der Fall, so wäre das für unsere ganze Auffassung ziemlich katastrophal. Glücklicherweise ist es der Fall. Bilden wir

$$\frac{d}{dt}\int \psi\,\overline{\psi}\,\varrho\,dx = \int\left(\psi\frac{\partial\overline{\psi}}{\partial t} + \overline{\psi}\,\frac{\partial\psi}{\partial t}\right)\varrho\,dx. \tag{37}$$

Nun genügt ψ der einen von den beiden Gleichungen (4″), $\overline{\psi}$ also der anderen. Daher wird vorstehendes Integral, von einer multiplikativen Konstante abgesehen:

$$\int(\psi\,\Delta\,\overline{\psi} - \overline{\psi}\,\Delta\,\psi)\,\varrho\,dx = 2i\int(J\,\Delta\,R - R\,\Delta\,J)\,\varrho\,dx, \tag{38}$$

[1]) Ann. d. Phys. **79**. S. 526, 754, 1926.

wobei für den Augenblick

$$\psi = R + iJ$$

gesetzt ist. Das Integral (38) verschwindet nach dem GREENschen Satz identisch; die einzige Bedingung, welcher die Funktionen R und J dafür zu genügen haben – hinreichend stark im Unendlichen zu verschwinden – bedeutet physikalisch nichts anderes, als daß das betrachtete System praktisch auf einen *endlichen* Bereich beschränkt sei.

Man kann das Vorstehende noch etwas anders wenden, indem man nicht gleich über den ganzen Konfigurationenraum integriert, sondern bloß den zeitlichen Differentialquotienten der Gewichtsfunktion durch die GREENsche Umformung in eine Divergenz verwandelt. Man erhält dadurch Einblick in die Strömungsverhältnisse, zunächst der Gewichtsfunktion und durch sie: der Elektrizität. Die beiden Gleichungen

$$\left.\begin{aligned} \frac{\partial \psi}{\partial t} &= \frac{h}{4\pi i}\left(\Delta - \frac{8\pi^2}{h^2} V\right)\psi \\ \frac{\partial \overline{\psi}}{\partial t} &= -\frac{h}{4\pi i}\left(\Delta - \frac{8\pi^2}{h^2} V\right)\overline{\psi} \end{aligned}\right\} \qquad (4'')$$

multipliziere man mit $\varrho\,\overline{\psi}$ bzw. $\varrho\,\psi$ und addiere sie:

$$\frac{\partial}{\partial t}(\varrho\,\psi\,\overline{\psi}) = \frac{h}{4\pi i}\varrho\cdot(\overline{\psi}\,\Delta\psi - \psi\,\Delta\overline{\psi}). \qquad (39)$$

Um die Umformung der rechten Seite in extenso durchzuführen, muß man sich an die explizite Gestalt unseres mehrdimensionalen nichteuklidischen LAPLACEschen Operators erinnern[1]):

$$\varrho \Delta = \sum_k \frac{\partial}{\partial q_k}\left[\varrho T_{p_k}\left(q_l, \frac{\partial \psi}{\partial q_l}\right)\right]. \tag{40}$$

Man findet dann leicht durch eine kleine Umformung:

$$\left.\begin{aligned}\frac{\partial}{\partial t}(\varrho\psi\overline{\psi}) = \frac{h}{4\pi i}\sum_k \frac{\partial}{\partial q_k}\Big[\varrho\overline{\psi}T_{p_k}\left(q_l, \frac{\partial\psi}{\partial q_l}\right) \\ - \varrho\psi T_{p_k}\left(q_l, \frac{\partial\overline{\psi}}{\partial q_l}\right)\Big].\end{aligned}\right\} \tag{41}$$

Die rechte Seite erscheint als Divergenz eines mehrdimensionalen reellen Vektors, welcher offenbar als die *Stromdichte der Gewichtsfunktion* im Konfigurationenraum zu interpretieren ist. Gl. (41) ist die *Kontinuitätsgleichung* der Gewichtsfunktion.

Aus ihr kann man die *Kontinuitätsgleichung der Elektrizität* gewinnen, und zwar gilt eine solche einzeln für die „von jedem einzelnen Massenpunkt herrührende" Ladungsdichte. Fassen wir etwa den α-ten Massenpunkt ins Auge, seine „Ladung" sei e_α, seine Masse m_α, sein Koordinatenraum sei einfachheitshalber durch kartesische Koordinaten beschrieben, $x_\alpha, y_\alpha, z_\alpha$. Wir bezeichnen das Produkt der Differentiale der *übrigen* Koordinaten abkürzend mit dx'. Über sie integriere man die Gl. (41), bei *festem* $x_\alpha, y_\alpha, z_\alpha$. Bei dieser Integration

[1]) Ann. d. Phys. 79. S. 748. 1926, Gleichung (31). Die dort mit $\Delta_p^{-\frac{1}{2}}$ bezeichnete Größe ist unsere „Dichtefunktion" $\varrho(x)$ (z. B. $r^2 \sin\vartheta$ für ein Polarkoordinatentripel). T ist die kinetische Energie als Funktion der Lagekoordinaten und *Impulse*, der Index bei T meint die Ableitung nach einer Impulskoordinate. – In Gleichung (31) und (32) a. a. O. wurde leider versehentlich der Index k zweimal verwendet, einmal als Summationsindex, dann aber auch als repräsentativer Index im Argument der Funktionen.

fallen rechter Hand alle Glieder fort bis auf drei, und man erhält:

$$\left.\begin{aligned}&\frac{\partial}{\partial t}\left[e_a\int\psi\bar{\psi}\,dx'\right]=\frac{h e_a}{4\pi i m_a}\\&\left\{\frac{\partial}{\partial x_a}\left[\int\left(\bar{\psi}\frac{\partial\psi}{\partial x_a}-\psi\frac{\partial\bar{\psi}}{\partial x_a}\right)dx'\right]\right.\\&\left.+\frac{\partial}{\partial y_a}\left[\int\left(\bar{\psi}\frac{\partial\psi}{\partial y_a}-\psi\frac{\partial\bar{\psi}}{\partial y_a}\right)dx'\right]+\cdot\right\}\\&=\frac{h e_a}{4\pi i m_a}\operatorname{div}_a\left[\int(\bar{\psi}\operatorname{grad}_a\psi-\psi\operatorname{grad}_a\bar{\psi})\,dx'\right].\end{aligned}\right\}\tag{42}$$

In dieser Gleichung haben div und grad die gewöhnliche dreidimensional-euklidische Bedeutung und es sind x_a, y_a, z_a als kartesische Koordinaten des wirklichen Raumes aufzufassen. Die Gleichung ist die Kontinuitätsgleichung *der* Ladungsdichte die „vom α-ten Massenpunkt herrührt“. Bildet man die übrigen analog und addiert alle, so erhält man die pauschale Kontinuitätsgleichung. Es ist natürlich zu betonen, daß, wie stets in solchen Fällen, die Auffassung der Integrale rechter Hand als *Komponenten der Stromdichte* nicht absolut zwangläufig ist, weil ein divergenzfreier Vektor hinzutreten könnte.

Um ein Beispiel zu geben, erhält man für das konservative *Ein*elektronenproblem, wenn ψ durch

$$\psi=\sum_k c_k u_k e^{2\pi i\nu_k t+i\vartheta_k}\quad(c_k,\vartheta_k\text{ reelle Konstante})\tag{43}$$

gegeben ist als *Stromdichte J*

$$\left.\begin{aligned}J=\frac{h e_1}{2\pi m_1}&\sum_{(k,l)}c_k c_l(u_l\operatorname{grad}u_k-u_k\operatorname{grad}u_l)\\&\times\sin\left[2\pi(\nu_k-\nu_l)\,t+\vartheta_k-\vartheta_l\right].\end{aligned}\right\}\tag{44}$$

Man sieht, und das gilt allgemein für konservative Systeme — daß, wenn nur eine einzige Eigenschwingung erregt ist, die Stromkomponenten verschwinden und die Verteilung der Elektrizität zeitlich konstant wird; welch letzteres man ja auch unmittelbar übersieht, da $\psi\overline{\psi}$ zeitlich konstant wird. Das trifft auch dann noch zu, wenn zwar mehrere Eigenschwingungen erregt sind, aber alle zum selben Eigenwert gehören. Dagegen braucht die Stromdichte dann nicht mehr zu verschwinden, sondern es kann und wird im allgemeinen eine *stationäre* Stromverteilung vorliegen. Da im ungestörten Normalzustand das eine oder das andere jedenfalls zutrifft, kann man in gewissem Sinne von einer *Rückkehr zu elektrostatischen und magnetostatischen Atommodellen* sprechen. Damit findet die Strahlungslosigkeit des Normalzustandes allerdings eine verblüffend einfache Lösung.

Ich hoffe und glaube, daß die vorstehenden Ansätze sich zur Erklärung der magnetischen Eigenschaften der Atome und Moleküle und weiterhin auch zur Erklärung der Elektrizitätsströmung in festen Körpern als nützlich erweisen werden.

6. Über quantentheoretische Umdeutung kinematischer und mechanischer Beziehungen[1])

von

Werner Heisenberg

(Eingegangen am 29. Juli 1925)

In der Arbeit soll versucht werden, Grundlagen zu gewinnen für eine quantentheoretische Mechanik, die ausschließlich auf Beziehungen zwischen prinzipiell beobachtbaren Größen basiert ist.

Bekanntlich läßt sich gegen die formalen Regeln, die allgemein in der Quantentheorie zur Berechnung beobachtbarer Größen (z. B. der Energie im Wasserstoffatom)

[1]) Zeitschrift für Physik **33** (1925) 879.

benutzt werden, der schwerwiegende Einwand erheben, daß jene Rechenregeln als wesentlichen Bestandteil Beziehungen enthalten zwischen Größen, die scheinbar prinzipiell nicht beobachtet werden können (wie z. B. Ort, Umlaufszeit des Elektrons), daß also jenen Regeln offenbar jedes anschauliche physikalische Fundament mangelt, wenn man nicht immer noch an der Hoffnung festhalten will, daß jene bis jetzt unbeobachtbaren Größen später vielleicht experimentell zugänglich gemacht werden könnten. Diese Hoffnung könnte als berechtigt angesehen werden, wenn die genannten Regeln in sich konsequent und auf einen bestimmt umgrenzten Bereich quantentheoretischer Probleme anwendbar wären. Die Erfahrung zeigt aber, daß sich nur das Wasserstoffatom und der Starkeffekt dieses Atoms jenen formalen Regeln der Quantentheorie fügen, daß aber schon beim Problem der „gekreuzten Felder“ (Wasserstoffatom in elektrischem und magnetischem Feld verschiedener Richtung) fundamentale Schwierigkeiten auftreten, daß die Reaktion der Atome auf periodisch wechselnde Felder sicherlich nicht durch die genannten Regeln beschrieben werden kann, und daß schließlich eine Ausdehnung der Quantenregeln auf die Behandlung der Atome mit mehreren Elektronen sich als unmöglich erwiesen hat. Es ist üblich geworden, dieses Versagen der quantentheoretischen Regeln, die ja wesentlich durch die Anwendung der klassischen Mechanik charakterisiert waren, als Abweichung von der klassischen Mechanik zu bezeichnen. Diese Bezeichnung kann aber wohl kaum als sinngemäß angesehen werden, wenn man bedenkt, daß schon die (ja ganz allgemein gültige) EINSTEIN-BOHRsche Frequenzbedingung eine so völlige Absage an die klassische Mechanik oder besser, vom Standpunkt der Wellentheorie aus, an die dieser Mechanik zugrunde liegende Kinematik darstellt, daß auch bei den einfachsten quantentheoretischen Problemen an eine Gültigkeit der klassischen Mechanik schlechterdings nicht gedacht werden kann. Bei dieser Sachlage scheint es geratener, jene Hoffnung auf eine Beobachtung der bisher unbeobachtbaren Größen (wie Lage, Umlaufszeit des Elektrons) ganz aufzugeben, gleichzeitig also einzuräumen, daß die teilweise Übereinstimmung der genannten Quantenregeln mit der Erfahrung mehr oder weniger zufällig sei, und zu versuchen, eine der klassischen Mechanik analoge quantentheoretische Mechanik auszubilden, in welcher nur Beziehungen zwischen beobachtbaren Größen vorkommen. Als die wichtigsten ersten Ansätze zu einer solchen quantentheoretischen Mechanik kann man neben der Frequenzbedingung die KRAMERSsche Dispersionstheorie[1]) und die auf dieser Theorie weiterbauenden Arbeiten[2]) ansehen. Im folgenden wollen wir einige neue quantenmechanische Beziehungen herauszustellen suchen und zur vollständigen Behandlung einiger spezieller Probleme benutzen. Wir werden uns dabei auf Probleme von einem Freiheitsgrade beschränken.

§ 1. In der klassischen Theorie ist die Strahlung eines bewegten Elektrons $\left(\text{in der Wellenzone, d. h. } \mathfrak{E} \sim \mathfrak{H} \sim \frac{1}{r}\right)$ nicht allein durch die Ausdrücke:

$$\mathfrak{E} = \frac{e}{r^3 c^2}\,[\mathfrak{r}[\mathfrak{r}\dot{\mathfrak{v}}]],$$

$$\mathfrak{H} = \frac{e}{r^2 c^2}\,[\dot{\mathfrak{v}}\mathfrak{r}]$$

gegeben, sondern es kommen in nächster Näherung noch Glieder hinzu, z. B. von der Form

$$\frac{e}{r c^3}\,\dot{\mathfrak{v}}\,\mathfrak{v},$$

---

1) H. v. KRAMERS, Nature **113**, 673, 1924.

2) M. BORN, ZS. f. Phys. **26**, 379, 1924. H. A. KRAMERS und W. HEISENBERG, ZS. f. Phys. **31**, 681, 1925. M. BORN und P. JORDAN, ZS. f. Phys. (Im Erscheinen.)

die man als „Quadrupolstrahlung“ bezeichnen kann, in noch höherer Näherung Glieder z. B. der Form

$$\frac{e}{r c^4} \dot{\mathfrak{v}} \mathfrak{v}^2;$$

in dieser Weise läßt sich die Näherung beliebig weit treiben. (Im Vorhergehenden bedeuteten: $\mathfrak{E}, \mathfrak{H}$ die Feldstärken im Aufpunkt, e die Ladung des Elektrons, $\mathfrak{r}$ den Abstand des Elektrons vom Aufpunkt, $\mathfrak{v}$ die Geschwindigkeit des Elektrons.)

Man kann sich fragen, wie jene höheren Glieder in der Quantentheorie aussehen müßten. Da in der klassischen Theorie die höheren Näherungen einfach berechnet werden können, wenn die Bewegung des Elektrons bzw. ihre Fourierdarstellung gegeben ist, so wird man in der Quantentheorie Ähnliches erwarten. Diese Frage hat nichts mit Elektrodynamik zu tun, sondern sie ist, dies scheint uns besonders wichtig, rein *kinematischer* Natur; wir können sie in einfachster Form folgendermaßen stellen: Gegeben sei eine an Stelle der klassischen Größe $x(t)$ tretende quantentheoretische Größe, welche quantentheoretische Größe tritt dann an Stelle von $x(t)^2$?

Bevor wir diese Frage beantworten können, müssen wir uns daran erinnern, daß es in der Quantentheorie nicht möglich war, dem Elektron einen Punkt im Raum als Funktion der Zeit mittels beobachtbarer Größen zuzuordnen. Wohl aber kann dem Elektron auch in der Quantentheorie eine Ausstrahlung zugeordnet werden; diese Strahlung wird beschrieben erstens durch die Frequenzen, die als Funktionen zweier Variablen auftreten, quantentheoretisch in der Gestalt:

$$\nu(n, n-\alpha) = \frac{1}{h} \{W(n) - W(n-\alpha)\},$$

in der klassischen Theorie in der Form:

$$\nu(n, \alpha) = \alpha \cdot \nu(n) = \alpha \frac{1}{h} \frac{dW}{dn}.$$

(Hierin ist $n \cdot h = J$, einer der kanonischen Konstanten, gesetzt).

Als charakteristisch für den Vergleich der klassischen mit der Quantentheorie hinsichtlich der Frequenzen kann man die Kombinationsrelationen anschreiben:

Klassisch:

$$\nu(n, \alpha) + \nu(n, \beta) = \nu(n, \alpha + \beta).$$

Quantentheoretisch:

$$\nu(n, n - \alpha) + \nu(n - \alpha, n - \alpha - \beta) = \nu(n, n - \alpha - \beta)$$

bzw.

$$\nu(n - \beta, n - \alpha - \beta) + \nu(n, n - \beta) = \nu(n, n - \alpha - \beta).$$

Neben den Frequenzen sind zweitens zur Beschreibung der Strahlung notwendig die Amplituden; die Amplituden können als komplexe Vektoren (mit je sechs unabhängigen Bestimmungsstücken) aufgefaßt werden und bestimmen Polarisation und Phase. Auch sie sind Funktionen der zwei Variablen n und α, so daß der betreffende Teil der Strahlung durch den folgenden Ausdruck dargestellt wird:

Quantentheoretisch:

$$Re\,\{\mathfrak{A}(n, n - \alpha)\, e^{i\omega(n, n-a)t}\}. \tag{1}$$

Klassisch:

$$Re\,\{\mathfrak{A}_\alpha(n)\, e^{i\omega(n).\alpha t}\}. \tag{2}$$

Der (in $\mathfrak{A}$ enthaltenen) Phase scheint zunächst eine physikalische Bedeutung in der Quantentheorie nicht zuzukommen, da die Frequenzen der Quantentheorie mit ihren Oberschwingungen im allgemeinen nicht kommensurabel sind. Wir werden aber sofort sehen, daß die Phase auch in der Quantentheorie eine bestimmte, der in der klassischen Theorie analoge Bedeutung hat. Betrachten wir jetzt eine bestimmte Größe $x(t)$ in der klassischen Theorie, so kann man sie repräsentiert denken durch eine Gesamtheit von Größen der Form

$$\mathfrak{A}_\alpha(n)\, e^{i\omega(n).\alpha t},$$

die, je nachdem die Bewegung periodisch ist oder nicht, zu einer Summe oder zu einem Integral vereinigt $x(t)$ darstellen:

$$\left.\begin{aligned} x(n,t) &= \sum_{-\infty}^{+\infty}{}^{\alpha}\, \mathfrak{A}_\alpha(n)\, e^{i\omega(n).\alpha t} \\ &\text{bzw.} \\ x(n,t) &= \int_{-\infty}^{+\infty} \mathfrak{A}_\alpha(n)\, e^{i\omega(n)\alpha t}\, d\alpha. \end{aligned}\right\} \qquad (2\text{a})$$

Eine solche Vereinigung der entsprechenden quantentheoretischen Größen scheint wegen der Gleichberechtigung der Größen $n, n-\alpha$ nicht ohne Willkür möglich und deshalb nicht sinnvoll; wohl aber kann man die Gesamtheit der Größen

$$\mathfrak{A}(n, n-\alpha)\, e^{i\omega(n,n-\alpha)t}$$

als Repräsentant der Größe $x(t)$ auffassen und dann die oben gestellte Frage zu beantworten suchen: Wodurch wird die Größe $x(t)^2$ repräsentiert?

Die Antwort lautet klassisch offenbar so:

$$\mathfrak{B}_\beta(n)\, e^{i\omega(n)\beta t} = \sum_{-\infty}^{+\infty}{}^{\alpha}\, \mathfrak{A}_\alpha\, \mathfrak{A}_{\beta-\alpha}\, e^{i\omega(n)(\alpha+\beta-\alpha)t} \qquad (3)$$

bzw.

$$= \int_{-\infty}^{+\infty} \mathfrak{A}_\alpha\, \mathfrak{A}_{\beta-\alpha}\, e^{i\omega(n)(\alpha+\beta-\alpha)t}\, d\alpha, \qquad (4)$$

wobei dann

$$x(t)^2 = \sum_{-\infty}^{+\infty}{}_\beta \, \mathfrak{B}_\beta(n)\, e^{i\omega(n)\beta t} \tag{5}$$

bzw.

$$= \int_{-\infty}^{+\infty} \mathfrak{B}_\beta(n)\, e^{i\omega(n)\beta t}\, d\beta. \tag{6}$$

Quantentheoretisch scheint es die einfachste und natürlichste Annahme, die Beziehungen (3, 4) durch die folgenden zu ersetzen:

$$\mathfrak{B}(n, n-\beta)\, e^{i\omega(n,n-\beta)t} = \sum_{-\infty}^{+\infty}{}_\alpha \, \mathfrak{A}(n, n-\alpha) \times \mathfrak{A}(n-\alpha, n-\beta)\, e^{i\omega(n,n-\beta)t} \tag{7}$$

bzw.

$$= \int_{-\infty}^{+\infty} d\alpha\, \mathfrak{A}(n, n-\alpha)\, \mathfrak{A}(n-\alpha, n-\beta)\, e^{i\omega(n,n-\beta)t}; \tag{8}$$

und zwar ergibt sich diese Art der Zusammensetzung nahezu zwangläufig aus der Kombinationsrelation der Frequenzen. Macht man diese Annahme (7) und (8), so erkennt man auch, daß die Phasen der quantentheoretischen $\mathfrak{A}$ eine ebenso große physikalische Bedeutung haben wie die in der klassischen Theorie; nur der Anfangspunkt der Zeit und daher eine allen $\mathfrak{A}$ *gemeinsame* Phasenkonstante ist willkürlich und ohne physikalische Bedeutung; doch die Phase der *einzelnen* $\mathfrak{A}$ geht wesentlich in die Größe $\mathfrak{B}$ ein[1]). Eine geometrische Interpretation solcher quantentheoretischer Phasenbeziehungen in Analogie zur klassischen Theorie scheint zunächst kaum möglich.

---

[1]) Vgl. auch H. A. KRAMERS und W. HEISENBERG, l. c. In die dort benutzten Ausdrücke für das induzierte Streumoment gehen die Phasen wesentlich ein.

Fragen wir weiter nach dem Repräsentant der Größe $x(t)^3$, so finden wir ohne Schwierigkeit:

Klassisch:

$$\mathfrak{C}(n,\gamma) = \sum_{-\infty}^{+\infty} \sum_{-\infty}^{+\infty}{}^{\alpha,\beta}\, \mathfrak{A}_\alpha(n)\, \mathfrak{A}_\beta(n)\, \mathfrak{A}_{\gamma-\alpha-\beta}(n). \tag{9}$$

Quantentheoretisch:

$$\mathfrak{C}(n,n-\gamma) = \sum_{-\infty}^{+\infty} \sum_{-\infty}^{+\infty}{}^{\alpha,\beta}\, \mathfrak{A}(n,n-\alpha)\, \mathfrak{A}(n-\alpha,n-\alpha\,\beta) \times \mathfrak{A}(n-\alpha-\beta,n-\gamma) \tag{10}$$

bzw. die entsprechenden Integrale.

In ähnlicher Weise lassen sich alle Größen der Form $x(t)^n$ quantentheoretisch darstellen, und wenn irgendeine Funktion $f[x(t)]$ gegeben ist, so kann man offenbar immer dann, wenn diese Funktion nach Potenzreihen in x entwickelbar ist, das quantentheoretische Analogon finden. Eine wesentliche Schwierigkeit entsteht jedoch, wenn wir zwei Größen $x(t)$, $y(t)$ betrachten und nach dem Produkt $x(t)\,y(t)$ fragen.

Sei $x(t)$ durch $\mathfrak{A}$, $y(t)$ durch $\mathfrak{B}$ charakterisiert, so ergibt sich als Darstellung von $x(t)$, $y(t)$:

Klassisch:

$$\mathfrak{C}_\beta(n) = \sum_{-\infty}^{+\infty}{}^{\alpha}\, \mathfrak{A}_\alpha(n)\, \mathfrak{B}_{\beta-\alpha}(n).$$

Quantentheoretisch:

$$\mathfrak{C}(n,n-\beta) = \sum_{-\infty}^{+\infty}{}^{\alpha}\, \mathfrak{A}(n,n-\alpha)\, \mathfrak{B}(n-\alpha,n-\beta).$$

Während klassisch $x(t)$, $y(t)$ stets gleich $y(t)$, $x(t)$ wird, braucht dies in der Quantentheorie im allgemeinen nicht der Fall zu sein. — In speziellen Fällen, z. B. bei der Bildung von $x(t)$, $x(t)^2$, tritt diese Schwierigkeit nicht auf.

Wenn es sich, wie in der zu Beginn dieses Paragraphen gestellten Frage, um Bildungen der Form

$$v(t)\,\dot{v}(t)$$

handelt, so wird man quantentheoretisch $v\dot{v}$ ersetzen sollen durch $\frac{v\dot{v}+\dot{v}v}{2}$, um zu erreichen, daß $v\dot{v}$ als Differentialquotient von $\frac{v^2}{2}$ auftritt. In ähnlicher Weise lassen sich wohl stets naturgemäße quantentheoretische Mittelwerte angeben, die allerdings in noch höherem Grade hypothetisch sind als die Formeln (7) und (8).

Abgesehen von der eben geschilderten Schwierigkeit dürften Formeln vom Typus (7), (8) allgemein genügen, um auch die Wechselwirkung der Elektronen in einem Atom durch die charakteristischen Amplituden der Elektronen auszudrücken.

§ 2. Nach diesen Überlegungen, welche die Kinematik der Quantentheorie zum Gegenstand hatten, werden wir zum mechanischen Problem übergehen, das auf die Bestimmung der $\mathfrak{A}$, ν, W aus den gegebenen Kräften des Systems abzielt. In der bisherigen Theorie wird dieses Problem gelöst in zwei Schritten:

1. Integration der Bewegungsgleichung

$$\ddot{x} + f(x) = 0. \tag{11}$$

2. Bestimmung der Konstante bei periodischen Bewegungen durch

$$\oint p\,dq = \oint m\dot{x}\,dx = J\,(= nh). \tag{12}$$

Wenn man sich vornimmt, eine quantentheoretische Mechanik aufzubauen, welche der klassischen möglichst analog ist, so liegt es wohl sehr nahe, die Bewegungsgleichung (11) direkt in die Quantentheorie zu übernehmen, wobei es nur notwendig ist — um nicht vom sicheren Fundament der prinzipiell beobachtbaren Größen abzugehen —, an Stelle der Größen $\ddot{x}, f(x)$ ihre aus § 1 bekannen quantentheoretischen Repräsentanten zu setzen. In der klassischen Theorie ist es möglich, die Lösung von (11) durch Ansatz von x in Fourierreihen bzw. Fourierintegralen mit unbestimmten Koeffizienten (und Frequenzen) zu suchen; allerdings erhalten wir dann im allgemeinen unendliche viele Gleichungen mit unendlich vielen Unbekannten bzw. Integralgleichungen, die sich nur in speziellen Fällen zu einfachen Rekursionsformeln für die $\mathfrak{A}$ umgestalten lassen. In der Quantentheorie sind wir jedoch vorläufig auf diese Art der Lösung von (11) angewiesen, da sich, wie oben besprochen, keine der Funktion $x(n, t)$ direkt analoge quantentheoretische Funktion definieren ließ.

Dies hat zur Folge, daß die quantentheoretische Lösung von (11) zunächst nur in den einfachsten Fällen durchführbar ist. Bevor wir auf solche einfache Beispiele eingehen, sei noch die quantentheoretische Bestimmung der Konstante nach (12) hergeleitet. Wir nehmen also an, daß die Bewegung (klassisch) periodisch sei:

$$x = \sum_{-\infty}^{+\infty}{}_{\alpha}\, a_\alpha(n)\, e^{i\alpha\omega_n t}; \tag{13}$$

dann ist

$$m\dot{x} = m \sum_{-\infty}^{+\infty} a_\alpha(n) \cdot i\alpha\,\omega_n e^{i\alpha\omega_n t}$$

und

$$\oint m\dot{x}\,dx = \oint m\dot{x}^2\,dt = 2\pi m \sum_{-\infty}^{+\infty}{}_{\alpha}\, a_\alpha(n)\, a_{-\alpha}(n)\, \alpha^2\omega_n.$$

Da ferner $a_{-\alpha}(n) = \overline{a_\alpha(n)}$ ist (x soll reell sein), so folgt

$$\oint m\dot{x}^2\,dt = 2\pi m \sum_{-\infty}^{+\infty}{}_{\alpha}\, |a_\alpha(n)|^2\, \alpha^2\omega_n. \tag{14}$$

Dieses Phasenintegral hat man bisher meist gleich einem ganzen Vielfachen von h, also gleich $n \cdot h$ gesetzt; eine solche Bedingung fügt sich aber nicht nur sehr gezwungen der mechanischen Rechnung ein, sie erscheint auch selbst vom bisherigen Standpunkt aus im Sinne des Korrespondenzprinzips willkürlich: denn korrespondenzmäßig sind die J nur bis auf eine additive Konstante als ganzzahlige Vielfache von h festgelegt, und an Stelle von (14) hätte naturgemäß zu treten:

$$\frac{d}{dn}(nh) = \frac{d}{dn} \cdot \int m \dot{x}^2 \, dt,$$

das heißt

$$h = 2\pi m \cdot \sum_{-\infty}^{+\infty} \alpha \frac{d}{dn} (\alpha \omega_n \cdot |a_\alpha|^2). \tag{15}$$

Eine solche Bedingung legt allerdings die q_α dann auch nur bis auf eine Konstante fest, und diese Unbestimmtheit hat empirisch in dem Auftreten von halben Quantenzahlen zu Schwierigkeiten Anlaß gegeben.

Fragen wir nach einer (14) und (15) entsprechenden quantentheoretischen Beziehung zwischen beobachtbaren Größen, so stellt sich die vermißte Eindeutigkeit von selbst wieder her.

Zwar besitzt eben nur Gleichung (15) eine an die KRAMERSsche Dispersionstheorie anknüpfende einfache quantentheoretische Verwandlung[1]):

$$h = 4\pi m \sum_{0}^{\infty} \{ |a(n, n+\alpha)|^2 \, \omega(n, n+\alpha) - |a(n, n-\alpha)|^2 \, \omega(n, n-\alpha) \}, \tag{16}$$

[1]) Diese Beziehung wurde schon auf Grund von Betrachtungen von Dispersion gegeben von W. KUHN, ZS. f. Phys. 333, 408, 1925, und THOMAS, Naturw. 13, 1925.

doch diese Beziehung genügt hier zur eindeutigen Bestimmung der a, denn die in den Größen a zunächst unbestimmte Konstante wird von selbst durch die Bedingung festgelegt, daß es einen Normalzustand geben solle, von dem aus keine Strahlung mehr stattfindet: sei der Normalzustand mit n_0 bezeichnet, so sollen also alle

$$a(n_0, n_0 - \alpha) = 0 \text{ (für } \alpha > 0)$$

sein. Die Frage nach halbzahliger oder ganzzahliger Quantelung dürfte daher in einer quantentheoretischen Mechanik, die nur Beziehungen zwischen beobachtbaren Größen benutzt, nicht auftreten können.

Die Gleichungen (11) und (16) zusammen enthalten, wenn sie sich lösen lassen, eine vollständige Bestimmung nicht nur der Frequenzen und Energien, sondern auch der quantentheoretischen Übergangswahrscheinlichkeiten. Die wirkliche mathematische Durchführung gelingt jedoch zunächst nur in den einfachsten Fällen: eine besondere Komplikation entsteht auch bei vielen Systemen, wie z. B. beim Wasserstoffatom, dadurch, daß die Lösungen teils periodischen, teils aperiodischen Bewegungen entsprechen, was zur Folge hat, daß die quantentheoretischen Reihen (7), (8) und die Gleichung (16) stets in eine Summe und ein Integral zerfallen. Quantenmechanisch läßt sich eine Trennung in „periodische und aperiodische Bewegungen" im allgemeinen nicht durchführen.

Trotzdem könnte man vielleicht die Gleichungen (11) und (16) wenigstens prinzipiell als befriedigende Lösung des mechanischen Problems ansehen, wenn sich zeigen ließe, daß diese Lösung übereinstimmt bzw. nicht in Widerspruch steht mit den bisher bekannten quantenmechanischen Beziehungen; daß also eine kleine Störung eines mechanischen Problems zu Zusatzgliedern in der Energie bzw. in den Frequenzen Anlaß gibt, die eben den von KRAMERS und BORN gefundenen Ausdrücken entsprechen — im Gegensatz zu denen, welche die klassische Theorie liefern würde. Ferner müßte untersucht werden, ob im allgemeinen der Gleichung (11) auch in der hier vorgeschlagenen quantentheoretischen Auffassung ein Energieintegral $m\frac{\dot{x}^2}{2} + U(x) = \text{const}$ entspricht und ob die so gewonnene Energie — ähnlich, wie klassisch gilt: $\nu = \frac{\partial W}{\partial J}$ — der Bedingung genügt: $\Delta W = h \cdot \nu$. Eine allgemeine Beantwortung dieser Fragen erst könnte den inneren Zusammenhang der bisherigen quantenmechanischen Versuche dartun und zu einer konsequent nur mit beobachtbaren Größen operierenden Quantenmechanik führen. Abgesehen von einer allgemeinen Beziehung zwischen der KRAMERSschen Dispersionsformel und den Gleichungen (11) und (16) können wir die oben gestellten Fragen nur in den ganz speziellen, durch einfache Rekursion lösbaren Fällen beantworten.

§ 3. Als einfachstes Beispiel soll im folgenden der anharmonische Oszillator behandelt werden:

$$\ddot{x} + \omega_0^2 x + \lambda x^2 = 0. \tag{17}$$

Klassisch läßt sich diese Gleichung befriedigen durch einen Ansatz der Form

$$x = \lambda a_0 + a_1 \cos \omega t + \lambda a_2 \cos 2\omega t \\ + \lambda^2 a_3 \cos 3\omega t + \cdots \lambda^{\tau-1} a_\tau \cos \tau\omega t,$$

wobei die a Potenzreihen in λ sind, die mit einem von λ freien Gliede beginnen. Wir versuchen quantentheoretisch einen analogen Ansatz und repräsentieren x durch Glieder der Form

$\lambda a(n, n)$: $a(n, n-1) \cos \omega(n, n-1)t$: $\lambda a(n, n-2)$ $\times \cos \omega(n, n-2)t$: $\ldots \lambda^{\tau-1}(n, n-\tau) \cos \omega(n, n-\tau)t \ldots$

Die Rekursionsformeln zur Bestimmung der a und ω lauten (bis auf Glieder der Ordnung λ) nach Gleichung (3), (4) bzw. (7), (8):

Klassisch:

$$\left.\begin{aligned} \omega_0^2 a_0(n) + \frac{a_1^2(n)}{2} &= 0: \\ -\omega^2 + \omega_0^2 &= 0: \\ (-4\omega^2 + \omega_0^2) a_2(n) + \frac{a_1^2}{2} &= 0: \\ (-9\omega^2 + \omega_0^2) a_3(n) + a_1 a_2 &= 0; \\ \cdots\cdots\cdots\cdots\cdots\cdots \end{aligned}\right\} \quad (18)$$

Quantentheoretisch:

$$\left.\begin{aligned} \omega_0^2 a_0(n) + \frac{a^2(n+1, n) + a^2(n, n-1)}{4} &= 0; \\ -\omega^2(n, n-1) + \omega_0^2 &= 0; \\ (-\omega^2(n, n-2) + \omega_0^2) a(n, n-2) & \\ + \frac{a(n, n-1) a(n-1, n-2)}{2} &= 0; \\ (-\omega^2(n, n-3) + \omega_0^2) a(n n, -3) & \\ + \frac{a(n, n-1) a(n-1, n-3)}{2} & \\ + \frac{a(n, n-2) a(n-2, n-3)}{2} &= 0; \\ \cdots\cdots\cdots\cdots\cdots\cdots \end{aligned}\right\} \quad (19)$$

Hierzu kommt die Quantenbedingung:

Klassisch $(J = nh)$:

$$1 = 2\pi m \frac{d}{dJ} \sum_{-\infty}^{+\infty} \tau^2 \frac{|a_\tau|^2 \omega}{4}.$$

Quantentheoretisch:

$$h = \pi m \sum_{0}^{\infty} [|a(n+\tau, n)|^2 \omega(n+\tau, n) - |a(n, n-\tau)|^2 \times \omega(n, n-\tau)].$$

Dies ergibt in erster Näherung, sowohl klassisch wie quantentheoretisch:

$$a_1^2(n) \quad \text{bzw.} \quad a^2(n, n-1) = \frac{(n + \text{const})\, h}{\pi m \omega_0}. \tag{20}$$

Quantentheoretisch läßt sich die Konstante in (20) bestimmen durch die Bedingung, daß $a(n_0, n_0 - 1)$ im Normalzustand Null sein solle. Numerieren wir die n so, daß n im Normalzustand gleich Null wird, also $n_0 = 0$, so folgt

$$a^2(n, n-1) = \frac{n h}{\pi m \omega_0}.$$

Aus den Rekursionsgleichungen (18) folgt dann, daß in der klassischen Theorie a_τ (in erster Näherung in λ) von der Form wird $\varkappa(\tau) n^{\frac{\tau}{2}}$, wo $\varkappa(\tau)$ einen von n unabhängigen Faktor darstellt. In der Quantentheorie ergibt sich aus (19)

$$a(n, n-\tau) = \varkappa(\tau) \sqrt{\frac{n!}{(n-\tau)!}}, \tag{21}$$

wobei $\varkappa(\tau)$ denselben, von n unabhängigen Proportionalitätsfaktor darstellt. Für große Werte von n geht natürlich der quantentheoretische Wert von a_τ asymptotisch in den klassischen über.

Für die Energie liegt es nahe, den klassischen Ansatz

$$\frac{m \dot{x}^2}{2} + m \omega_0^2 \frac{x^2}{2} + \frac{m \lambda}{3} x^3 = W$$

zu versuchen, der in der hier durchgerechneten Näherung auch quantentheoretisch wirklich konstant ist und nach (19), (20) und (21) den Wert hat:

Klassisch:

$$W = \frac{n h \omega_0}{2\pi}. \tag{22}$$

Quantentheoretisch [nach (7), (8)]:

$$W = \frac{\left(n + \frac{1}{2}\right) h \omega_0}{2\pi} \tag{23}$$

(bis auf Größen der Ordnung λ^2).

Nach dieser Auffassung ist also schon beim harmonischen Oszillator die Energie nicht durch die „klassische Mechanik", d. h. (22) darstellbar, sondern sie hat die Form (23).

Die genauere Durchrechnung auch der höheren Näherungen in W, a, ω soll ausgeführt werden am einfacheren Beispiel des anharmonischen Oszillators vom Typus:

$$\ddot{x} + \omega_0^2 x + \lambda x^3 = 0.$$

Klassisch kann man hier setzen:

$$x = a_1 \cos \omega t + \lambda a_3 \cos 3\omega t + \lambda^2 a_5 \cos 5\omega t + \cdots,$$

analog versuchen wir quantentheoretisch den Ansatz

$$a(n, n-1) \cos \omega(n, n-1)t; \quad \lambda a(n, n-3) \times \cos \omega(n, n-3)t; \; \ldots$$

Die Größen a sind wieder Potenzreihen in λ, deren erstes Glied, wie in (21), die Form hat:

$$a(n, n-\tau) = \varkappa(\tau) \sqrt{\frac{n!}{(n-\tau)!}},$$

wie man durch Ausrechnen der den Gleichungen (18), (19) entsprechenden Gleichungen erhält.

Führt man die Berechnung von ω, a nach (18), (19) bis zur Näherung λ^2 bzw. λ durch, so erhält man:

$$\omega(n, n-1) = \omega_0 + \lambda \cdot \frac{3nh}{8\pi\omega_0^2 m} - \lambda^2 \cdot \frac{3h^2}{256\,\omega_0^5 m^2 \pi^2}(17n^2 + 7) + \cdots, \tag{24}$$

$$a(n, n-1) = \sqrt{\frac{nh}{\pi\omega_0 m}}\left(1 - \lambda\frac{3nh}{16\pi\omega_0^3 m} + \cdots\right). \tag{25}$$

$$a(n, n-3) = \frac{1}{32}\sqrt{\frac{h^3}{\pi^3\omega_0^7 m^3}\,n(n-1)(n-2)} \times \left(1 - \lambda\frac{39(n-1)h}{32\pi\omega_0^3 m}\right). \tag{26}$$

Die Energie, die als das konstante Glied von

$$m\frac{\dot{x}^2}{2} + m\omega_0^2\frac{x^2}{2} + \frac{m\lambda}{4}x^4$$

definiert ist (daß die periodischen Glieder wirklich alle Null sind, konnte ich nicht allgemein beweisen, in den durchgerechneten Gliedern war es der Fall), ergibt sich zu

$$W = \frac{\left(n + \frac{1}{2}\right)h\omega_0}{2\pi} + \lambda \cdot \frac{3\left(n^2 + n + \frac{1}{2}\right)h^2}{8 \cdot 4\pi^2\omega_0^2 \cdot m} - \lambda^2 \cdot \frac{h^3}{512\pi^3\omega_0^5 m^2}\left(17n^3 + \frac{51}{2}n^2 + \frac{59}{2}n + \frac{21}{2}\right). \tag{27}$$

Diese Energie kann man auch noch nach dem KRAMERS-BORNschen Verfahren berechnen, indem man das Glied $\frac{m\lambda}{4}x^4$ als Störungsglied zum harmonischen Oszillator auffaßt. Man kommt dann wirklich wieder genau zum Resultat (27), was mir eine bemerkenswerte Stütze für die zugrundegelegten quantenmechanischen Gleichungen zu sein scheint. Ferner erfüllt die nach (27) berechnete Energie die Formel [vgl. (24)]:

$$\frac{\omega(n, n-1)}{2\pi} = \frac{1}{h} \cdot [W(n) - W(n-1)],$$

welche ebenfalls als notwendige Bedingung für die Möglichkeit einer den Gleichungen (11) und (16) entsprechenden Bestimmung der Übergangswahrscheinlichkeiten zu betrachten ist.

Ob eine Methode zur Bestimmung quantentheoretischer Daten durch Beziehungen zwischen beobachtbaren Größen, wie die hier vorgeschlagene, schon in prinzipieller Hinsicht als befriedigend angesehen werden könnte, oder ob diese Methode doch noch einen viel zu groben Angriff auf das physikalische, zunächst offenbar sehr verwickelte Problem einer quantentheoretischen Mechanik darstellt, wird sich erst durch eine tiefergehende mathematische Untersuchung der hier sehr oberflächlich benutzten Methode erkennen lassen.

Göttingen, Institut für theoretische Physik.

---

7. Zur Quantenmechanik[1])

von

MAX BORN und PASCUAL JORDAN

(Eingegangen am 27. September 1925)

Die kürzlich von HEISENBERG gegebenen Ansätze werden (zunächst für Systeme von einem Freiheitsgrad) zu einer systematischen Theorie der Quantenmechanik entwickelt. Das mathema-

[1]) Zeitschrift für Physik 34 (1925) 858.

tische Hilfsmittel ist die Matrizenrechnung. Nachdem diese kurz dargestellt ist, werden die mechanischen Bewegungsgleichungen aus einem Variationsprinzip abgeleitet und der Beweis geführt, daß auf Grund der HEISENBERGschen Quantenbedingung der Energiesatz und die BOHRsche Frequenzbedingung aus den mechanischen Gleichungen folgen. Am Beispiel des anharmonischen Oszillators wird die Frage der Eindeutigkeit der Lösung und die Bedeutung der Phasen in den Partialschwingungen erörtert. Den Schluß bildet ein Versuch, die Gesetze des elektromagnetischen Feldes der neuen Theorie einzufügen.

Einleitung

Die kürzlich von HEISENBERG[1]) in dieser Zeitschrift mitgeteilten Ansätze zu einer Kinematik und Mechanik, die den Grundforderungen der Quantentheorie entsprechen, scheinen uns von großer Tragweite zu sein. Sie bedeuten einen Versuch, den neuen Tatsachen — statt durch mehr oder weniger künstliche und gezwungene Anpassung der alten gewohnten Begriffe — durch die Schaffung eines neuen, wirklich angemessenen Begriffssystems gerecht zu werden. HEISENBERG hat die physikalischen Gedanken, die ihn dabei geleitet haben, in so klarer Weise ausgesprochen, daß jede ergänzende Bemerkung überflüssig erscheint. Aber in formaler, mathematischer Hinsicht sind seine Betrachtungen, wie er selbst betont, erst im Anfangsstadium. Er hat seine Hypothesen nur an einfachen Beispielen erläutert und ist nicht zu einer allgemeinen Theorie vorgedrungen. Begünstigt durch den Umstand, daß wir seine Überlegungen schon in statu nascendi kennenlernen durften, haben wir uns nach Abschluß seiner Untersuchungen bemüht, den mathematisch-formalen Gehalt seiner Ansätze zu klären, und legen hier einige unserer Ergebnisse vor. Sie zeigen, daß es tatsächlich möglich ist, auf der von HEISENBERG gegebenen Grundlage das Gebäude einer geschlossenen mathematischen Theorie der Quantenmechanik in merk-

[1]) W. HEISENBERG, ZS. f. Phys. 33, 879, 1925.

würdig enger Analogie zur klassischen Mechanik, doch unter Wahrung der für die Quantenerscheinungen kennzeichnenden Züge zu errichten.

Wir beschränken uns dabei zunächst mit Heisenberg auf Systeme von *einem Freiheitsgrad*, von denen wir annehmen, daß sie — klassisch gesprochen — *periodisch* sind.

Die mathematische Grundlage der Heisenbergschen Betrachtung ist das *Multiplikationsgesetz* der quantentheoretischen Größen, das er durch eine geistreiche Korrespondenzbetrachtung erschlossen hat. Die Ausgestaltung seines Formalismus, die wir hier geben, beruht auf der Bemerkung, daß diese Regel nichts ist, als das den Mathematikern wohlbekannte Gesetz der *Multiplikation von Matrizen*. Das nach zwei Seiten unendliche, quadratische Schema (mit diskreten oder kontinuierlich laufenden Indizes,) die sogenannte *Matrix*, ist der Repräsentant einer physikalischen Größe, die in der klassischen Theorie als Funktion der Zeit angegeben wird. Die mathematische Methode der neuen Quantenmechanik ist daher gekennzeichnet durch Benutzung einer *Matrizenanalysis* an Stelle der gewöhnlichen Zahlenanalysis.

KAPITEL I

Matrizenrechnung

§ 1. Elementare Operationen. Funktionen

Wir rechnen mit quadratischen unendlichen *Matrizen*, die wir hier mit fetten Buchstaben bezeichnen wollen, während schwache Buchstaben stets gewöhnliche Zahlen bedeuten sollen:

$$\boldsymbol{a} = (a(nm)) = \begin{pmatrix} a(00) & a(01) & a(02) & \dots \\ a(10) & a(11) & a(12) & \dots \\ a(20) & a(21) & a(22) & \\ \dots & \dots & \dots & \dots \end{pmatrix}$$

Als „*Mittelwert*“ einer Matrix $\boldsymbol{a}$ bezeichnen wir diejenige Matrix, deren Diagonalelemente mit denen von $\boldsymbol{a}$ übereinstimmen, während alle übrigen Elemente Null sind:

$$\bar{\boldsymbol{a}} = (\delta_{nm} a(nn)). \tag{8}$$

Die Summe dieser Diagonalelemente soll *Diagonalsumme der Matrix* $\boldsymbol{a}$ heißen und mit $D(\boldsymbol{a})$ bezeichnet werden:

$$D(\boldsymbol{a}) = \sum_n a(nn). \tag{9}$$

§ 2. *Symbolische Differentiation*

Ein später viel benutzter Rechenprozeß, den wir hier näher betrachten wollen, soll als *Differentiation* einer Matrizenfunktion bezeichnet werden. Es ist jedoch zu beachten, daß dieser Prozeß nur in einigen Punkten ähnliche Eigenschaften besitzt, wie die Differentiation der gewöhnlichen Analysis. Zum Beispiel sind hier die Produktregel der Differentiation oder die Regel für die Differentiation einer Funktion von einer Funktion nicht mehr allgemein in Gültigkeit. Nur dann, wenn alle vorkommenden Matrizen miteinander *vertauschbar* sind, gelten für diese Differentiation alle Regeln der gewöhnlichen Analysis.

Es sei

$$\boldsymbol{y} = \prod_{m=1}^{s} \boldsymbol{x}_{l_m} = \boldsymbol{x}_{l_1} \boldsymbol{x}_{l_2} \cdots \boldsymbol{x}_{l_s}. \tag{13}$$

Wir definieren

$$\frac{\partial \boldsymbol{y}}{\partial \boldsymbol{x}_k} = \sum_{r=1}^{s} \delta_{l_r k} \prod_{m=r+1}^{s} \boldsymbol{x}_{l_m} \prod_{m=1}^{m=r-1} \boldsymbol{x}_{l_m}, \quad \begin{cases} \delta_{jk} = 0 \text{ für } j \neq k \\ \delta_{kk} = 1. \end{cases} \tag{14}$$

In Worten lautet diese Regel: Man denke in dem gegebenen Produkt alle Faktoren *einzeln* angeschrieben (also z. B. nicht $x_1^3 x_2^2$, sondern $x_1 x_1 x_1 x_2 x_2$); man greife irgendeinen Faktor x_k heraus und bilde das Produkt aller ihm folgenden Faktoren und aller ihm voraufgehenden Faktoren (in dieser Reihenfolge). Die Summe aller so gebildeten Glieder ist der Differentialquotient des Produkts nach diesem x_k.

Einige Beispiele mögen das Verfahren erläutern:

$$y = x^n, \qquad \frac{dy}{dx} = n x^{n-1}$$

$$y = x_1^n x_2^m, \qquad \frac{\partial y}{\partial x_1} = x_1^{n-1} x_2^m + x_1^{n-2} x_2^m x_1 + \cdots + x_2^m x_1^{n-1},$$

$$y = x_1^2 x_2 x_1 x_3, \qquad \frac{\partial y}{\partial x_1} = x_1 x_2 x_1 x_3 + x_2 x_1 x_3 x_1 + x_3 x_1^2 x_2.$$

Fordern wir ferner

$$\frac{\partial (y_1 + y_2)}{\partial x_k} = \frac{\partial y_1}{\partial x_k} + \frac{\partial y_2}{\partial x_k}, \tag{15}$$

so ist die Ableitung $\frac{\partial y}{\partial x}$ für allgemeinste analytische Funktionen y definiert.

Mit diesen Definitionen und der Diagonalsumme (9) gilt die Beziehung

$$\frac{\partial D(y)}{\partial x_k(nm)} = \frac{\partial y}{\partial x_k}(mn), \tag{16}$$

wobei rechts die mn-Komponente der Matrix $\frac{\partial y}{\partial x_k}$ steht. Diese Beziehung kann auch zur Definition der Ableitung $\frac{\partial \boldsymbol{y}}{\partial \boldsymbol{x}_k}$ benutzt werden. Zum Beweis von (16) genügt es offenbar, eine Funktion $\boldsymbol{y}$ der Form (13) zu betrachten. Nach (14) und (3) wird

$$\frac{\partial \boldsymbol{y}}{\partial \boldsymbol{x}_k}(mn) = \sum_{r=1}^{s} \delta_{l_r k} \sum_{\tau} \prod_{p=r+1}^{s} x_{l_p}(\tau_p \tau_p + 1) \prod_{p=1}^{r=1} x_{l_p}(\tau_p \tau_{p+1}); \quad (17)$$

$$\tau_{r+1} = m, \qquad \tau_{s+1} = \tau_1, \qquad \tau_r = n.$$

Andererseits ist aus (3) und (9) zu entnehmen:

$$\frac{\partial D(\boldsymbol{y})}{\partial x_k(mn)} = \sum_{r=1}^{s} \delta_{l_r k} \sum_{\tau} \prod_{p=1}^{r-1} x_{l_p}(\tau_p \tau_{p+1}) \prod_{p=r+1}^{s} x_{l_p}(\tau_p \tau_{p+1}); \quad (17)$$

$$\tau_1 = \tau_{s+1}, \qquad \tau_r = n, \qquad \tau_{r+1} = m.$$

Vergleich von (17) und (17′) gibt (16).

Hervorgehoben sei gleich hier eine für später wichtige Tatsache, die aus der Definition (14) abzulesen ist: *Die partiellen Ableitungen eines Produkts sind invariant gegen zyklische Vertauschungen der Faktoren.* Wegen (16) ist dieser Satz auch aus (10) zu folgern.

Zum Schluß dieser Vorbereitungen sollen den Funktionen $\boldsymbol{g}(\boldsymbol{p}\boldsymbol{q})$ von zwei Variablen noch einige Worte gewidmet werden. Für

$$\boldsymbol{y} = \boldsymbol{p}^s \boldsymbol{q}^r \quad (18)$$

wird nach (14)

$$\frac{\partial \boldsymbol{y}}{\partial \boldsymbol{p}} = \sum_{l=1}^{s=1} \boldsymbol{p}^{s-1-l} \boldsymbol{q}^r \boldsymbol{p}^l, \quad \frac{\partial \boldsymbol{y}}{\partial \boldsymbol{q}} = \sum_{j=1}^{r-1} \boldsymbol{q}^{r-1-j} \boldsymbol{p}^s \boldsymbol{q}^j \ldots \quad (18')$$

Die allgemeinste zu betrachtende Funktion $\boldsymbol{g}(\boldsymbol{p}\boldsymbol{q})$ ist nach § 1 darzustellen durch ein lineares Aggregat von Gliedern

$$\boldsymbol{z} = \prod_{j=1}^{k} (\boldsymbol{p}^{s_j} \boldsymbol{q}^{r_j}). \quad (19)$$

Mit der Abkürzung

$$\boldsymbol{P}_l = \prod_{j=l+1}^{k} (\boldsymbol{p}^{s_j} \boldsymbol{q}^{r_j}) \prod_{j=1}^{l-1} (\boldsymbol{p}^{s_j} \boldsymbol{q}^{r_j}) \tag{20}$$

können die Ableitungen geschrieben werden:

$$\left.\begin{aligned} \frac{\partial \boldsymbol{z}}{\partial \boldsymbol{p}} &= \sum_{l=1}^{k} \sum_{m=0}^{s_l-1} \boldsymbol{p}^{s_l-1-m} \boldsymbol{q}^{r_l} \boldsymbol{P}_l \boldsymbol{p}^m, \\ \frac{\partial \boldsymbol{z}}{\partial \boldsymbol{q}} &= \sum_{l=1}^{k} \sum_{m=0}^{r_l-1} \boldsymbol{q}^{r_l-1-m} \boldsymbol{P}_l \boldsymbol{p}^{s_l} \boldsymbol{q}^m. \end{aligned}\right\} \tag{21}$$

Aus diesen Gleichungen ist eine wichtige Folgerung zu ziehen. Wir betrachten die Matrizen

$$\boldsymbol{d}_1 = \boldsymbol{q} \frac{\partial \boldsymbol{z}}{\partial \boldsymbol{q}} - \frac{\partial \boldsymbol{z}}{\partial \boldsymbol{q}} \boldsymbol{q}, \qquad \boldsymbol{d}_2 = \boldsymbol{p} \frac{\partial \boldsymbol{z}}{\partial \boldsymbol{p}} - \frac{\partial \boldsymbol{z}}{\partial \boldsymbol{p}} \boldsymbol{p}. \tag{22}$$

Nach (21) wird

$$\boldsymbol{d}_1 = \sum_{l=1}^{k} (\boldsymbol{q}^{r_l} \boldsymbol{P}_l \boldsymbol{p}^{s_l} - \boldsymbol{P}_l \boldsymbol{p}^{s_l} \boldsymbol{q}^{r_l}),$$

$$\boldsymbol{d}_2 = \sum_{l=1}^{k} (\boldsymbol{p}^{s_l} \boldsymbol{q}^{r_l} \boldsymbol{P}_l - \boldsymbol{q}^{s_l} \boldsymbol{P}_l \boldsymbol{p}^{s_l}),$$

und daraus folgt

$$\boldsymbol{d}_1 + \boldsymbol{d}_2 = \sum_{l=1}^{k} (\boldsymbol{p}^{s_l} \boldsymbol{q}^{r_l} \boldsymbol{P}_l - \boldsymbol{P}_l \boldsymbol{p}^{s_l} \boldsymbol{q}^{r_l}).$$

Hier hebt sich immer das zweite Glied eines Terms gegen das erste des folgenden, und auch das erste und letzte Glied der ganzen Summe zerstören sich. Also wird

$$\boldsymbol{d}_1 + \boldsymbol{d}_2 = 0. \tag{23}$$

Diese Beziehung gilt wegen ihres linearen Charakters in $\boldsymbol{z}$ nicht nur für Ausdrücke $\boldsymbol{z}$ der Form (19), sondern zugleich auch für beliebige analytische Funktionen $\boldsymbol{g}(\boldsymbol{p}\boldsymbol{q})$[1].

Zum Schluß dieser kurzen Darstellung der Matrizenanalysis wollen wir noch den Satz beweisen: *Jede Matrizengleichung*

$$\boldsymbol{F}(\boldsymbol{x}_1, \boldsymbol{x}_2, \dots \boldsymbol{x}_r) = 0$$

bleibt richtig, wenn man in allen Argumentmatrizen $\boldsymbol{x}_j$ *ein und dieselbe Permutation aller Zeilen und Kolonnen vornimmt.* Hierzu genügt es offenbar zu zeigen, daß für zwei Matrizen $\boldsymbol{a}, \boldsymbol{b}$, die durch diese Operation in $\boldsymbol{a}', \boldsymbol{b}'$ übergehen, die Invarianzen

$$\boldsymbol{a}' + \boldsymbol{b}' = (\boldsymbol{a} + \boldsymbol{b})', \qquad \boldsymbol{a}'\boldsymbol{b}' = (\boldsymbol{a}\boldsymbol{b})'$$

gelten, wo die rechten Seiten diejenigen Matrizen bedeuten, die aus $\boldsymbol{a} + \boldsymbol{b}$ und $\boldsymbol{a}\boldsymbol{b}$ durch jene Vertauschungen entstehen.

Wir führen diesen Beweis, indem wir die Operation des Permutierens durch Multiplikation mit einer geeigneten Matrix ersetzen[2].

Eine Permutation schreiben wir

$$\begin{pmatrix} 0 & 1 & 2 & 3 & \dots \\ k_0 & k_1 & k_2 & k_3 & \dots \end{pmatrix} = \begin{pmatrix} n \\ k_n \end{pmatrix}.$$

---

[1]) Allgemeiner wird für die Funktion von r Variabeln

$$\sum_r \left(\boldsymbol{x}_r \frac{\partial \boldsymbol{g}}{\partial \boldsymbol{x}_r} - \frac{\partial \boldsymbol{g}}{\partial \boldsymbol{x}_r} \boldsymbol{x}_r \right) = 0.$$

[2]) Dieses hier gewählte Beweisverfahren besitzt den Vorzug, daß es den engen Zusammenhang der Permutationen mit einer wichtigen Klasse allgemeiner Transformationen der Matrizen erkennen läßt. Die Richtigkeit des fraglichen Satzes kann jedoch auch unmittelbar aus der Bemerkung gefolgert werden, daß in den Definitionen der *Gleichheit* sowie der *Addition* und *Multiplikation* von Matrizen kein Gebrauch von Ordnungsbeziehungen zwischen den Zeilen bzw. Spalten gemacht wird.

Dieser ordnen wir die *Permutationsmatrix*

$$\boldsymbol{p} = (p(nm)), \qquad p(nm) = \begin{cases} 1 \text{ für } m = k_n, \\ 0 \text{ sonst} \end{cases}$$

Die zu $\boldsymbol{p}$ transponierte Matrix sei

$$\tilde{\boldsymbol{p}} = (\tilde{p}(nm)), \qquad \tilde{p}(nm) = \begin{cases} 1 \text{ für } n = k_m, \\ 0 \text{ sonst.} \end{cases}$$

Durch Multiplikation beider folgt

$$\boldsymbol{p}\tilde{\boldsymbol{p}} = \left(\sum_k \tilde{p}(nk)p(km)\right) = (\delta_{nm}) = 1,$$

da beide Faktoren $p(nk)$ und $p(km)$ nur dann gleichzeitig von Null verschieden sind, wenn $k = k_n = k_m$, also $n = m$ ist. Mithin ist $\tilde{\boldsymbol{p}}$ die Reziproke von $\boldsymbol{p}$:

$$\tilde{\boldsymbol{p}} = \boldsymbol{p}^{-1}.$$

Sei nun $\boldsymbol{a}$ eine beliebige Matrix, so ist

$$\boldsymbol{p}\boldsymbol{a} = \left(\sum_k p(nk)a(km)\right) = (a(k_n, m))$$

eine Matrix, die aus $\boldsymbol{a}$ durch die Permutation $\begin{pmatrix} n \\ k_n \end{pmatrix}$ der Zeilen entsteht, und ebenso ist

$$\boldsymbol{a}\boldsymbol{p}^{-1} = \left(\sum_k a(nk)\tilde{p}(km)\right) = (a(n, k_m))$$

die durch Permutieren der Kolonnen entstehende Matrix. Ein und dieselbe Permutation auf Zeilen und Kolonnen angewandt, liefert also die Matrix

$$\boldsymbol{a}' = \boldsymbol{p}\boldsymbol{a}\boldsymbol{p}^{-1}.$$

Hieraus folgt ohne weiteres:

$$\boldsymbol{a}' + \boldsymbol{b}' = \boldsymbol{p}(\boldsymbol{a} + \boldsymbol{b})\boldsymbol{p}^{-1} = (\boldsymbol{a} + \boldsymbol{b})',$$

$$\boldsymbol{a}'\boldsymbol{b}' = \boldsymbol{p}\boldsymbol{a}\boldsymbol{b}\boldsymbol{p}^{-1} \qquad = (\boldsymbol{a}\boldsymbol{b})',$$

womit unsere Behauptung bewiesen ist.

Man sieht also, daß durch Matrizengleichungen irgendeine Reihenfolge oder Rangordnung der Elemente niemals bestimmt werden kann.

Übrigens gilt offenbar der viel allgemeinere Satz, daß jede Matrizengleichung invariant ist gegen Transformationen der Form

$$\boldsymbol{a}' = \boldsymbol{b}\boldsymbol{a}\boldsymbol{b}^{-1},$$

wo $\boldsymbol{b}$ eine *beliebige* Matrix bedeutet. Wir werden freilich später sehen, daß dies für Matrizen-Differentialgleichungen nicht mehr ohne weiteres richtig ist.

KAPITEL II

Dynamik

§ 3. Die Grundgesetze

Das dynamische System ist zu beschreiben durch die *Koordinate* $\boldsymbol{q}$ und den *Impuls* $\boldsymbol{p}$. Sie sollen als Matrizen

$$\boldsymbol{q} = \left(q(nm)\, e^{2\pi i(2\pi i\nu(nm))(nm)t}\right), \quad \boldsymbol{p} = \left(p(nm)\, e^{2\pi i(2\pi i\nu(nm))(nm)t}\right) \tag{24}$$

angesetzt werden. Darin bedeuten die $\nu(nm)$ die quantentheoretischen Frequenzen, welche den Übergängen zwischen den Zuständen mit den *Quantenzahlen* n und m zugehören. Die Matrizen (24) sollen Hermitesche sein, d. h. bei Transposition der Matrizen soll jede Komponente in ihren konjugierten Wert übergehen, und zwar soll das für alle reellen t gelten. Wir haben also

$$q(nm)q(mn) = |q(nm)|^2 \tag{25}$$

und

$$\nu(nm) = -\nu(mn). \tag{26}$$

Ist $\boldsymbol{q}$ eine *kartesische* Koordinate, so ist die Größe (25) maßgebend für die *Wahrscheinlichkeiten*[1]) der Übergänge $n \rightleftarrows m$.

Wir wollen weiter fordern, daß

$$\nu(jk) + \nu(kl) + \nu(lj) = 0 \tag{27}$$

ist. Mit (26) zusammen kann das so ausgedrückt werden: Es gibt Größen W_n, so daß

$$h\nu(nm) = W_n - W_m \tag{28}$$

wird.

Daraus folgt, mit (2), (3), daß eine Funktion $\boldsymbol{g}(\boldsymbol{p}\boldsymbol{q})$ stets wieder die Form

$$\boldsymbol{g} = (g(nm)\, e^{2\pi i(2\pi i\nu(nm))(nm)t}) \tag{29}$$

erhält, und zwar geht dabei die Matrix $(g(nm))$ durch eben denselben Prozeß aus den Matrizen $(q(nm))$, $(p(nm))$ hervor, durch den $\boldsymbol{g}$ aus $\boldsymbol{q}$, $\boldsymbol{p}$ erhalten wurde. Wir können deshalb statt der von nun an aufzugebenden Darstellung (24) die kürzere Schreibweise

$$\boldsymbol{q} = (q(nm)), \quad \boldsymbol{p} = (p(nm)) \tag{30}$$

wählen.

Als *zeitliche Ableitung* der Matrix $\boldsymbol{g} = (g(nm))$ erhalten wir, indem wir uns noch einmal an (24) bzw. (29) erinnern, die Matrix

$$\dot{\boldsymbol{g}} = 2\pi i(\nu(nm)g(nm)). \tag{31}$$

[1]) Siehe hierzu § 8.

Wenn, wie wir annehmen wollen, $\nu(nm) \neq 0$ für $n \neq m$ ist, so bedeutet $\dot{\boldsymbol{g}} = 0$, daß $\boldsymbol{g}$ eine Diagonalmatrix mit $g(nm) = \delta_{nm} g(nn)$ ist.

Eine Differentialgleichung $\dot{\boldsymbol{g}} = \boldsymbol{a}$ ist invariant gegen den Prozeß, bei dem Zeilen und Kolonnen aller Matrizen sowie die Zahlen W_n derselben Permutation unterworfen werden. Um dies einzusehen, betrachten wir die Diagonalmatrix

$$\boldsymbol{W} = (\delta_{nm} W_n);$$

dann ist

$$\boldsymbol{W}\boldsymbol{g} = \left(\sum_k \delta_{nk} W_n g(km)\right) = (W_n g(nm)),$$

$$\boldsymbol{g}\boldsymbol{W} = \left(\sum_k g(nk)\, \delta_{km} W_k\right) = (W_m g(nm)),$$

also nach (31)

$$\dot{\boldsymbol{g}} = \frac{2\pi i}{h}((W_n - W_m) g(nm)) = \frac{2\pi i}{h}(\boldsymbol{W}\boldsymbol{g} - \boldsymbol{g}\boldsymbol{W}).$$

Ist nun p eine Permutationsmatrix, so ist die Transformierte

$$\boldsymbol{W}' = \boldsymbol{p}\boldsymbol{W}\boldsymbol{p}^{-1} = (\delta_{n_k m} W_{n_k})$$

die Diagonalmatrix mit den permutierten W_n in der Diagonale. Man hat daher

$$\boldsymbol{p}\dot{\boldsymbol{g}}\boldsymbol{p}^{-1} = \frac{2\pi i}{h}(\boldsymbol{W}'\boldsymbol{g}' - \boldsymbol{g}'\boldsymbol{W}') = \dot{\boldsymbol{g}}',$$

wo $\boldsymbol{g}' = \boldsymbol{p}\boldsymbol{g}\boldsymbol{p}^{-1}$ ist und $\dot{\boldsymbol{g}}'$ die nach der Regel (31) mit permutierten W_n gebildete zeitliche Ableitung von $\boldsymbol{g}'$ bedeutet.

Die Zeilen und Kolonnen von $\dot{\boldsymbol{g}}$ erleiden also dieselbe Permutation wie die von $\boldsymbol{g}$, und daraus folgt unsere Behauptung.

Zu beachten ist, daß ein entsprechender Satz für beliebige Transformation der Form $\boldsymbol{a}' = \boldsymbol{b}\boldsymbol{a}\boldsymbol{b}^{-1}$ *nicht* gilt; denn bei solchen ist $\boldsymbol{W}'$ nicht mehr Diagonalmatrix. Trotz dieser Schwierigkeit scheint uns ein genaues Studium dieser allgemeinen Transformationen unerläßlich, weil es Einblick in die tieferen Zusammenhänge der neuen Theorie verspricht; wir werden später darauf zurückkommen[1]).

Für den Fall einer HAMILTONschen Funktion der Gestalt

$$\boldsymbol{H} = \frac{1}{2m}\boldsymbol{p}^2 + \boldsymbol{U}(\boldsymbol{q})$$

werden wir mit HEISENBERG annehmen, daß die *Bewegungsgleichungen* ebenso wie die klassischen lauten, so daß wir mit der Symbolik von § 2 schreiben können:

$$\left.\begin{aligned} \dot{\boldsymbol{q}} &= \frac{\partial \boldsymbol{H}}{\partial \boldsymbol{p}} = \frac{1}{m}\boldsymbol{p}, \\ \dot{\boldsymbol{p}} &= -\frac{\partial \boldsymbol{H}}{\partial \boldsymbol{q}} = -\frac{\partial \boldsymbol{U}}{\partial \boldsymbol{q}}. \end{aligned}\right\} \qquad (32)$$

Es soll versucht werden, durch eine korrespondenzmäßige Betrachtung auch für den allgemeinen Fall einer beliebigen HAMILTONschen Funktion $\boldsymbol{H}(\boldsymbol{p}\boldsymbol{q})$ zugehörige Bewegungsgleichungen zu bestimmen. Das ist erforderlich in Rücksicht auf die relativistische Mechanik und besonders auf die Behandlung der Bewegung von Elektronen unter Mitwirkung magnetischer Felder. Denn in letzterem Falle kann die Funktion $\boldsymbol{H}$ bei kartesischen Koordinaten nicht mehr dargestellt werden als Summe zweier Funktionen, deren eine nur von den Impulsen und deren andere nur von den Koordinaten abhängt.

---

[1]) Vgl. die demnächst erscheinende Fortsetzung dieser Arbeit.

Klassisch sind die Bewegungsgleichungen abzuleiten aus dem Wirkungsprinzip

$$\int_{t_0}^{t_1} L\,dt = \int_{t_0}^{t_1} \{p\dot{q} - H(pq)\}\,dt = \text{Extremum}. \tag{33}$$

Denken wir uns darin die Fourierentwicklung von L eingesetzt und nehmen wir den Zeitabschnitt $t_1 - t_0$ hinreichend groß, so wird nur das konstante Glied von L einen Beitrag zum Integral liefern. Die Form, welche das Wirkungsprinzip damit erhält, legt folgende Übertragung in die Quantenmechanik nahe:

Die Diagonalsumme $D(\boldsymbol{L}) = \sum_k L(kk)$ *soll zum Extremum gemacht werden:*

$$D(\boldsymbol{L}) = D(\boldsymbol{p}\,\dot{\boldsymbol{q}} - \boldsymbol{H}(\boldsymbol{p}\,\boldsymbol{q})) = \textit{Extremum}, \tag{34}$$

und zwar durch geeignete Wahl von $\boldsymbol{p}$ *und* $\boldsymbol{q}$ *bei festgehaltenen* $\nu(nm)$.

Man erhält also, indem man die Ableitungen von $D(\boldsymbol{L})$ nach den Elementen von $\boldsymbol{p}$ und $\boldsymbol{q}$ gleich Null setzt, die Bewegungsgleichungen

$$2\pi i\nu(nm)q(nm) = \frac{\partial D(\boldsymbol{H})}{\partial p(mn)},$$

$$2\pi i\nu(mn)p(mn) = \frac{\partial D(\boldsymbol{H})}{\partial q(mn)},$$

Nach (26), (31) und (16) erkennt man, daß diese Bewegungsgleichungen allgemein in der *kanonischen* Gestalt

$$\left.\begin{aligned} \dot{\boldsymbol{q}} &= \frac{\partial \boldsymbol{H}}{\partial \boldsymbol{p}}, \\ \dot{\boldsymbol{p}} &= -\frac{\partial \boldsymbol{H}}{\partial \boldsymbol{q}} \end{aligned}\right\} \tag{35}$$

geschrieben werden können.

Als Quantenbedingung verwendet HEISENBERG eine von THOMAS[1]) und KUHN[2]) aufgestellte Beziehung. Die Gleichung

$$J = \oint p\,dq = \int_0^{1/\nu} p\dot{q}\,dt$$

der „klassischen“ Quantentheorie kann, wenn man die Fourierentwicklung von p und q

$$p = \sum_{\tau=-\infty}^{\infty} p_\tau e^{-2\pi i\nu\tau t} \qquad q = \sum_{\tau=-\infty}^{\infty} q_\tau\, e^{2\pi i\nu\tau t},$$

heranzieht, umgeformt werden in

$$1 = 2\pi i \sum_{\tau=-\infty}^{\infty} \tau \frac{\partial}{\partial J}(q_\tau p_{-\tau}). \tag{36}$$

Ist dabei $p = m\dot{q}$, so können die p_τ durch die q_τ ausgedrückt werden, und man erhält so diejenige klassische Gleichung, deren korrespondenzmäßige Umformung in eine Differenzengleichung die Beziehung von THOMAS und KUHN ergibt. Da hier die Voraussetzung $p = m\dot{q}$ nicht gemacht werden soll, müssen wir die Gleichung (36) unmittelbar in eine Differenzengleichung übersetzen.

Es soll korrespondieren

$$\sum_{\tau=-\infty}^{\infty} \tau \frac{\partial}{\partial J}(q_\tau p_{-\tau}) \text{ mit } \frac{1}{h} \sum_{\tau=-\infty}^{\infty} (q(n+\tau, n)\, p(n, n+\tau) \\ - q(n, n-\tau)\, p(n-\tau, n));$$

dabei sind rechts diejenigen $q(nm)$, $p(nm)$, die einen negativen Index erhalten, gleich Null zu setzen. Da-

---

1) W. THOMAS, Naturw. 13, 627, 1925.

2) W. KUHN, ZS. f. Phys. 33, 408, 1925.

durch erhalten wir als korrespondenzmäßige Umformung von (36) die Quantenbedingung

$$\sum_k (p(nk)q(kn) - q(nk)p(kn)) = \frac{h}{2\pi i}. \qquad (37)$$

Das sind unendlich viele Gleichungen, nämlich je eine für jedes n.

Für $\boldsymbol{p} = m\dot{\boldsymbol{q}}$ ergibt das insbesondere

$$\sum_k \nu(kn)\,|q(nk)|^2 = \frac{h}{8\pi^2 m},$$

was, wie leicht festzustellen, mit der HEISENBERGschen Form der Quantenbedingung bzw. der THOMAS-KUHNschen Gleichung übereinstimmt. (37) muß als die sachgemäße Verallgemeinerung dieser Gleichung angesehen werden.

Übrigens erkennt man aus (37), daß die Diagonalsumme $D(\boldsymbol{p}\boldsymbol{q})$ notwendig unendlich wird. Denn sonst würde aus (10) folgen $D(\boldsymbol{p}\boldsymbol{q}) - D(\boldsymbol{q}\boldsymbol{p}) = 0$, während (37) zu $D(\boldsymbol{p}\boldsymbol{q}) - D(\boldsymbol{q}\boldsymbol{p}) = \infty$ führt. Die betrachteten Matrizen sind also niemals endlich[1]).

§ 4. *Folgerungen. Energie- und Frequenzsatz*

Mit den Aufstellungen des vorigen Paragraphen sind die Grundgesetze der neuen Mechanik vollständig gegeben. Alle sonstigen Gesetze der Quantenmechanik, denen Allgemeingültigkeit zugesprochen werden soll, müssen aus ihnen heraus zu *beweisen* sein. Als solche zu beweisende Sätze kommen in erster Linie in Betracht der *Energiesatz* und die BOHRsche *Frequenzbedingung*.

[1]) Auch gehören sie nicht zu der von den Mathematikern bislang fast ausschließlich betrachteten Klasse der „beschränkten" unendlichen Matrizen.

Der Energiesatz besagt, daß, wenn $\boldsymbol{H}$ die Energie ist, $\dot{\boldsymbol{H}} = 0$ wird, oder daß $\boldsymbol{H}$ eine *Diagonalmatrix* ist. Die Diagonalglieder $H(nn)$ von $\boldsymbol{H}$ werden dann nach HEISENBERG als *Energien der verschiedenen Zustände* des Systems gedeutet, und die BOHRsche Frequenzbedingung fordert

$$h\nu(nm) = H(nn) - H(mm),$$

oder

$$W_n = H(nn) + \text{const}.$$

Wir betrachten die Größe

$$\boldsymbol{d} = \boldsymbol{p}\boldsymbol{q} - \boldsymbol{q}\boldsymbol{p}.$$

Nach (11), (35) wird

$$\dot{\boldsymbol{d}} = \dot{\boldsymbol{p}}\boldsymbol{q} + \boldsymbol{p}\dot{\boldsymbol{q}} - \dot{\boldsymbol{q}}\boldsymbol{p} - \boldsymbol{q}\dot{\boldsymbol{p}}$$

$$= \boldsymbol{q}\frac{\partial \boldsymbol{H}}{\partial \boldsymbol{q}} - \frac{\partial \boldsymbol{H}}{\partial \boldsymbol{q}}\boldsymbol{q} + \boldsymbol{p}\frac{\partial \boldsymbol{H}}{\partial \boldsymbol{p}} - \frac{\partial \boldsymbol{H}}{\partial \boldsymbol{p}}\boldsymbol{p}.$$

Nach (22), (23) ist also $\dot{\boldsymbol{d}} = 0$ und $\boldsymbol{d}$ eine Diagonalmatrix. Die Diagonalglieder von $\boldsymbol{d}$ sind aber gerade durch die Quantenbedingung (37) festgelegt. Zusammenfassend erhalten wir unter Benutzung der durch (6) definierten Einheitsmatrix $\mathit{1}$ die Gleichung

$$\boldsymbol{p}\boldsymbol{q} - \boldsymbol{q}\boldsymbol{p} = \frac{h}{2\pi i}\mathit{1}, \tag{38}$$

die wir die „*verschärfte Quantenbedingung*" nennen und auf der alle weiteren Schlüsse beruhen.

Aus der Form dieser Gleichung ist zu entnehmen: Wird aus (38) eine Gleichung (A) abgeleitet, so bleibt (A) richtig, wenn man $\boldsymbol{p}$ mit $\boldsymbol{q}$ vertauscht und gleichzeitig

h durch $-h$ ersetzt. Deshalb braucht z. B. von den Gleichungen

$$\boldsymbol{p}^n \boldsymbol{q} = \boldsymbol{q} \boldsymbol{p}^n + n \frac{h}{2\pi i} \boldsymbol{p}^{n-1}, \tag{39}$$

$$\boldsymbol{q}^n \boldsymbol{p} = \boldsymbol{p} \boldsymbol{q}^n - n \frac{h}{2\pi i} \boldsymbol{q}^{n-1} \tag{39'}$$

nur eine aus (38) bewiesen zu werden, was durch Induktion leicht auszuführen ist.

Wir wollen jetzt Energie- und Frequenzsatz, wie sie oben ausgesprochen wurden, zunächst beweisen für den Fall

$$\boldsymbol{H} = \boldsymbol{H}_1(\boldsymbol{p}) + \boldsymbol{H}_2(\boldsymbol{q}).$$

Nach den Ausführungen von § 1 können hierin $\boldsymbol{H}_1(\boldsymbol{p})$ und $\boldsymbol{H}_2(\boldsymbol{q})$ formal durch Potenzsummen

$$\boldsymbol{H}_1 = \sum_s a_s \boldsymbol{p}^s, \quad \boldsymbol{H}_2 = \sum_s b_s \boldsymbol{q}^s$$

ersetzt werden. Die Formeln (39), (39′) lassen dann erkennen, daß

$$\left.\begin{aligned} \boldsymbol{H}\boldsymbol{q} - \boldsymbol{p}\boldsymbol{H} &= \frac{h}{2\pi i} \frac{\partial \boldsymbol{H}}{\partial \boldsymbol{p}}, \\ \boldsymbol{H}\boldsymbol{p} - \boldsymbol{p}\boldsymbol{H} &= -\frac{h}{2\pi i} \frac{\partial \boldsymbol{H}}{\partial \boldsymbol{q}} \end{aligned}\right\} \tag{40}$$

wird, und der Vergleich mit den Bewegungsgleichungen (35) liefert

$$\left.\begin{aligned} \dot{\boldsymbol{q}} &= \frac{2\pi i}{h} (\boldsymbol{H}\boldsymbol{q} - \boldsymbol{q}\boldsymbol{H}), \\ \dot{\boldsymbol{p}} &= \frac{2\pi i}{h} (\boldsymbol{H}\boldsymbol{p} - \boldsymbol{p}\boldsymbol{H}). \end{aligned}\right\} \tag{41}$$

Wird nun die Matrix $\boldsymbol{Hg} - \boldsymbol{gH}$ kurz mit $\begin{vmatrix} \boldsymbol{H} \\ \boldsymbol{g} \end{vmatrix}$ bezeichnet, so gilt

$$\begin{vmatrix} \boldsymbol{H} \\ \boldsymbol{ab} \end{vmatrix} = \begin{vmatrix} \boldsymbol{H} \\ \boldsymbol{a} \end{vmatrix} \boldsymbol{b} + \boldsymbol{a} \begin{vmatrix} \boldsymbol{H} \\ \boldsymbol{b} \end{vmatrix}; \tag{42}$$

daraus ist aber allgemein für $\boldsymbol{g} = \boldsymbol{g}(\boldsymbol{pq})$

$$\dot{\boldsymbol{g}} = \frac{2\pi i}{h} \begin{vmatrix} \boldsymbol{H} \\ \boldsymbol{g} \end{vmatrix} = \frac{2\pi i}{h} (\boldsymbol{Hg} - \boldsymbol{gH}) \tag{43}$$

zu folgern. Denn man braucht zum Beweise nur $\dot{\boldsymbol{g}}$ als Funktion von $\boldsymbol{p}, \boldsymbol{q}$ und $\dot{\boldsymbol{p}}, \dot{\boldsymbol{q}}$, sowie $\begin{vmatrix} \boldsymbol{H} \\ \boldsymbol{g} \end{vmatrix}$ vermittelst (42) als Funktion von $\boldsymbol{p}, \boldsymbol{q}$ und $\begin{vmatrix} \boldsymbol{H} \\ \boldsymbol{p} \end{vmatrix}, \begin{vmatrix} \boldsymbol{H} \\ \boldsymbol{q} \end{vmatrix}$ ausgerechnet und dann (41) angewandt zu denken. Setzt man in (43) insbesondere $\boldsymbol{g} = \boldsymbol{H}$, so erhält man

$$\dot{\boldsymbol{H}} = 0. \tag{44}$$

Nachdem somit der Energiesatz bewiesen und $\boldsymbol{H}$ als Diagonalmatrix erkannt ist, erhält (41) die Gestalt

$$h\nu(nm)\, q(nm) = (H(nn) - H(mm))\, q(nm),$$

$$h\nu(nm)\, p(nm) = (H(nn) - H(mm))\, p(nm),$$

woraus die Frequenzbedingung folgt.

Gehen wir nun zu allgemeineren HAMILTONschen Funktionen $\boldsymbol{H}^* = \boldsymbol{H}^*(\boldsymbol{pq})$ über, so erkennt man leicht an Beispielen, wie etwa $\boldsymbol{H}^* = \boldsymbol{p}^2\boldsymbol{q}$, daß im allgemeinen nicht mehr $\dot{\boldsymbol{H}}^* = 0$ wird. Man sieht jedoch, daß die HAMILTONsche Funktion $H = \frac{1}{2}(\boldsymbol{p}^2\boldsymbol{q} + \boldsymbol{q}\boldsymbol{p}^2)$ dieselben Bewegungsgleichungen wie $\boldsymbol{H}^*$ liefert und daß $\dot{\boldsymbol{H}}$ wieder gleich Null wird. Wir sprechen danach Energie- und Frequenzsatz folgendermaßen aus: *Zu jeder Funktion* $\boldsymbol{H}^* = \boldsymbol{H}^*(\boldsymbol{p}\boldsymbol{q})$ *gibt es eine Funktion* $\boldsymbol{H} = \boldsymbol{H}(\boldsymbol{p}\boldsymbol{q})$, *so daß* $\boldsymbol{H}^*$ *und* $\boldsymbol{H}$ *als* HAMILTON*sche Funktionen dieselben Bewegungsgleichungen liefern und daß* $\boldsymbol{H}$ *für diese Bewegungsgleichungen die Rolle der zeitlich konstanten, die Frequenzbedingung erfüllenden Energie übernimmt.*

Nach den oben durchgeführten Überlegungen genügt es, zu zeigen, daß die anzugebende Funktion $\boldsymbol{H}$ außer

$$\frac{\partial \boldsymbol{H}}{\partial \boldsymbol{p}} = \frac{\partial \boldsymbol{H}^*}{\partial \boldsymbol{p}}, \qquad \frac{\partial \boldsymbol{H}}{\partial \boldsymbol{q}} = \frac{\partial \boldsymbol{H}^*}{\partial \boldsymbol{q}} \tag{45}$$

noch die Gleichungen (40) befriedigt. Nach § 1 ist $\boldsymbol{H}^*$ formal als Summe von Potenzprodukten in $\boldsymbol{p}$ und $\boldsymbol{q}$ darzustellen, und wegen der Linearität der Gleichungen (40), (45) in $\boldsymbol{H}$, $\boldsymbol{H}^*$ werden wir einfach für jeden einzelnen Summanden in $\boldsymbol{H}^*$ den entsprechenden Summanden in $\boldsymbol{H}$ anzugeben haben. Wir brauchen also nur den Fall

$$\boldsymbol{H}^* = \prod_{j=1}^{k} (\boldsymbol{p}^{s_j} \boldsymbol{q}^{\tau_j}) \tag{46}$$

zu betrachten. Nach den Bemerkungen von § 2 sind die Gleichungen (45) zu erfüllen, indem $\boldsymbol{H}$ als Linearform derjenigen Potenzprodukte in $\boldsymbol{p}, \boldsymbol{q}$ angesetzt wird, welche aus $\boldsymbol{H}^*$ durch zyklische Vertauschungen der Faktoren entstehen; dabei muß nur die Summe der Koeffizienten gleich 1 gehalten werden. Weniger leicht beantwortet sich die Frage, wie diese Koeffizienten zu wählen sind, damit auch die Gleichungen (40) erfüllt werden. Es möge genügen, hier den Fall $k = 1$, also

$$\boldsymbol{H}^* = \boldsymbol{p}^s \boldsymbol{q}^\tau \tag{47}$$

zu erledigen.

Die Formel (39) kann verallgemeinert werden zu[1])

$$\boldsymbol{p}^m\boldsymbol{q}^n - \boldsymbol{q}^n\boldsymbol{p}^m = m\frac{h}{2\pi i}\sum_{l=0}^{n-1}\boldsymbol{q}^{n-1-l}\boldsymbol{p}^{m-1}\boldsymbol{q}^l. \tag{48}$$

Für $n = 1$ ist das wieder (39); allgemein folgt (48) daraus, daß wegen (39)

$$\boldsymbol{p}^m\boldsymbol{q}^{n+1} - \boldsymbol{q}^{n+1}\boldsymbol{p}^m = (\boldsymbol{p}^m\boldsymbol{q}^n - \boldsymbol{q}^n\boldsymbol{p}^m)\,\boldsymbol{q} + m\frac{h}{2\pi i}\boldsymbol{q}^n\boldsymbol{p}^{m+1}$$

wird. Vertauschung von $\boldsymbol{p}$ und $\boldsymbol{q}$ mit Vorzeichenwechsel von h ergibt die neue Formel

$$\boldsymbol{p}^m\boldsymbol{q}^n - \boldsymbol{q}^n\boldsymbol{p}^m = n\frac{h}{2\pi i}\sum_{j=0}^{m-1}\boldsymbol{p}^{m-1-j}\boldsymbol{q}^{n-1}\boldsymbol{p}^j. \tag{48'}$$

Vergleich mit (48) liefert

$$\frac{1}{s+1}\sum_{l=0}^{s}\boldsymbol{p}^{s-l}\boldsymbol{q}^r\boldsymbol{p}^l = \frac{1}{r+1}\sum_{j=0}^{r}\boldsymbol{q}^{r-j}\boldsymbol{p}^s\boldsymbol{q}^j. \tag{49}$$

Wir behaupten nun: Zu $\boldsymbol{H}^*$ nach (47) gehört

$$\boldsymbol{H} = \frac{1}{s+1}\sum_{l=0}^{s}\boldsymbol{p}^{s-l}\boldsymbol{q}^r\boldsymbol{p}^l. \tag{50}$$

Beweisen müssen wir nur (40), wobei wir uns an Formel (18') aus § 2 zu erinnern haben.

Nun wird nach (50)

$$\boldsymbol{H}\boldsymbol{p} - \boldsymbol{p}\boldsymbol{H} = \frac{1}{s+1}(\boldsymbol{q}^r\boldsymbol{p}^{s+1} - \boldsymbol{p}^{s+1}\boldsymbol{q}^r),$$

---

[1]) Eine andere Verallgemeinerung wird gegeben durch die Formeln

$$\boldsymbol{p}^m\boldsymbol{q}^n = \sum_{j=0}^{m,n} j!\binom{m}{j}\binom{n}{j}\left(\frac{h}{2\pi i}\right)^j\boldsymbol{q}^{n-j}\boldsymbol{p}^{m-j},$$

$$\boldsymbol{q}^n\boldsymbol{p}^m = \sum_{j=0}^{m,n} j!\binom{m}{j}\binom{n}{j}\left(\frac{-h}{2\pi i}\right)^j\boldsymbol{p}^{m-j}\boldsymbol{q}^{n-j},$$

worin j bis zur kleineren der Zahlen m, n wächst.

und nach (48) ist das gleichbedeutend mit der unteren Gleichung (40).

Unter Benutzung von (49) erhalten wir ferner

$$\boldsymbol{H}\boldsymbol{q} - \boldsymbol{q}\,\boldsymbol{H} = \frac{1}{r+1}\,(\boldsymbol{p}^s\boldsymbol{q}^{r+1} - \boldsymbol{q}^{r+1}\boldsymbol{p}^s),$$

was nach (48′) mit der oberen Gleichung (40) gleichwertig ist. Damit ist der verlangte Beweis vollständig geführt.

Während in der klassischen Mechanik die Energiekonstanz $\dot{H} = 0$ unmittelbar aus den kanonischen Gleichungen abgelesen werden kann, liegt der Energiesatz $\dot{\boldsymbol{H}} = 0$ der Quantenmechanik, wie man sieht, viel weniger an der Oberfläche.

Wie weit seine Beweisbarkeit aus den gemachten Voraussetzungen davon entfernt ist, trivial zu sein, erkennt man, wenn man in engerer Anlehnung an das klassische Beweisverfahren die Konstanz von $\boldsymbol{H}$ einfach durch Ausrechnen von $\dot{\boldsymbol{H}}$ zu beweisen sucht. Man hat zu diesem Zweck zunächst vermittelst (11), (11′) $\dot{\boldsymbol{H}}$ als Funktion von $\boldsymbol{p}, \boldsymbol{q}$ und $\dot{\boldsymbol{p}}, \dot{\boldsymbol{q}}$ darzustellen, worauf für $\dot{\boldsymbol{p}}, \dot{\boldsymbol{q}}$ die Werte $-\frac{\partial \boldsymbol{H}}{\partial \boldsymbol{q}}, \frac{\partial \boldsymbol{H}}{\partial \boldsymbol{p}}$ einzuführen sind. Das ergibt $\dot{\boldsymbol{H}}$ als Funktion von $\boldsymbol{p}$ und $\boldsymbol{q}$. Die Gleichung (38) bzw. die daraus abgeleiteten Formeln erlauben, diese Funktion in eine Summe von Gliedern $a\boldsymbol{p}^s\boldsymbol{q}^r$ umzurechnen, und zu beweisen ist, daß der Koeffizient a jedes solchen Gliedes verschwindet. Diese Rechnung wird für den allgemeinsten oben in anderer Weise erledigten Fall so überaus verwickelt[1]), daß sie kaum durchführbar scheint. Wenn trotzdem Energie- und Frequenzsatz in so allgemeinem Umfange bewiesen werden konnte, so scheint uns das

---

[1]) Für den Fall $\boldsymbol{H} = \frac{1}{2m}\boldsymbol{p}^2 + \boldsymbol{U}(\boldsymbol{q})$ kann sie mit Hilfe von (39′) sofort ausgeführt werden.

eine starke Stütze für die Hoffnung zu bieten, daß diese Theorie wirklich tiefe physikalische Gesetze erfaßt.

Zum Schluß sei hier noch ein Ergebnis verzeichnet, das aus den Formeln dieses Paragraphen leicht zu entnehmen ist: *Die Gleichungen* (35), (37) *können ersetzt werden durch* (38) *und* (44) (*wo* $\boldsymbol{H}$ *die Energie bedeutet*); *die Frequenzen sind dabei aus der Frequenzbedingung zu bestimmen.*

Auf die wichtigen Anwendungen, welche dieser Satz gestattet, gehen wir in der Fortsetzung dieser Arbeit ein.

§ 5. Harmonischer Oszillator

Der Ausgangspunkt unserer Überlegungen ist die Theorie des harmonischen Oszillators; für kleine λ kann man die Bewegung nach Gleichung (17) als Störung der harmonischen Schwingung mit der Energie

$$\boldsymbol{H} = \frac{1}{2}\boldsymbol{p}^2 + \frac{\omega_0^2}{2}\boldsymbol{q}^2 \tag{52}$$

auffassen.

Auch bei diesem einfachen Problem ist eine Ergänzung der Heisenbergschen Betrachtungen notwendig. Dieser entnimmt einer Korrespondenzüberlegung eine wesentliche Aussage über die Form der Lösung; da nämlich klassisch nur e i n e harmonische Komponente vorhanden ist, setzt Heisenberg eine Matrix an, die nur Übergänge zwischen Nachbarzuständen darstellt, also die Form hat

$$\boldsymbol{q} = \begin{pmatrix} 0 & q^{(01)} & 0 & 0 & 0 & \dots \\ q^{(10)} & 0 & q^{(12)} & 0 & 0 & \dots \\ 0 & q^{(21)} & 0 & q^{(23)} & 0 & \dots \\ \dots & \dots & \dots & \dots & \dots & \dots \end{pmatrix}. \tag{53}$$

Unser Bestreben ist, die ganze Theorie selbständig aufzubauen, ohne aus der klassischen Theorie Hilfe auf Grund des Korrespondenzprinzips heranzuholen. Daher werden wir untersuchen, ob sich nicht die Form (53) der Matrix aus den Grundgleichungen selbst ableiten läßt, bzw., wenn das nicht geht, welche Zusatzforderungen zu stellen sind.

Man sieht ohne weiteres aus dem in § 3 über die Invarianz gegen Permutationen von Zeilen und Kolonnen Gesagten, daß die exakte Form der Matrix (53) niemals aus den Grundgleichungen erschlossen werden kann; denn vertauscht man Zeilen und Kolonnen in gleicher Weise, so bleiben die kanonischen Gleichungen und die Quantenbedingung invariant, also hat man damit eine neue, scheinbar verschiedene Lösung gefunden. Aber alle diese Lösungen sind natürlich nur der Schreibweise, d. h. der Numerierung der Elemente nach verschieden. Wir wollen beweisen, daß durch eine bloße Umnumerierung der Elemente die Lösung stets auf die Form (53) gebracht werden kann. Die Bewegungsgleichung

$$\ddot{\boldsymbol{q}} + \omega_0^2 \boldsymbol{q} = 0 \tag{54}$$

lautet für die Elemente:

$$(\nu^2(nm) - \nu_0^2)\, q(nm) = 0, \tag{55}$$

wo

$$\omega^0 = 2\pi\nu_0, \quad h\nu(nm) = W_n - W_m.$$

Aus der verschärften Quantenbedingung

$$\boldsymbol{p}\boldsymbol{q} - \boldsymbol{q}\boldsymbol{p} = \frac{h}{2\pi i}\, 1 \tag{56}$$

folgt, daß zu jedem n ein n' existieren muß, so daß $q(nn') \neq 0$ ist; denn gäbe es ein n, für das alle $q(nn') = 0$ wären, so wäre das $n$te Diagonalglied von $\boldsymbol{p}\boldsymbol{q} - \boldsymbol{q}\boldsymbol{p}$ gleich Null, was der Quantenbedingung widerspricht. Danach ergibt (55), daß stets ein n' existiert, für das

$$|W_n - W_{n'}| = h\nu_0$$

ist. Da wir aber in unseren Grundprinzipien angenommen haben, daß für $n \neq m$ immer $W_n \neq W_m$ ist, so können höchstens *zwei* solche Indizes, n' und n'', existieren; denn die zugehörigen $W_{n'}, W_{n''}$ sind Lösungen der quadratischen Gleichung

$$(W_n - x)^2 = h^2 \nu_0^2;$$

wenn wirklich *zwei* solche Indizes n', n'' existieren, folgt für die zugehörigen Frequenzen

$$\nu(nn') = -\nu(nn''). \tag{57}$$

Nunmehr wird aus (56)

$$\sum_k \nu(kn) \, |q(nk)|^2 = \nu(n'n)$$
$$\times \{ |q(nn')|^2 - |q(nn'')|^2 \} = \frac{h}{8\pi^2}, \tag{58}$$

und die Energie (52) wird:

$$H(nm) = \frac{1}{2} 4\pi^2 \sum_k \{ -\nu(nk)\nu(km) q(nk) q(km)$$
$$+ \nu_0^2 q(nk) q(km) \} = 2\pi^2 \sum_k q(nk) q(km) \{ \nu_0^2 - \nu(nk)\nu(km) \}.$$

Insbesondere gilt für $m = n$:

$$H(nn) = W_n = 4\pi^2 \nu_0^2 (|q(nn')|^2 + |q(nn'')|^2). \tag{59}$$

Es sind nun weiter drei Fälle möglich:

a) Es gibt kein n'' und es ist $W_{n'} > W_n$;
b) es gibt kein n'' und es ist $W_{n'} < W_n$;
c) es gibt n''.

Im Falle b) betrachten wir statt n jetzt n'; zu diesem gehören höchstens zwei Indizes $(n')'$ und $(n')''$, und von diesen muß einer gleich n sein. Damit kommen wir auf einen der Fälle a) oder c) zurück und können deshalb b) fortlassen.

Im Falle a) wird $\nu(n'n) = +\nu_0$, und aus (58) folgt:

$$\nu_0 \cdot |q(nn')|^2 = \frac{h}{8\pi^2}, \tag{60}$$

also nach (59):

$$W_n = H(nn) = 4\pi^2\nu_0^2\,|q(nn')|^2 = \frac{1}{2}\nu_0 h.$$

Wegen der Voraussetzung $W_n \neq W_m$ für $n \neq m$ gibt es also höchstens *einen* Index $n = n_0$, für den der Fall a) vorliegt.

Wenn ein solches n_0 existiert, können wir eine Reihe von Zahlen

$$n_0\, n_1\, n_2\, n_3 \ldots$$

angeben derart, daß

$$(n_k)' = n_{k+1} \quad \text{und} \quad W_{k+1} > W_k.$$

Dann ist jedesmal

$$(n_{k+1})'' = n_k.$$

Also wird für $k > 0$ aus (58) und (59):

$$H(n_k n_k) = 4\pi^2\nu_0^2\,\{|q(n_k, n_{k+1})|^2 + |q(n_k, n_{k-1})|^2\}, \tag{61}$$

$$\frac{1}{2}h = 4\pi^2\nu_0\,\{|q(n_k, n_{k+1})|^2 - |q(n_k, n_{k-1})|^2\}\cdot \tag{62}$$

Aus (60) und (62) folgt

$$|q(n_k, n_{k+1})|^2 = \frac{h}{8\pi^2\nu_0}(k+1), \tag{63}$$

und dann aus (61)

$$W_{n_k} = H(n_k, n_k) = \nu_0 h\left(k + \frac{1}{2}\right). \tag{64}$$

Nun wollen wir noch sehen, ob es möglich ist, daß es kein n gibt, für das der Fall a) gilt. Wir können dann, mit beliebigem n_0 anfangend, $n_0' = n_1$ und $n_0'' = n_{-1}$ bilden; zu jedem von diesen wieder $n_1' = n_2$, $n_1'' = n_0$ und $n_{-1}' = n_0$, $n_{-1}'' = n_{-2}$ usw. Auf diese Weise erhalten wir eine Zahlenreihe

$$\ldots n_{-2}\ n_{-1}\ n_0\ n_1\ n_2 \ldots \tag{65}$$

und es gelten die Gleichungen (61), (62) für jedes k zwischen $-\infty$ und $+\infty$. Das ist aber unmöglich; denn nach (62) bilden die Größen $x_k = |q(n_{k+1}, n_k)|^2$ eine äquidistante Zahlenreihe, und da sie positiv sind, muß es eine kleinste geben. Den entsprechenden Index können wir wieder mit n_0 bezeichnen und kommen damit auf den vorigen Fall zurück; es gelten also auch hier die Formeln (63), (64).

Man sieht ferner: jede Zahl n muß unter den Zahlen n_k enthalten sein; denn sonst könnte man mit n als Ausgangsglied eine neue Reihe (65) bilden, wobei wieder die Formel (60) gilt. Die Ausgangsglieder beider Reihen hätten also dieselben Werte $W_n = H(nn)$, was unmöglich ist.

Damit ist der Beweis geführt, daß die Indizes 0, 1, 2, 3 ... so in eine neue Reihenfolge $n_0, n_1, n_2, n_3 \ldots$ umgeordnet werden können, daß die Formeln (63), (64) gelten; in diesen neuen Indizes hat dann die Lösung die HEISENBERGsche Form (53). Diese erscheint also als „Normalform" der allgemeinen Lösung. Sie hat nach (64) die Eigenschaft, daß

$$W_{n_{k+1}} > W_{n_k}.$$

Fordert man umgekehrt, daß $W_n = H(nn)$ mit n stets wachsen soll, so wird notwendig $n_k = k$; dieses Prinzip legt also die Normalform eindeutig fest. Aber hierdurch wird nur die Schreibweise fixiert und die Rechnung übersichtlicher gestaltet; *physikalisch* ist nichts Neues dadurch gegeben.

Darin liegt ein tiefer Unterschied gegenüber der bisher gebräuchlichen halbklassischen Bestimmung der stationären Zustände. Die klassisch berechneten Bahnen schließen sich kontinuierlich aneinander, wodurch auch in die nachträglich ausgesonderten Quantenbahnen von vornherein eine bestimmte Reihenfolge kommt. Die neue Mechanik stellt sich als wahre Diskontinuumstheorie dar, indem hier von solcher durch den physikalischen Vorgang definierten Reihenfolge der Quantenzustände keine Rede ist, sondern die Quantenzahlen wirklich nichts sind als unterscheidende Indizes, die man nach irgendwelchen praktischen Gesichtspunkten (z. B. nach wachsender Energie W_n) ordnen und normieren kann.

8. Quantenmechanik der Stoßvorgänge[1][2]

von

MAX BORN

(Eingegangen am 21. Juli 1926)

Die SCHRÖDINGERsche Form der Quantenmechanik erlaubt in natürlicher Weise die Häufigkeit eines Zustandes zu definieren mit Hilfe der Intensität der zugeordneten Eigenschwingung. Diese Auffassung führt zu einer Theorie der Stoßvorgänge, bei der die Übergangswahrscheinlichkeiten durch das asymptotische Verhalten aperiodischer Lösungen bestimmt werden.

Einleitung

Die Stoßvorgänge haben nicht nur die überzeugendsten experimentellen Beweise für die Grundannahmen der Quantentheorie geliefert, sondern scheinen auch geeignet,

[1] Zeitschrift für Physik 38 (1926) 803.
[2] Hierzu eine vorläufige Mitteilung, ZS. f. Phys. 37, 863, 1926.

Aufklärung zu geben über die physikalische Bedeutung der formalen Gesetze der sogenannten „Quantenmechanik". Diese liefert zwar, wie es scheint, stets die richtigen Termwerte der stationären Zustände und die richtigen Amplituden der bei den Übergängen ausgestrahlten Schwingungen, aber über die physikalische Interpretation der Formeln sind die Meinungen geteilt. Die von HEISENBERG begründete, von ihm gemeinsam mit JORDAN und dem Verfasser dieser Mitteilung entwickelte Matrizenform der Quantenmechanik[1]) geht von dem Gedanken aus, daß eine exakte Darstellung der Vorgänge in Raum und Zeit überhaupt unmöglich ist, und begnügt sich daher mit der Aufstellung von Relationen zwischen beobachtbaren Größen, die nur im klassischen Grenzfall als Eigenschaften von Bewegungen gedeutet werden können. SCHRÖDINGER[2]) auf der anderen Seite scheint den Wellen, die er nach DE BROGLIES Vorgang als die Träger der atomaren Prozesse ansieht, eine Realität von derselben Art zuzuschreiben, wie sie Lichtwellen besitzen; er versucht „Wellengruppen aufzubauen, welche in allen Richtungen relativ kleine Abmessungen" haben und die offenbar die bewegte Korpuskel direkt darstellen sollen.

Keine dieser beiden Auffassungen scheint mir befriedigend. Ich möchte versuchen, hier eine dritte Interpretation zu geben und ihre Brauchbarkeit an den Stoßvorgängen zu erproben. Dabei knüpfe ich an eine Bemerkung EINSTEINS über das Verhältnis von Wellenfeld und Lichtquanten an; er sagte etwa, daß die Wellen nur dazu da seien, um den korpuskularen Lichtquanten den Weg zu weisen, und er sprach in diesem Sinne von einem „Gespensterfeld". Dieses bestimmt die Wahrscheinlichkeit dafür, daß ein Lichtquant, der Träger von Energie

---

[1]) W. HEISENBERG, ZS. f. Phys. **33**, 879, 1925; M. BORN und P. JORDAN, ebenda **34**, 858, 1925; M. BORN, W. HEISENBERG und P. JORDAN, ebenda **35**, 557, 1926. Siehe auch P. A. M. DIRAC, Proc. Roy. Soc. **109**, 642, 1925; **116**, 561, 1926.

[2]) E. SCHRÖDINGER, Ann. d. Phys. **79**, 361, 489, 734, 1926. Vgl. besonders die zweite Mitteilung, S. 499. Ferner Naturw. **14**, 664, 1926.

und Impuls, einen bestimmten Weg einschlägt; dem Felde selbst aber gehört keine Energie und kein Impuls zu.

Diesen Gedanken direkt mit der Quantenmechanik in Verbindung zu setzen, wird man wohl besser so lange verschieben, bis die Einordnung des elektromagnetischen Feldes in den Formalismus vollzogen ist. Bei der vollständigen Analogie zwischen Lichtquant und Elektron aber wird man daran denken, die Gesetze der Elektronenbewegung in ähnlicher Weise zu formulieren. Und hier liegt es nahe, die DE BROGLIE-SCHRÖDINGERschen Wellen als das „Gespensterfeld" oder besser „Führungsfeld" anzusehen.

Ich möchte also versuchsweise die Vorstellung verfolgen: Das Führungsfeld, dargestellt durch eine skalare Funktion ψ der Koordinaten aller beteiligten Partikeln und der Zeit, breitet sich nach der SCHRÖDINGERschen Differentialgleichung aus. Impuls und Energie aber werden so übertragen, als wenn Korpuskeln (Elektronen) tatsächlich herumfliegen. Die Bahnen dieser Korpuskeln sind nur so weit bestimmt, als Energie- und Impulssatz sie einschränken; im übrigen wird für das Einschlagen einer bestimmten Bahn nur eine Wahrscheinlichkeit durch die Werteverteilung der Funktion ψ bestimmt. Man könnte das, etwas paradox, etwa so zusammenfassen: Die Bewegung der Partikeln folgt Wahrscheinlichkeitsgesetzen, die Wahrscheinlichkeit selbst aber breitet sich im Einklang mit dem Kausalgesetz[1]) aus.

Überblickt man die drei Stufen der Entwicklung der Quantentheorie, so sieht man, daß die unterste, die der periodischen Vorgänge, gänzlich ungeeignet ist, die Brauchbarkeit einer solchen Vorstellung zu prüfen. Etwas mehr leistet die zweite Stufe, die der aperiodischen, stationären Vorgänge; mit dieser wollen wir uns in der vorliegenden Arbeit beschäftigen. Wirklich entscheidend aber kann erst die dritte Stufe sein, die der nichtstatio-

---

1) Das heißt so, daß die Kenntnis des Zustandes in allen Punkten in einem Augenblick die Verteilung des Zustandes zu allen späteren Zeiten festlegt.

nären Abläufe; hier muß sich zeigen, ob die Interferenz gedämpfter „Wahrscheinlichkeitswellen" hinreicht, diejenigen Erscheinungen zu erklären, die anscheinend auf eine raumzeitlose Kopplung hindeuten.

Eine Präzisierung der Begriffe ist erst auf Grund der mathematischen Entwicklung[1]) möglich; daher wenden wir uns sogleich dieser zu, um erst später auf die Hypothese selbst zurückzukommen.

§ 1. Definition der Gewichte und Häufigkeiten für periodische Systeme

Wir beginnen mit einer ganz formalen Betrachtung der diskreten stationären Zustände eines nicht entarteten Systems. Dieses möge durch die SCHRÖDINGERsche Differentialgleichung

$$[H - W, \psi] = 0 \tag{1}$$

charakterisiert sein. Die Eigenfunktionen seien auf 1 normiert[2]):

$$\int \psi_n(q)\, \psi_m^*(q)\, dq = \delta_{nm}. \tag{2}$$

Jede beliebige Funktion $\psi(q)$ läßt sich nach den Eigenfunktionen entwickeln:

$$\psi(q) = \sum_n c_n \psi_n(q). \tag{3}$$

Bisher hat man sein Augenmerk nur auf die Eigenschwingungen ψ_n und die Eigenwerte W_n gerichtet. Unsere in der Einleitung erläuterte Vorstellung legt den Gedanken nahe, die durch (3) dargestellte Überlagerungsfunktion in

---

[1]) Bei der mathematischen Duchführung dieser Arbeit hat mir Herr Prof. N. WIENER aus Cambridge, Mass., in freundlichster Weise geholfen; ich möchte ihm hier meinen Dank dafür aussprechen und bekennen, daß ich ohne ihn nicht zum Ziele gekommen wäre.

[2]) Die Dichtigkeitsfunktion setze ich der Einfachheit halber gleich 1.

Zusammenhang zu bringen mit der Wahrscheinlichkeit dafür, daß in einem Haufen gleicher, nicht gekoppelter Atome die Zustände in einer bestimmten Häufigkeit auftreten.

Die Vollständigkeitsrelation

$$\int |\psi(q)|^2 \, dq = \sum_n |c_n|^2 \tag{4}$$

führt dazu, dieses Integral als die Anzahl der Atome anzusehen. Denn es hat für das Auftreten einer einzelnen, normierten Eigenschwingung den Wert 1 (oder: die a-priori-Gewichte der Zustände sind 1), $|c_n|^2$ bedeutet die Häufigkeit des Zustandes n, und die gesamte Anzahl setzt sich aus diesen Anteilen additiv zusammen.

Um diese Deutung zu rechtfertigen, betrachten wir etwa die Bewegung eines Massenpunktes im dreidimensionalen Raume unter der Wirkung der potentiellen Energie $U(x, y, z)$; dann lautet die Differentialgleichung (1)

$$\Delta\psi + \frac{8\pi^2\mu}{h^2}(W - U)\,\psi = 0. \tag{5}$$

Setzt man hierin für W, ψ einen Eigenwert W_n und eine Eigenfunktion ψ_n ein, multipliziert die Gleichung mit ψ_m^* und integriert über den Raum $(dS = dx\,dy\,dz)$, so erhält man:

$$\iiint \left\{\psi_m^* \,\Delta\psi_n + \frac{8\pi^2\mu}{h^2}(W_n - U)\,\psi_n\psi_m^*\right\} dS = 0.$$

Nach dem GREENschen Satze gibt das mit Rücksicht auf die Orthogonalitätsrelationen (2)

$$\delta_{mn} W_n = \iiint \left\{\frac{h^2}{8\pi^2\mu}(\operatorname{grad}\psi_n \cdot \operatorname{grad}\psi_m^*) + U\psi_n\psi_m^*\right\} dS. \tag{6}$$

Jedes Energieniveau läßt sich also als Raumintegral der Energiedichte der Eigenschwingungen auffassen.

Bildet man nun für irgendeine Funktion das entsprechende Integral

$$W = \iiint \left\{ \frac{h^2}{8\pi^2\mu} \, |\mathrm{grad}\, \psi|^2 + U \, |\psi|^2 \right\} dS, \tag{7}$$

so erhält man durch Einsetzen der Entwicklung (3) dafür den Ausdruck

$$W = \sum_n |c_n|^2 \, W_n. \tag{8}$$

Gemäß unserer Deutung der $|c_n|^2$ ist die rechte Seite der Mittelwert der Gesamtenergie eines Systems von Atomen; dieser Mittelwert läßt sich also als Raumintegral der Energiedichte der Funktion ψ darstellen.

Aber sonst läßt sich nichts Wesentliches zugunsten unseres Ansatzes vorbringen, solange man innerhalb der periodischen Vorgänge bleibt.

§ 2. Aperiodische Systeme

Wir gehen also zu den aperiodischen Vorgängen über und betrachten der Einfachheit halber zunächst den Fall der geradlinig-gleichförmigen Bewegung längs der x-Achse. Hier lautet die Differentialgleichung:

$$\frac{d^2\psi}{dx^2} + k^2\psi = 0, \qquad k^2 = \frac{8\pi^2\mu}{h^2} W; \tag{1}$$

sie hat als Eigenwerte alle positiven Werte W und als Eigenfunktionen

$$\psi = c e^{\pm ikx}.$$

Um hier Gewichte und Häufigkeit definieren zu können, muß man vor allem die Eigenfunktionen normieren.

Die zu (2) analoge Integralformel versagt (das Integral ist divergent); es liegt nahe, statt dessen den „Mittelwert" zu benutzen:

$$\lim_{a\to\infty}\frac{1}{2a}\int_{-a}^{+a}|\psi(k,x)|^2\,dx = \lim_{a\to\infty}\frac{c^2}{2a}\int_{-a}^{+a}e^{ikx}\,e^{-ikx}\,dx = 1; \tag{2}$$

daraus folgt $c = 1$, und man hat als *normierte Eigenfunktionen*

$$\psi(k,x) = e^{\pm ikx}. \tag{3}$$

Jede Funktion von x läßt sich aus diesen zusammensetzen. Dabei ist noch der Maßstab der k-Skala zu wählen, d. h. es ist festzusetzen, auf welchen Abschnitt gerade das Gewicht 1 fallen soll. Hierzu betrachtet man die freie Bewegung als Grenzfall einer periodischen, nämlich der Eigenschwingungen eines endlichen Stückes der x-Achse. Dann ist bekanntlich deren Anzahl pro Längeneinheit und pro Intervall $(k, k + \Delta k)$ gleich $\frac{\Delta k}{2\pi} = \Delta\frac{1}{\lambda}$, wo λ die Wellenlänge ist. Man wird also

$$\psi(x) = \int_{-\infty}^{\infty} c(k)\,\psi(k,x)\,d\frac{k}{2\pi} = \frac{1}{2\pi}\int_{-\infty}^{\infty} c(k)\,e^{ikx}\,dk \tag{4}$$

mit

$$c(-k) = c^*(k) \tag{5}$$

setzen und erwarten, daß dann $|c(k)|^2$ das Maß der Häufigkeit für das Intervall $\frac{1}{2\pi}dk$ sein wird.

Für ein Gemenge von Atomen, bei dem die Eigenfunktionen in der durch $c(k)$ gegebenen Verteilung auftreten, sei die Anzahl analog zu § 1, (4) dargestellt durch das Integral

$$\int_{-\infty}^{\infty}|\psi(x)|^2\,dx = \frac{1}{(2\pi)^2}\int_{-\infty}^{\infty}dx\left|\int_{-\infty}^{\infty}c(k)\,e^{ikx}\,dk\right|^2. \tag{6}$$

Nehmen wir den Fall, daß nur das kleine Intervall $k_1 \leqq k \leqq k_2$ besetzt ist, so wird

$$\int_{-\infty}^{\infty} c(k)\, e^{ikx}\, dk = \bar{c} \int_{k_1}^{k_2} e^{ikx}\, dk = \frac{\bar{c}}{ix} \left(e^{ik_2 x} - e^{ik_1 x}\right),$$

wo $\bar{c}$ einen Mittelwert bedeutet. Daher hat man

$$\int_{-\infty}^{\infty} |\psi(x)|^2\, dx = \frac{|\bar{c}|^2}{4\pi^2} \int_{-\infty}^{\infty} \frac{dx}{x^2} \left(e^{ik_2 x} - e^{ik_1 x}\right) \left(e^{ik_2 x} - e^{ik_1 x}\right)$$

$$= \frac{|\bar{c}|^2}{4\pi^2}\, 4 \int_{-\infty}^{\infty} \frac{dx}{x^2} \sin^2 \frac{k^2 - k_1}{2}\, x = \frac{1}{2\pi}\, |\bar{c}|^2 (k_2 - k_1).$$

Nun ist der Impuls der translatorischen Bewegung, der zur Eigenfunktion (3) gehört, nach DE BROGLIE gleich

$$p = \frac{h}{\lambda} = \frac{h}{2\pi}\, k. \tag{7}$$

Es ist vielleicht nicht überflüssig zu bemerken, daß man diesen auch als „Matrix“ auffassen kann; dabei hat man die Matrizen im kontinuierlichen Spektrum nicht durch Integrale, sondern durch Mittelwerte zu definieren, also hier

$$p(k, k') = \frac{h}{2\pi i} \lim_{a \to \infty} \frac{1}{2a} \int_{-a}^{+a} \psi^*(k, x)\, \frac{\partial \psi(k, x)}{\partial x}\, dx$$

$$= \frac{h}{2\pi i} \lim_{a \to \infty} \frac{1}{2a} \int_{-a}^{+a} e^{-ikx} i k' e^{ik'x}\, dx.$$

$$p(k, k') = \begin{cases} \dfrac{h}{2\pi}\, k & \text{für} \quad k = k', \\ 0 & \text{für} \quad k \neq k'. \end{cases} \tag{8}$$

Ersetzt man nun $\Delta k = k_2 - k_1$ durch $\frac{2\pi}{h}\Delta p$, so wird schließlich

$$\int_{-\infty}^{\infty} |\psi(x)|^2\, dx = |\bar{c}|^2 \frac{\Delta p}{h}. \tag{9}$$

Damit hat man das Resultat, daß eine Zelle der Längenausdehnung $\Delta x = 1$ und der Impulsausdehnung $\Delta p = h$ das Gewicht 1 hat, in Übereinstimmung mit dem an der Erfahrung vielfach bestätigten Ansatz von SACKUR und TETRODE[1]), und daß $|c(k)|^2$ die Häufigkeit für eine Bewegung mit dem Impuls $p = \frac{h}{2\pi} k$ ist.

Nun gehen wir zu beschleunigten Bewegungen über. Hier kann man natürlich an sich eine bestimmte Verteilung der Abläufe in analoger Weise definieren. Aber dies ist bei den Stoßprozessen keine rationelle Fragestellung. Bei diesen Vorgängen hat jede Bewegung vor und nach dem Stoße eine geradlinige Asymptote. Das Teilchen befindet sich also sehr lange (im Vergleich zur eigentlichen Stoßdauer) vor und nach dem Stoße im praktisch freien Zustande. Man kommt daher in Übereinstimmung mit der experimentellen Problemstellung zu folgender Auffassung: Für die asymptotische Bewegung vor dem Stoße sei die Verteilungsfunktion $|c(k)|^2$ bekannt; kann man daraus die Verteilungsfunktion nach dem Stoße berechnen?

Dabei ist natürlich hier von einem stationären Teilchenstrom die Rede. Mathematich läuft daher die Aufgabe heraus auf folgendes: Das stationäre Schwingungsfeld ψ muß aufgeteilt werden in einlaufende und auslaufende Wellen; diese sind asymptotisch ebene Wellen. Man stelle nun beide durch Fourierintegrale der Form (4) dar und

[1]) A. SACKUR, Ann. d. Phys. **36**, 958, 1911; **40**, 67, 1913; H. TETRODE, Phys. ZS. **14**, 212, 1913; Ann. d. Phys. **38**, 434, 1912.

wähle die Koeffizientenfunktion $c(k)$ für die einlaufenden Wellen willkürlich; dann soll gezeigt werden, daß die $c(k)$ für die auslaufenden Wellen völlig festgelegt sind. Sie liefern die Verteilung, in die ein vorgegebenes Teilchengemisch durch die Stöße verwandelt wird.

§ 5. Verallgemeinerung auf drei Freiheitsgrade. Die Trägheitsbewegung

Wir betrachten nun ein im Raume unter der Wirkung der potentiellen Energie $U(x, y, z)$ bewegliches Teilchen.

Für diesen Fall lautet die Differentialgleichung

$$\Delta\psi + (k^2 - V)\psi = 0, \tag{5}$$

wo

$$k^2 = \frac{8\pi^2\mu}{h^2} W, \qquad V(x, y, z) = \frac{8\pi^2\mu}{h^2} U(x, y, z) \tag{6}$$

gesetzt ist.

Für die *Trägheitsbewegung* ($V = 0$) hat man die Differentialgleichung

$$\Delta\psi + k^2\psi = 0 \tag{7}$$

und die Lösung

$$\psi = e^{i(\mathfrak{k}\mathfrak{r})}; \tag{8}$$

hier ist $\mathfrak{r}$ der Vektor x, y, z, der Vektor $\mathfrak{k}$ genügt der Gleichung

$$|\mathfrak{k}|^2 = k_x^2 + k_y^2 + k_z^2 = k^2, \tag{9}$$

er ist bis auf einen Faktor gleich dem Impulsvektor

$$\mathfrak{p} = \frac{h}{2\pi}\mathfrak{k}. \tag{10}$$

Die DE BROGLIEsche Wellenlänge wird durch $\frac{h}{\lambda} = p = |\mathfrak{p}| = \frac{h}{2\pi} k$ gegeben.

Die allgemeinste Lösung von (7) ist

$$\psi(\mathfrak{r}) = u_0(\mathfrak{r}) = \int c(\mathfrak{s})\, e^{ik(\mathfrak{r}\mathfrak{s})}\, d\omega,\; c(\mathfrak{s}) = c^*(\mathfrak{s}), \tag{11}$$

wo $\mathfrak{s}$ ein Einheitsvektor und $d\omega$ das Element des Raumwinkels ist. Sie stellt Trägheitsbewegungen aller möglichen Richtungen mit derselben Energie dar; nach unseren Prinzipien ist $|c(\mathfrak{s})|^2$ die pro Raumwinkeleinheit gerechnete Anzahl der Teilchen, die in der Richtung $\mathfrak{s}$ fliegen.

§ 6. Elastische Zusammenstöße

Wir gehen nun zur Integration der allgemeinen Gleichung (5), § 5

$$\Delta \psi + (k^2 - V)\, \psi = 0 \tag{1}$$

über; sie stellt physikalisch den Fall dar, daß ein Elektron gegen ein nicht erregbares Atom stößt.

Wie in § 3 bestimmen wir ψ durch ein Iterationsverfahren, wobei als Ausgang die eben eingeführte Funktion u_0, (11), § 5, dient. Sodann berechnen wir $u_1, u_2, \ldots$ der Reihe nach aus den Näherungsgleichungen

$$\Delta u_n + k^2 u_n = V u_{n-1} = F_{n-1}. \tag{2}$$

Der GREENsche Satz liefert die Lösung, die auslaufenden Wellen mit dem Zeitfaktor e^{ikvt} entspricht, in der Form:

$$u_n(\mathfrak{r}) = -\frac{1}{4\pi} \int F_{n-1}(\mathfrak{r}')\, \frac{e^{-ik|\mathfrak{r}-\mathfrak{r}'|}}{|\mathfrak{r}-\mathfrak{r}'|}\, dS', \tag{3}$$

wo $\mathfrak{r}'$ den Vektor mit den Komponenten x', y', z' bedeutet und $dS' = dx'\, dy'\, dz'$. Die Konvergenz des

Verfahrens läßt sich beweisen auf Grund der Annahme, daß V wie r^{-2} zu Null geht; doch gehen wir nicht darauf ein, sondern nehmen an, daß die Reihe

$$\psi(\mathfrak{r}) = \sum_{n=0}^{\infty} u_n(\mathfrak{r})$$

die Lösung darstellt.

Wir untersuchen das asymptotische Verhalten von $u_n(\mathfrak{r})$. Wir schreiben ausführlich:

$$u_n(x, y, z) = -\frac{1}{4\pi}\iiint F_{n-1}(x'y'z')$$

$$\times \frac{e^{-ik\sqrt{(x-x')^2+(y-y')^2+(z-z')^2}}}{\sqrt{(x-x')^2+(y-y')^2+(z-z')^2}}\, dx'\, dy'\, dz'.$$

Nun führen wir wieder die in § 5 angegebene Drehung des Koordinatensystems aus und unterwerfen die Integrationsvariablen derselben Drehung. Dann wird

$$u_n(x, y, z) = u_n(a_{13}Z, a_{23}Z, a_{33}Z)$$

$$= -\frac{1}{4\pi}\iiint F'_{n-1}(X', Y', Z')\frac{e^{-ik\sqrt{X'^2+Y'^2+(Z-Z')^2}}}{\sqrt{X'^2+Y'^2+(Z-Z')^2}}$$

$$\times\, dX'\, dY'\, dZ'; \tag{4}$$

dabei ist

$$F'_{n-1}(X', Y', Z') = F_{n-1}(a_{11}X' + a_{12}Y' + a_{13}Z', \ldots). \tag{5}$$

Nun führen wir Polarkoordinaten ein:

$$X' = \varrho \sin\vartheta \cos\varphi, \qquad Y' = \varrho \sin\vartheta \sin\varphi, \qquad Z' = \varrho \cos\vartheta.$$

Dann wird

$$u_n = -\frac{1}{4\pi}\int_0^{2\pi} d\varphi \int_0^{\infty} \varrho^2\, d\varrho \int_0^{\pi} \sin\vartheta\, d\vartheta\, F'_{n-1}(\varrho\sin\vartheta\cos\varphi, \ldots) \times \frac{e^{-ik\sqrt{\varrho^2+Z^2-2\varrho Z\cos\vartheta}}}{\sqrt{\varrho^2+Z^2-2\varrho Z\cos\vartheta}}.$$

Endlich führen wir statt ϑ die Integrationsvariable μ ein durch

$$\sqrt{\varrho^2+Z^2-2\varrho Z\cos\vartheta} = Z\mu,$$

$$\sin\vartheta\, d\vartheta = \frac{Z}{\varrho}\,\mu\, d\mu;$$

dabei werden die Grenzen der Integration

$$\vartheta = 0:\quad \mu = \left|\frac{\varrho}{Z} - 1\right|;\qquad \vartheta = \pi:\quad \mu = \frac{\varrho}{Z} + 1$$

und $\cos\vartheta$, $\sin\vartheta$ werden gewisse Funktionen $c(\varrho, Z, \mu)$, $s(\varrho, Z, \mu)$, die an der unteren Grenze die Werte $c = 1$, $s = 0$, an der oberen die Werte $c = -1$, $s = 0$ annehmen. So erhält man

$$u_n = -\frac{1}{4\pi}\int_0^{2\pi} d\varphi \int_0^{\infty} \varrho\, d\varrho \int_{\left|\frac{\varrho}{Z}-1\right|}^{\frac{\varrho}{Z}+1} F'_{n-1} \times (\varrho\, s\cos\varphi, \varrho\, s\sin\varphi, \varrho c)\, e^{-ik\mu Z} d\mu.$$

Durch partielle Integration ergibt sich hieraus, wie in § 5, die asymptotische Darstellung:

$$u_n^{\infty} = \frac{1}{4\pi}\int_0^{2\pi} d\varphi \int_0^{\infty} \varrho\, d\varrho\, \frac{1}{ikZ}\{F'_{n-1}(0, 0, \varrho)\, e^{-ik(Z+\varrho)} - F'_{n-1}(0, 0, -\varrho)\, e^{-ik|Z-\varrho|}\}.$$

Hier ist nach (5)

$$F'_{n-1}(0, 0, \varrho) = F_{n-1}(a_{13}\varrho, a_{23}\varrho, a_{33}\varrho)$$
$$= F_{n-1}\left(\frac{\varrho x}{r}, \frac{\varrho y}{r}, \frac{\varrho z}{r}\right),$$
$$F'_{n-1}(0, 0, -\varrho) = F_{n-1}(-a_{13}\varrho, -a_{23}\varrho, -a_{33}\varrho)$$
$$= F_{n-1}\left(-\frac{\varrho x}{r}, -\frac{\varrho y}{r}, -\frac{\varrho z}{r}\right).$$

Also wird

$$u_n^\infty = \frac{e^{-ikr}}{2ikr}\int_0^\infty \varrho\, d\varrho\, F_{n-1}\left(\frac{\varrho x}{r}, \frac{\varrho y}{r}, \frac{\varrho z}{r}\right) e^{-ik\varrho}$$
$$- \frac{e^{-ikr}}{2ikr}\int_0^r \varrho\, d\varrho\, F_{n-1}\left(-\frac{\varrho x}{r}, \ldots\right) e^{ik\varrho}$$
$$- \frac{e^{ikr}}{2ikr}\int_r^\infty \varrho\, d\varrho\, F_{n-1}\left(-\frac{\varrho x}{r}, \ldots\right) e^{-ik\varrho}.$$

Hier verschwindet das letzte Integral für $r \to \infty$; denn da wir voraussetzen, daß $|V| \leqq a r^{-2}$, so ist wegen $|u_0| \leqq b r^{-1}$:

$$|F_{n-1}| \leqq \frac{A}{r^3},$$

also

$$\left|\int_r^\infty \varrho\, d\varrho\, F_{n-1}\left(-\frac{\varrho x}{r}, \ldots\right) e^{-ik\varrho}\right| \leqq A\int_r^\infty \frac{d\varrho}{\varrho^2} = \frac{A}{r}.$$

Mithin erhalten wir schließlich:

$$u_n^\infty = \frac{e^{-ikr}}{2ikr}\int_0^\infty \varrho\, d\varrho \left\{ F_{n-1}\left(\frac{\varrho x}{r}, \ldots\right) e^{-ik\varrho} - F_{n-1}\left(-\frac{\varrho x}{r}, \ldots\right) e^{-ik\varrho} \right\}. \tag{6}$$

Dies läßt sich aber noch auf eine durchsichtigere Form bringen. Dazu führen wir den Fourierkoeffizienten der Funktion F_{n-1} ein:

$$f_{n-1}(\mathfrak{k}) = \frac{1}{(2\pi)^3}\iiint F_{n-1}(\mathfrak{r})\, e^{-i\mathfrak{r}\mathfrak{k}}\, dS$$

$$= \frac{1}{(2\pi)^3}\int_0^\infty r^2 dr \iint d\omega\, F_{n-1}(r\mathfrak{s})\, e^{-ir(\mathfrak{k}\mathfrak{s})}. \tag{7}$$

Nach dem schon zweimal ausgeführten Verfahren bestimmen wir den asymptotischen Wert und erhalten:

$$f_{n-1}^\infty(k_x, k_y, k_z) = \frac{1}{4\pi^2 ik}\int_0^\infty r\, dr \left\{ F_{n-1}\left(\frac{r k_x}{k}, \ldots\right) e^{ikr} - F_{n-1}\left(-\frac{r k_x}{k}, \ldots\right) e^{-ikr} \right\}.$$

Daher wird:

$$f_{n-1}^\infty\left(-k\frac{x}{r}, -k\frac{y}{r}, -k\frac{z}{r}\right)$$

$$= \frac{1}{4\pi^2 ik}\int_0^\infty \varrho\, d\varrho \left\{ F_{n-1}\left(\frac{\varrho x}{r}, \ldots\right) e^{-i\varrho k} - F_{n-1}\left(-\frac{\varrho x}{r}, \ldots\right) e^{i\varrho k} \right\}. \tag{8}$$

Setzen wir das in (6) ein, so erhalten wir schließlich:

$$u_n^\infty(x, y, z) = 2\pi^2 f_{n-1}^\infty\left(-k\frac{x}{r}, -k\frac{y}{r}, -k\frac{z}{r}\right)\frac{e^{-ikr}}{r}. \quad (9)$$

Vergleichen wir das mit den Formeln (11) und (18) des § 5, so sehen wir, daß ein Beobachter im Unendlichen die zerstreute Strahlung als ebene Wellen mit der von der Richtung $\mathfrak{s}$ abhängigen Amplitude

$$\frac{k}{2\pi} 2\pi^2 \,|f_{n-1}^\infty(-k\mathfrak{s})| = k\pi \,|f_{n-1}^\infty(-k\mathfrak{s})|$$

ansehen wird; also ist die Wahrscheinlichkeit, daß ein Elektron in ein Raumwinkelelement $d\omega$ mit der mittleren Richtung $\mathfrak{s}$ abgelenkt wird:

$$\Phi d\omega = \pi^2 k^2 \left|\sum_{n=0}^{\infty} f_n^\infty(-k\mathfrak{s})\right|^2 d\omega. \quad (10)$$

Die gesamte Lösung hat asymptotisch die Form

$$\psi^\infty = u_0^\infty + \sum_{n=1}^{\infty} u_n^\infty = \frac{2\pi}{k}\left\{|c(\mathfrak{s})|\, e^{ik(r+\delta)} + k\pi \sum_{n=1}^{\infty} f_n^\infty(-k\mathfrak{s})\, e^{-ikr}\right\}.$$

Fügt man hier den Zeitfaktor e^{ikvt} hinzu, so ergibt die Formel (4), § 5 leicht die „Erhaltung der Teilchenzahl“.

In erster Näherung hat man:

$$\Phi d\omega = \pi^2 k^2 |f_0^\infty(-k\mathfrak{s})|^2 d\omega, \quad (11)$$

wo man entweder f_0 streng aus der Formel

$$f_0(\mathfrak{k}) = \frac{1}{(2\pi)^3}\int F_0(\mathfrak{r})\, e^{-i(\mathfrak{k}\mathfrak{r})}\, dS \quad (12)$$

berechnen oder gleich den asymptotischen Ausdruck [nach (8)]

$$f_n^{\infty}(-k\mathfrak{s}) = \frac{1}{4\pi^2 i k}\int\limits_0^{\infty} \varrho\, d\varrho\, \{F_0(\varrho\mathfrak{s}) e^{ik\varrho} - F_0(-\varrho\mathfrak{s})\, e^{-ik\varrho}\} \tag{13}$$

benutzen kann.

§ 7. *Unelastischer Elektronenstoß*

Ein Atom (oder eine Molekel; wir wollen immer von „Atom" sprechen) sei durch die HAMILTONsche Funktion $H^a(p, q)$ gegeben¹); die SCHRÖDINGERsche Differentialgleichung für dieses System sei gelöst, man kenne also die Eigenwerte W_n^a und Eigenfunktionen $\psi_n^a(q)$, die die Gleichungen

$$[H^a - W_n^a, \psi_n^a] = 0 \tag{1}$$

identisch befriedigen.

Auf dieses Atom stoße ein Elektron; die HAMILTONsche Funktion des freien Elektrons ist

$$H^e = \frac{1}{2\mu}(p_x^2 + p_y^2 + p_z^2),$$

die Eigenwerte sind alle positiven Zahlen W^e und die Eigenfunktionen

$$e^{\pm k(\mathfrak{r}\mathfrak{s})}, \qquad k^2 = \frac{8\pi^2\mu}{h^2} W^e; \tag{2}$$

die allgemeine Lösung, die einfallenden Wellen entspricht, ist

$$\psi_k^e = \int\limits_{\mathfrak{r}\mathfrak{s}>0} c^0(\mathfrak{s})\, e^{ik(\mathfrak{r}\mathfrak{s})} d\omega; \tag{3}$$

¹) Wir schreiben kurz p, q statt $p_1, p_2, \cdots p_f, q_1, \ldots q_f$.

sie genügt der Differentialgleichung

$$[H^\varepsilon - W^\varepsilon, \psi_k^\varepsilon] = 0 \qquad \text{oder} \qquad \Delta\psi_k^\varepsilon + k^2\psi_k^\varepsilon = 0. \tag{4}$$

Zwischen dem Atom und dem Elektron bestehe die potentielle Energie

$$U(q; x, y, z). \tag{5}$$

Die Wechselwirkung zwischen den beiden Teilchen führt auf die HAMILTONsche Funktion:

$$H = H^0 + \lambda H^{(1)},$$

wo

$$\left. \begin{aligned} H^0 &= H^a + H^\varepsilon, \\ \lambda H^{(1)} &= U. \end{aligned} \right\}$$

Das ungestörte System hat die Lösung

$$W_{nk}^0 = W_n^a + W^\varepsilon, \qquad \psi_{nk}^0 = \psi_n^a \psi_k^\varepsilon.$$

Die SCHRÖDINGERsche Differentialgleichung für das gestörte System

$$[H - W, \psi] = 0$$

lösen wir durch den Ansatz

$$\psi = \psi^0 + \lambda\psi^{(1)} + \cdots.$$

Dann erhält man die Näherungsgleichungen

$$[H^0 - W_{nk}^0, \psi_{nk}^{(1)}] = - U\psi_{nk}^0,$$
$$[H^0 - W_{nk}^0, \psi_{nk}^{(2)}] = - U\psi_{nk}^{(1)},$$

deren linke Seiten übereinstimmen. Wir schreiben sie ausführlich:

$$[H^a, \psi_{nk}^{(1)}] + [H^\varepsilon, \psi_{nk}^{(1)}] - W_{nk}^0 \psi_{nk}^{(1)} = - U\psi_{nk}^0,$$

oder

$$[H^a, \psi_{nk}^{(1)}] - \frac{h^2}{8\pi^2\mu} \Delta \psi_{nk}^{(1)} - W_{nk}^{(0)} \psi_{nk}^{(1)} = - U \psi_{nk}^0 .$$

Diese Gleichung suchen wir durch den Ansatz zu lösen:

$$\psi_{nk}^{(1)} = \sum_m u_{nm}^{(1)}(\mathfrak{r})\, \psi_m^a ,$$

d. h. durch eine Entwicklung nach den Eigenfunktionen des ungestörten Atoms allein, deren Koeffizienten noch unbestimmte Funktionen des Ortsvektors $\mathfrak{r}$ des Elektrons sind.

Nun wird nach (1)

$$[H^a, \psi_{nk}^{(1)}] = \sum_m u_{nm}^{(1)}(\mathfrak{r})\, [H^a, \psi_m^a]$$
$$= \sum_m u_{nm}^{(1)}(\mathfrak{r})\, W_m^a \psi_m^a .$$

Die gegebene Funktion rechter Hand entwickeln wir in derselben Weise:

$$U \psi_{nk}^0 = \psi_k^\varepsilon \cdot U \psi_n^a = \psi_k^\varepsilon \sum_m U_{nm} \psi_m^a ;$$

die Koeffizienten bilden die Matrix, die der potentiellen Energie zugeordnet ist. Setzen wir diese Ausdrücke in die Differentialgleichung ein, so erhalten wir

$$\sum_m \psi_m^a \left\{ u_{nm}^{(1)}(\mathfrak{r})\, W_m^a - \frac{h^2}{8\pi^2\mu} \Delta u_{nm}^{(1)} - u_{nm}^{(1)} (W_n^a + W^\varepsilon) \right\}$$
$$= - \sum_m \psi_m^a U_{nm} \psi_k^\varepsilon .$$

Durch Gleichsetzen der Koeffizienten von ψ_m^a gewinnt man hieraus eine Differentialgleichung für $u_{nm}^{(1)}(\mathfrak{r})$; wir multiplizieren diese mit $-\frac{8\pi^2\mu}{h^2}$ und setzen zur Abkürzung

$$V = \frac{8\pi^2\mu}{h^2}U, \qquad V_{nm} = \frac{8\pi^2\mu}{h^2}U_{nm}, \tag{6}$$

$$k_{nm}^2 = \frac{8\pi^2\mu}{h^2}(W_n^a - W_m^a + W^\varepsilon) = \frac{8\pi^2\mu}{h^2}(h\nu_{nm}^a + W^\varepsilon); \tag{7}$$

dann finden wir

$$\Delta u_{nm}^{(1)} + k_{nm}^2 u_{nm}^{(1)} = V_{nm}\psi_k^\varepsilon. \tag{8}$$

Damit haben wir das Problem auf das vorher behandelte des unelastischen Stoßes zurückgeführt; denn auch alle folgenden Näherungen führen zu derselben Wellengleichung. Der Unterschied gegen früher aber ist folgender: Jedem *Übergang* ($n \to m$) des Atoms entspricht eine besondere Differentialgleichung, deren rechte Seite durch das entsprechende Matrixelement der potentiellen Energie bestimmt ist. Ferner tritt an die Stelle des k-Wertes der einfallenden Welle jedesmal ein anderer Wert k_{nm}, dem die Energie

$$W_{nm}^\varepsilon = \frac{h^2}{8\pi^2\mu}k_{nm}^2 = h\nu_{nm}^a + W^\varepsilon \tag{9}$$

entspricht. Hieraus folgt bereits das qualitative Grundgesetz des Elektronenstoßes: Die Energie des Elektrons nach dem Stoße ist im allgemeinen nicht gleich der vor dem Stoße, sondern um eine Energiestufe $h\nu_{nm}^a$ des Atoms davon verschieden. Zu jedem Stoßprozeß gehört eine Wahrscheinlichkeitsfunktion

$$\Phi_{nm} = \pi^2 k_{nm}^2 \, |f_0^\infty(-k_{nm}\mathfrak{s})|_2, \tag{10}$$

die man mit Hilfe der Formeln (12) oder (13), § 6, berechnen kann.

§ 8. *Physikalische Folgerungen*

Wir zeigen zunächst, daß unsere Formeln das qualitative Verhalten der Atome bei Stößen richtig wiedergegeben, also die Tatsache der „Energieschwellen“, die man immer als den Grundpfeiler der Quantentheorie und den gröbsten Widerspruch gegen die klassische Mechanik angesehen hat.

Wir ordnen die Energieniveaus des Atoms nach der Größe:

$$W_0^a < W_1^a < W_2^a < \cdots$$

Der Index 0 bezeichnet also den Normalzustand, und es ist

$$h\nu_{nm}^a = W_n^a - W_m^a > 0 \quad \text{für} \quad n > m.$$

Wir betrachten zunächst den Fall, daß das Atom anfangs im Normalzustande ist. Dann sind alle $\nu_{m0}^a > 0$, und aus (9), § 7 folgt, daß

$$W_{0m}^\varepsilon = W^\varepsilon - h\nu_{m0}^a.$$

Ist nun $W^\varepsilon < h\nu_{10}^a$, so würde W_{0m}^ε für $m > 0$ negativ werden, was unmöglich ist; also muß $m = 0$ sein, mithin

$$W_{00}^\varepsilon = W^\varepsilon.$$

Es findet also „elastische“ Reflexion statt, mit der Ausbeute Φ_{00}. Läßt man W^ε wachsen, bis

$$h\nu_{10}^a < W^\varepsilon < h\nu_{20}^a,$$

so wird W_{0m}^ε nur positiv für $m = 0$ und $m = 1$; man hat also entweder elastische Reflexion mit der Ausbeute Φ_{00} oder Resonanzanregung mit der Ausbeute Φ_{01}.

Wächst W^ε weiter, bis

$$h\nu_{20}^a < W^\varepsilon < h\nu_{30}^a,$$

ist, so gibt es drei Fälle;

Elastische Reflexion mit der Ausbeute Φ_{00}, Anregung des ersten Quantensprunges mit Φ_{01}, Anregung des zweiten Quantensprunges mit Φ_{02}. In gleicher Weise geht es weiter.

Nun fassen wir den Fall ins Auge, daß das Atom anfangs im zweiten Quantenzustand ist ($n = 1$); dann ist $\nu^a_{10} > 0$ und $\nu^a_{1m} < 0$ für $m = 2, 3, \ldots$

Man hat also
$$\begin{aligned} W^\varepsilon_{10} &= W^\varepsilon + h\nu^a_{10}, \\ W^\varepsilon_{11} &= W^\varepsilon, \\ W^\varepsilon_{1m} &= W^\varepsilon - h\nu^a_{m1}, \quad m = 2, 3, \ldots \end{aligned}$$

Ist nun $W^\varepsilon < h\nu^a_{21}$, so ist W^ε_{1m} negativ für $m = 2, 3, \ldots$; daher gibt es nur entweder einen Stoß zweiter Art mit Energiezunahme des Elektrons um $h\nu^a_{10}$ und der Ausbeute Φ_{10}, oder elastische Reflexion mit der Ausbeute Φ_{11}.

Wird
$$h\nu^a_{21} < W^\varepsilon < h\nu^a_{31},$$
so tritt zu diesen Prozessen noch die Anregung des Zustandes $n = 2$ mit Ausbeute Φ_{12}. So geht es weiter.

Im allgemeinen Fall, wenn das Atom anfangs im Zustande n ist, gibt es für
$$W^\varepsilon < h\nu^a_{n+1,n}$$
nur Stöße zweiter Art, bei denen das Atom nach den Zuständen $0, 1, \ldots n-1$ herunterfällt und die Energiewerte $h\nu^a_{n0}$, $h\nu^a_{n1}$, $\ldots$ $h\nu^a_{n,n+1}$ an das Elektron abgibt, mit den Ausbeuten Φ_{n0}, $\Phi_{n1}, \ldots \Phi_{n,n-1}$, und die elastische Reflexion Φ_{nn}. Wächst W^ε über $h\nu^a_{n+1,n}$ heraus, so treten Anregungen hinzu mit den Ausbeuten $\Phi_{n,n+1}$, $\Phi_{n,n+2}$, $\ldots$ $\Phi_{n,m}$, wenn
$$h\nu^a_{n+1,n} < W^\varepsilon < h\nu^a_{m+1,n}.$$

§ 9. Schlußbemerkungen

Auf Grund der vorstehenden Überlegungen möchte ich der Meinung Ausdruck geben, daß die Quantenmechanik nicht nur das Problem der stationären Zustände, sondern auch der Übergangsvorgänge zu formulieren und zu lösen erlaubt. Die SCHRÖDINGERsche Fassung scheint dabei der Sachlage bei weitem am leichtesten gerecht zu werden; überdies ermöglicht sie die Beibehaltung der gewöhnlichen Vorstellungen von Raum und Zeit, in denen sich die Ereignisse in ganz normaler Weise abspielen. Dagegen entspricht die vorgeschlagene Theorie nicht der Folgerung der kausalen Bestimmtheit des Einzelereignisses. Ich habe in meiner vorläufigen Mitteilung diesen Indeterminismus ganz besonders betont, da er mir mit der Praxis des Experimentators in bester Übereinstimmung zu sein scheint. Aber es ist natürlich jedem, der sich damit nicht beruhigen will, unverwehrt, anzunehmen, daß es weitere, noch nicht in die Theorie eingeführte Parameter gibt, die das Einzelereignis determinieren. In der klassischen Mechanik sind dies die „Phasen" der Bewegung, z. B. die Koordinaten der Teilchen in einem bestimmten Augenblick. Es schien mir zunächst unwahrscheinlich, daß man Größen, die diesen Phasen entsprechen, zwanglos in die neue Theorie einfügen könne; aber Herr FRENKEL hat mir mitgeteilt, daß dies vielleicht doch geht. Wie dem auch sei, diese Möglichkeit würde nichts an dem praktischen Indeterminismus der Stoßvorgänge ändern, da man ja die Werte der Phasen nicht angeben kann; sie muß übrigens zu denselben Formeln führen, wie die hier vorgeschlagene „phasenlose" Theorie.

Sachverzeichnis

Aus der gleichen Reihe empfehlen wir:

HANS-JÜRGEN TREDER

Relativität und Kosmos

Raum und Zeit

in Physik, Astronomie und Kosmologie

1968. 119 Seiten — 8° — Broschur

Der Autor behandelt die relativistische Theorie von Raum und Zeit in Physik, Astronomie und Kosmos, geht ein auf die neuen theoretischen und empirischen Forschungen in der Gravitationstheorie, der relativistischen Astrophysik und der Kosmologie und wendet sich an einen allgemein naturwissenschaftlich, naturphilosophisch oder mathematisch interessierten Leserkreis.

Ihr Buchhändler hält alle

Wissenschaftlichen Taschenbücher für Sie bereit!

Der Herausgeber

- veröffentlicht bedeutende Originalbeiträge zur Entdeckung der Quantentheorie
- gibt eine gut fundierte Einführung zu den entsprechenden Beiträgen
- bietet eine wertvolle Grundlageninformation über die Theorien der modernen Physik
- wendet sich an alle Physiker und Mathematiker sowie naturwissenschaftlich Interessierte

WISSENSCHAFTLICHE TASCHENBÜCHER

FSC
www.fsc.org
MIX
Papier | Fördert gute Waldnutzung
FSC® C083411

Zeitfracht Medien GmbH
Ferdinand-Jühlke-Straße 7
99095 Erfurt, Deutschland
produktsicherheit@kolibri360.de